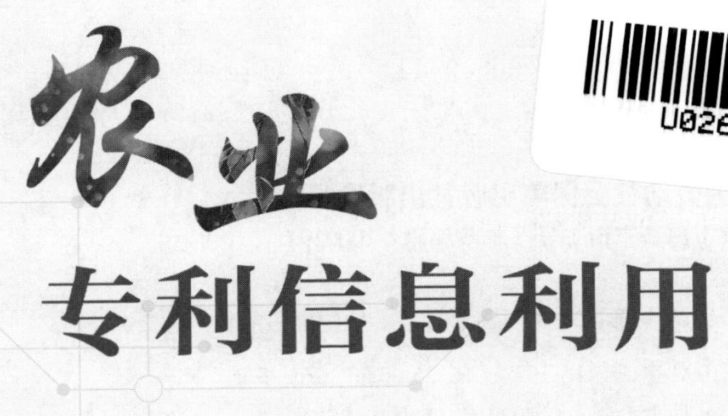

# 农业专利信息利用

中国农业科学院研究生院　组织编写

柳　萌　韩　姝　郎玉涛
邓一凡　蒋　群　魏　君　◎著

中国劳动社会保障出版社

**图书在版编目（CIP）数据**

农业专利信息利用/中国农业科学院研究生院组织编写．-- 北京：中国劳动社会保障出版社，2023

ISBN 978 - 7 - 5167 - 6122 - 9

Ⅰ．①农…　Ⅱ．①中…　Ⅲ．①农业科学 - 专利 - 信息利用　Ⅳ．①S ②G252.7

中国国家版本馆 CIP 数据核字（2023）第 197929 号

**中国劳动社会保障出版社出版发行**

（北京市惠新东街 1 号　邮政编码：100029）

*

保定市中画美凯印刷有限公司印刷装订　　新华书店经销

787 毫米 ×1092 毫米　16 开本　16.25 印张　265 千字

2023 年 11 月第 1 版　　2023 年 11 月第 1 次印刷

**定价：39.00 元**

营销中心电话：400 - 606 - 6496

出版社网址：http://www.class.com.cn

# 合著作者简介

**一、合著作者**

韩姝　中国农业科学院研究生院

郎玉涛　中国专利信息中心

邓一凡　中国知识产权培训中心

蒋群　国家知识产权局专利局专利审查协作北京中心

魏君　中国专利信息中心

**二、研究分工**

韩姝　负责全书框架设计，主要执笔第一章第一节；参与执笔第一章第二节、第三节、第四节。

郎玉涛　负责全书框架设计，主要执笔第三章第四节；第四章第一节、第二节、第三节；第五章第一节、第二节；第六章。

邓一凡　参与框架设计，主要执笔第一章第二节、第三节、第四节；参与执笔第一章第一节。

蒋群　负责全书统稿，主要执笔第二章；第三章第一节、第二节、第三节；第四章第四节。

魏君　负责全书统稿，主要执笔第三章第五节；第四章第五节、第六节；第五章第三节。

**三、作者简介**

韩姝，中共党员，中国农业科学院研究生院毕业，硕士研究生，曾任中国农业科学院直属机关党委组织处干部、宣传处副处长，现任中国农科院研究生院党委办公室主任。自参加工作以来，围绕新时代党建理念、农业科研单位党建规律等开展课题研究10余项，荣获中央国家机关、全国党建研究会科研院所专委会一、二、三等奖项10余次。

郎玉涛，男，毕业于北京林业大学，硕士研究生，高级知识产权师，首批国家知识产权局骨干人才，专利代理师、国家注册知识产权管理体系认证审核员，高级人力资源管理师（一级），海丝科转联盟指导专家、上海试点示范企业评审专家、美国卡多佐法学院访问学者。2007 年起就职于中国专利信息中心，从事知识产权行业工作十六年，知识产权人才培养、信息服务、知识产权管理的资深专家。在知识产权数据服务、专利检索、专利分析、专利预警、专利挖掘布局、高价值专利培育、价值评估、转移转化以及知识产权管理咨询方面具有丰富的研究和实操经验，主导完成了大量的知识产权项目。

邓一凡，男，国家知识产权局中国知识产权培训中心教务三处处长，副高级研究员，国家知识产权局领军人才，中国教育发展战略学会乡村振兴专委会、副理事长。1998 年加入国家知识产权局，拥有丰富的知识产权混合式教育从业经验，2001 年开始从事远程教育工作，建立了中国第一个知识产权远程教育平台，曾担任世界知识产权组织远程教育中文负责人。主持编写 13 部国家知识产权局系列教材。

蒋群，男，毕业于上海交通大学，硕士研究生，高级知识产权师。现就职于国家知识产权局专利局专利审查协作北京中心，国家知识产权局四级审查员。国家知识产权局小语种人才，具备专利代理师资格。2006 年进入国家知识产权局，长期从事专利审查及知识产权服务相关研究工作，拥有 17 年发明与实用新型专利审查经验，国家知识产权局 2019 年、2021 年提质增效奖章获得者。近年来致力于专利检索、专利信息利用、审查理论研究与实践探索，具备丰富的发明实审、PCT 审查、保密审查、实用新型初审、课题研究、企业及高校知识产权咨询服务经验等。

魏君，女，毕业于北京大学，硕士研究生，副高级研究员。具备专利分析师，专利代理师资格。精通英语、法语两门外语。现就职于中国专利信息中心，长期从事专利检索、专利信息利用等知识产权咨询服务研究工作。曾先后就职于 IBM 中国软件开发中心、中国电子技术标准化研究所、中国专利技术开发公司。拥有十余年知识产权咨询从业经验，具有丰富的知识产权试点示范城市培训经验。国家知识产权局首批骨干人才，具有十几年项目与课题研究经验，先后负责并参与过工信部核高基项目，国家知识产权局审查业务管理部、专利文献部、战略规划司、知识产权运用促进司等多部门专利分析、专利布局、专利导航、专利数据加工等数十个重点项目与课题。

**四、顾问/指导专家**

柳萌　中国农业科学院研究生院

# 前　言

2023 年 2 月 13 日，新华社受权发布《中共中央　国务院关于做好 2023 年全面推进乡村振兴重点工作的意见》，全文共九个部分，其中指出“强化农业科技和装备支撑”“推动农业关键核心技术攻关”“加快先进农机研发推广”等。农业领域的自主创新创造与知识产权分不开：如果要在农业设备的制造上提高其更新迭代的速度，就必须要加强发明创造，这样才能使得我国农业在发达国家已有先进技术的基础上实现跨越式发展。

2023 年是改革开放四十五周年。自改革开放以来，我国农业取得了举世瞩目的成就。农产品实现了从长期短缺到供求基本平衡、丰年有余的历史性转变。我国农业和农村经济的发展已进入新阶段，调整农业结构、提高农业效益、增加农民收入、改善农村生态环境、实现农业和农村经济的持续稳定发展，必然要推进新的农业科技革命。科技创新是农业企业核心竞争力之本，是农业企业可持续发展之源，而知识产权及其专利制度，则是助推农业企业发展的重要保障。

具体来说，创新主体中的研究人员与技术人员，需要了解农业领域的专利文献的构成及特点，如何在浩如烟海的专利中检索出所关注的专利文献，如何对检索到的专利信息进行分析并从中获取可以为创新主体所用的情报信息，如何将分析的结果进行可视化呈现以提高信息利用效率，国内外有哪些检索资源可以供创新主体选择。在农业领域有哪些诉讼案例，如何从这些案例中庖丁解牛、为其所用，是本书编写的初心所在。

本书的主要执笔人均具有十年以上知识产权咨询经验，在专利检索、专利审查、专利分析以及专利信息利用方面的业务能力扎实、功底深厚。希望本书对以企业、高校、科研机构为代表的农业领域的创新主体等有效开展专利信息利用工作能提供指导，在通过专利制度保护农业创新成果、研判并控制潜在风险、提高核心竞争力等方面能有所启发。由于时间和水平有限，本书难免有疏漏、偏颇之处，望广大读者不吝批评与指正。

# 目 录

# 第一章　农业与专利制度

## 第一节　农业与专利制度概述

农业发展与知识产权制度密切相关，与农业相关的知识产权包括专利、商标、地理标志、植物新品种、著作权、商业秘密等。随着社会的发展和技术的进步，创新在农业发展中的作用越来越重要，作为保护创新的重要手段，专利制度已经成为农业领域创新发展的重要抓手。相对于传统农业，现代农业高度依赖科学技术创新，知识产权保护，尤其专利保护是促进农业持续创新以及为农业生产提供绿色可持续发展解决方案的关键驱动力，对于现代农业的重要性不言而喻。

本书主要讨论专利制度对农业发展的影响，重点讨论农业领域的创新主体如何通过专利信息分析促进技术创新，进而谋求自身的可持续高质量发展。

### 一、专利制度激励农业创新发展

目前，世界上绝大多数国家均建立了专利制度。发达国家往往给予专利制度充分的关注与倚重，严格、细致地执行专利制度；多数发展中国家也期望依靠专利制度增强本国技术实力。

专利制度为农业技术创新主体提供激励作用。设计良好的专利制度不仅能使农业技术创新主体得到更高的预期利润反馈于社会，而且能更大程度上激励创新，使社会得到广泛的收益。基于创新成果的专利权一旦形成，专利制度将保护创新主体的自主知识产权，保障创新主体在一定时期即专利的保护期限内获得垄断性经济利益。该利益以实物产品或货币形态体现出来，不断激励创新主体投向更为先进的农业技术成果研究。

随着人口增长、耕地面积减少、土地环境污染加剧，以及人民群众对优质农产品物质需求的增加，对农业产业进行升级、打造新型现代农业是大势所趋。在该过程中无一不需要农业技术创新，而专利制度正是激励农业科技技术创新的催化剂。

现代农业专利制度不仅可以提高农产品质量、降低生产成本，还可以确保粮食生产安全。专利制度对新型现代农业的发展将会发挥越来越大的作用。

## 二、专利制度促进农业最优分布

专利制度促进农业技术与产品在经济空间上的最优分布。专利制度并不排除其他市场主体进入的可能，其允许农业技术跟随者在市场上仍占有一定的生存空间，而这个空间的范围取决于各个市场的具体情形。在消费者对于产品的多样性要求不高的产业中，创新主体要采取一定措施，防止商业盗窃。维护农业技术创新主体利益的要求占主导地位，适宜通过侵权处罚的形式来显示出较强的专利保护信号，这可以把市场进入限制在很小的范围内；而在消费者对产品多样性要求较高的产业中，阻止市场进入反而促进了市场布局的分散，这是因为后进入的厂商可以通过分割市场需求来抵销、弥补专利制度对他们作出的限制。在后一种情况下，即使没有专利制度，创新产品市场也存在着很大的分散化倾向。

综上所述，对于市场需求多样化的产品，不宜采取过强的专利保护。对于进入者利润较高的产业领域，采取违约赔偿往往能够达到较好的保护效果；而对于其他产业领域，采取侵权处罚的效果则更好，这是因为这种处罚相当于对进入者的商业盗窃行为征收一种比例税，迫使进入者把一部分利润向技术创新主体转移，并根据这种转移基础上的净利润最大化确定市场定位，由此建立对整个社会而言较为优化的市场格局。

## 三、专利制度服务农业信息共享

专利制度能使农业科技人员充分运用专利文献和公共知识库，有效配置有限的技术创新资源，改变创新闭门造车的局面，极大推动农业技术创新活动。

以专利数据为基础的专利指标直接反映出各类产业技术创新的程度。通过对相关技术领域的专利数据进行统计和分析，可以定量衡量农业重点技术领域的创新态势，寻找发展中存在的问题与薄弱环节，为农业创新主体制定政策提供客观依据，有的放矢地支持和引导农业重点技术领域的创新发展。

专利制度为农业科技人员的研究提供公共信息平台。专利制度的存在，促进了创新知识的公开披露，保证了农业技术创新知识的累积，从而能够在农业技术领域形成一个公共知识库，为农业科研人员的专利信息利用提供平台，极大节约创新成本，促进农业技术成果产生。

当前，世界上许多农业企业和农业科研院所在新技术、新产品的开发全过程中，都非常注重并充分利用由专利形成的公共信息平台，避免重复研究开发和浪费有限的科技资源，以实现农业技术创新资源的有效配置。欧洲专利局的一项研究表明，十几个欧洲专利条约成员国的应用技术研究开发中，仅在利用专利文献、避免重复研究方面，每年便可节约大约300亿马克的研发经费。

### 四、农业创新发展推动专利制度完善

一方面，农业得益于专利制度而能进一步发展；另一方面，农业技术创新也极大促进了专利制度的不断完善。农业技术创新一旦转化为现实生产力，就会产生巨大的社会效益和经济效益，然而，农业技术效应的强外溢性必然产生“搭便车”现象，最终可能导致整体农业技术创新供给的缺乏和不足。专利法出台正是人类社会驾驭各种技术创新活动的能力逐步增强的具体表现。随着农村经济的发展，社会对农业技术创新成果的需求快速增加、创新主体追求供需均衡的现实呼声逐渐高涨，这些均对经济社会所提供的专利制度提出了进一步发展和完善的要求。

随着《国家知识产权战略纲要》颁布，目前我国已形成了较为完善的农业知识产权体系，并取得了一定成效。近年来，农业领域相关的专利申请量大幅增加，发明专利、农产品地理标志保护和农产品注册商标的数量攀升，植物新品种年申请量位居世界前列。

## 第二节　农业领域的专利保护

### 一、农业领域的专利类型

专利制度是保护发明创造最重要的法律制度，是推动人类社会科技进步最重要的经济制度之一。《中华人民共和国专利法》（以下简称《专利法》）自1985年4月1日施行以来，历经四次修订，日臻完善。其中，《专利法》第四次修订已于2020年10月通过，并自2021年6月1日开始施行。

根据《专利法》，可以授权的发明创造类型包括发明、实用新型和外

观设计。

（1）发明。发明是指对产品、方法或者其改进所提出的新的技术方案。所述“产品”是指工业上能够制造的各种物品，包括具有一定形状和结构的固体、液体、气体类物品。所述“方法”是指对原料进行加工，制作成各种产品的方法。

（2）实用新型。实用新型是指对产品的形状、构造或者其结合所提出的适于实用的新的技术方案。同发明相同，实用新型保护的也是技术方案；但实用新型专利保护的范围较窄，它只保护具有一定形状或结构的新产品，不保护方法以及没有固定形状的物质（专利法有特别说明的除外）。

（3）外观设计。外观设计是指对产品的整体或者局部形状、图案或者其结合以及色彩与形状、图案的结合所作出的富有美感并适于工业应用的新设计。外观设计与发明、实用新型有着明显的区别，注重的是对一项产品的外观所作出的富于艺术性、具有美感的设计，但这种具有艺术性的设计必须具有能够应用于产业实际的实用性。

根据中国农业科学院农业知识产权研究中心发布的《中国农业知识产权创造指数报告（2020）》，截至2019年12月底，农业农村部共受理植物新品种申请33 803件，授予植物新品种权13 959件。截至2019年年底，累计批准地理标志10 474件，我国共公开涉农专利申请1 357 696件。在授权的638 392件涉农专利中，发明220 149件占34.48%，实用新型418 243件占65.52%。

## 二、农业领域的专利保护方法

近年来，我国加快转变农业生产方式，走安全高效绿色发展之路，国家和众多企业加大了科技投入，为农业发展提供了强有力的科技支撑。不断涌现出与农业相关的新的生产方式、新的生产工具，科技创新成果丰富多彩。通过专利制度保护农业领域的技术创新时，可以根据需要选择合适的专利保护方法。

### （一）技术方案保护

发明和实用新型专利都对技术方案提供保护。发明专利的保护期限为20年，既可以保护农业相关产品，也可以保护农业中的工艺或方法。例如，农业生产中的劳动工具、农产品的加工工具及加工方法、农业收获的工具、农药、农作物肥料、杀虫剂的配方等，都可以通过发明专利进行保护。

一方面，实用新型专利只保护具有一定形状或者构造的产品，其保护客体的范围与发明专利相比较窄，并且只进行初步审查，其权利的稳定性与发明专利相比较差。另一方面，实用新型专利的创造性要求与发明专利相比较低，且审查周期短、费用低。对于保护客体同时落入发明和实用新型专利保护范围的，申请人在既需要尽快获得保护又希望获得较为稳定的权利时，可以同时申请发明和实用新型专利，即“一案双申”，并在发明专利授权后放弃实用新型专利。

发明专利申请需要经过实质审查才能获得授权，而其只有公布后才能进入实质审查阶段，按照现行法律规定，发明专利申请自申请日起满18个月，即行公布。这就意味着，一般情况下发明专利申请需要在自申请日起18个月以后才能进入实质审查。对于技术较为成熟，想要尽早获得权利保护的发明专利申请，申请人也可以利用提前公开制度，即在提出专利申请之时或之后的一段时间，同时提出提前公开请求。通过这种申请方式申请专利的，在专利申请经过初步审查后，专利申请文本可以及早公开，为获得专利授权节约一年左右的时间。

（二）专利信息检索

充分利用专利文献信息，可以大量节约研发成本，避免侵权诉讼。

在进行研发之前，可以先进行相关专利信息的检索，了解农业相关领域最新科技发展动态，避免闭门造车。一方面，可以站在巨人的肩膀上，大大节约研发成本；另一方面，也可避免盲目研发、生产，侵犯他人专利权，造成不必要的诉讼赔偿。

（三）PCT国际申请

目前中国的农业创新主体向国外申请专利有两种途径：传统的巴黎公约途径和PCT途径。申请人可以直接在希望获得发明创造保护的所有国家分别提交专利申请，也可以先向某个巴黎公约缔约国提交专利申请，再在首次申请的申请日起12个月内向其他巴黎公约成员国分别提交专利申请，以便在所有国家享受首次申请的申请日。

PCT是《专利合作条约》（Patent Cooperation Treaty）的简称，是在专利领域进行合作的国际性条约。PCT国际申请是指依据《专利合作条约》提出的申请，其目的是为解决就同一发明创造向多个国家申请专利时，申请人和各个专利局的重复劳动问题。PCT于1970年6月在华盛顿签订，1978年1月生效，同年6月实施。我国于1994年1月1日加入PCT，同时中国国家知识产权局作为受理局、国际检索单位、国际初步审查单位，接受中国公民、居民、单位提出的PCT国际申请。截止到2022年11月17

日，PCT已有156个缔约国。PCT是在巴黎公约下只对巴黎公约成员国开放的一个特殊协议，是对巴黎公约的补充。

PCT国际申请分为两个阶段：国际阶段和国家阶段。PCT国际申请先要进行国际阶段程序的审查，然后再进入国家阶段程序的审查。申请的提出、国际检索和国际公布在国际阶段完成。如果申请人要求，国际阶段还包括国际初步审查程序。是否授予专利权的工作在国家阶段由被指定/选定的各个国家或地区专利局完成。

通过PCT申请，助力农业“走出去”战略。农业“走出去”战略作为国家“走出去”战略的重要部分，已成为解决我国农业发展过程中所面临的资源紧缺、人口增长、市场扭曲，农产品能源化、金融化等诸多瓶颈问题的重要途径。随着“走出去”战略的加速实施，农业对外直接投资规模日益扩大，农业对外发展形势喜人。面对目标国家和地区亟需农产品、农业技术、种质资源的现状，我国农业相关企业在积极输出资金和先进技术的同时，要注意利用专利武器保护自己的先进技术。由于专利权具有地域性的特点，在我国获取的专利权并不能在目标国得到相应的专利保护，因此“走出去”的企业需要在目标国制定相应的专利策略，如通过在目标国获取专利权以维护自己的权益。除通过传统的巴黎公约途径在目标国提出专利申请外，还可以通过PCT途径较为便捷地进行专利布局，利用PCT途径所带来的较长的缓冲期，有效选择目标国家，准备相关资料，从容应对挑战。

## 第三节　农业及农业专利相关分类体系

目前，在专利信息利用研究领域的方法创新，主要聚焦在将产业研究、行业研究与专利信息利用紧密结合，建立产业研究体系等方面。在农业专利信息利用领域，熟悉与掌握与农业相关的分类体系是非常有效的研究工具。

### 一、农业及相关产业统计分类

为加快推进农业农村现代化，更好地服务于现代农业发展和乡村振兴，科学界定农业及相关产业的统计范围，全面准确反映农林牧渔业生产、加工、制造、流通、服务等全产业链价值，国家统计局制定并发布了《农业及相关产业统计分类（2020）》，该分类以《国民经济行业分类》（GB/T 4754—2017）为基础，根据农业及相关产业生产活动的特点，将行业分类中相关的类别重新组合，是对国民经济行业分类中符合农业及相关产业特征相关活动的再分类。

该分类采用线分类法和分层次编码方法，将农业及相关产业划分为三层，第一层为大类，共有10个大类；第二层为中类，共有61个中类；第三层为小类，共有215个小类。该分类中的01大类为农业及相关产业的核心领域，02至10大类为农业及相关产业相关领域。根据《农业及相关产业统计分类表（2020）》，与农业相关的部分国民经济行业分类号见表1－1。

**表1－1　与农业相关的部分国民经济行业分类号**

| 代码 | | | 名称 | 说明 | 国民经济行业分类代码及名称（2017） |
|---|---|---|---|---|---|
| 大类 | 中类 | 小类 | | | |
| 01 | | | 农林牧渔业 | | |
| | 011 | | 农业生产 | | |
| | | 0111 | 谷物种植 | 指以收获籽实为主的农作物的种植，包括稻谷、小麦、玉米等农作物的种植，作为饲料和工业原料的谷物的种植 | 0111 稻谷种植 |
| | | | | | 0112 小麦种植 |
| | | | | | 0113 玉米种植 |
| | | | | | 0119 其他谷物种植 |
| | | 0112 | 薯类、豆类和油料种植 | 指对薯类、豆类以及油料的种植活动 | 0121 豆类种植 |
| | | | | | 0122 油料种植 |
| | | | | | 0123 薯类种植 |
| | | 0113 | 棉、麻、糖、烟草种植 | 指对棉花、麻类、糖料以及烟草的种植活动 | 0131 棉花种植 |
| | | | | | 0132 麻类种植 |
| | | | | | 0133 糖料种植 |
| | | | | | 0134 烟草种植 |
| | | 0114 | 蔬菜、食用菌及园艺作物种植 | 指对蔬菜、食用菌、花卉以及其他园艺作物的种植活动。不包括用作水果的西瓜、白兰瓜、香瓜等瓜果类种植和腰果、核桃、榛子、白果等坚果类作物种植，野生菌类的采集，树木幼苗的培育和种植，城市草坪的种植、管理 | 0141 蔬菜种植 |
| | | | | | 0142 食用菌种植 |
| | | | | | 0143 花卉种植 |
| | | | | | 0149 其他园艺作物种植 |
| | | 0115 | 水果种植 | 指对仁果类和核果类水果、葡萄、柑橘类、香蕉等亚热带水果以及其他水果的种植活动 | 0151 仁果类和核果类水果种植 |
| | | | | | 0152 葡萄种植 |
| | | | | | 0153 柑橘类种植 |
| | | | | | 0154 香蕉等亚热带水果种植 |
| | | | | | 0159 其他水果种植 |

续表

| 代码 | | | 名称 | 说明 | 国民经济行业分类代码及名称（2017） |
|---|---|---|---|---|---|
| 大类 | 中类 | 小类 | | | |
| 01 | | 0116 | 坚果、含油果、香料和饮料作物种植 | 指对坚果、含油果、香料作物、茶叶以及其他饮料作物的种植活动 | 0161 坚果种植 |
| | | | | | 0162 含油果种植 |
| | | | | | 0163 香料作物种植 |
| | | | | | 0164 茶叶种植 |
| | | | | | 0169 其他饮料作物种植 |
| | | 0117 | 中药材种植 | 指主要用于中药配制以及中成药加工的各种中草药材作物以及其他中药材的种植活动 | 0171 中草药种植 |
| | | | | | 0179 其他中药材种植 |
| | | 0118 | 草种植及割草 | 指收获人工种植牧草和收割天然草原牧草的活动 | 0181 草种植 |
| | | | | | 0182 天然草原割草 |
| | | 0119 | 其他农业生产活动 | 指上述内容未包括的其他农业生产活动 | 0190 其他农业 |

## 二、农业相关的国际专利分类

在农业领域的全球专利文献检索过程中，如果仅采用关键词检索，则很容易漏检或者检索结果不准确。检索农业各技术领域相关的专利，不必将关键词翻译成多国语言进行检索，通过国际专利分类来进行检索得到的结果将更为准确。

目前，全球使用的专利分类主要包括国际专利分类（IPC）、欧洲专利分类（ECLA/ICO）、美国专利分类（USPC）、日本专利分类（FI/FT）、联合专利分类（CPC）。其中，比较常用的是IPC。

IPC是目前国际通用的专利文献分类和检索工具，其根据发明和实用新型专利所涉及的不同技术领域，对发明和实用新型专利进行分类。《国际专利分类表》（IPC分类表）是根据1971年签订的《国际专利分类斯特拉斯堡协定》编制的。1996年我国正式向世界知识产权组织（WIPO）申请加入《国际专利分类斯特拉斯堡协定》，1997年生效。

IPC把全部技术分为了8个部，其中，A部的第1个分部便是农业相关的分类号，包含了农业的整地，一般农业机械或农具的部件、零件或附件等。例如：农业耕作用的各种手工工具，锹、铲、犁、耙、拔草工具、钳式工具等；与“种植；播种；施肥”相关的农业机械或方法；与收获相关的设备或方法等。按照《国际专利分类表（2023.01版）》，与农业相关的部分 IPC 分类号见表 1－2。

**表 1－2　　　　　　与农业相关的部分 IPC 分类号**

| A 部 | A 部——人类生活必需 |
|---|---|
| | 分部：农业 |
| A01 | 农业；林业；畜牧业；狩猎；诱捕；捕鱼 |
| A01B | 农业或林业的整地；一般农业机械或农具的部件、零件或附件 |
| A01C | 种植；播种；施肥 |
| A01D | 收获；割草<br>附注<br>本小类包含残茬的切碎或粉碎 |
| A01F | 脱粒；禾秆、干草或类似物的打捆；将禾秆、干草或类似物形成捆或打捆的固定装置或手动工具；禾秆、干草或类似物的切碎；农业或园艺产品的储藏 |
| A01G | 园艺；蔬菜、花卉、稻、果树、葡萄、啤酒花或海菜的栽培；林业；浇水 |
| A01H | 新植物或获得新植物的方法；通过组织培养技术的植物再生<br>附注［2018.01］<br>1. 这个小类涵盖了与新植物相关的所有方面，包含抗病性、耐寒性和生长速度 |
| A01J | 乳制品的加工 |
| A01K | 畜牧业；养鸟业；养蜂业；养鱼业；捕鱼业；饲养或养殖其他类不包含的动物；动物的新品种<br>附注<br>本小类包含：<br>所有动物的管理、培育或饲养设备，或获取其产品所用的设备…… |
| A01L | 动物钉蹄铁 |
| A01M | 动物的捕捉、诱捕或惊吓<br>附注<br>在本小类中，术语“杀灭”及“消灭”包含无脊椎动物的“非化学性不育” |
| A01N | 人体、动植物体或其局部的保存（食品或粮食的保存入 A23）；杀生剂，例如作为消毒剂，作为农药或作为除草剂（杀死或防止不期望生物体的生长或繁殖的医用、牙科或化妆用的配制品入 A61K）；害虫驱避剂或引诱剂；植物生长调节剂 |
| A01P | 化学化合物或制剂的杀生、害虫驱避、害虫引诱或植物生长调节活性 |

每一篇专利文献都附有 IPC 分类号。无论是中文还是其他语言的专利文献，IPC 分类号都对应第（51）项。以公开的专利文献为例，中文和英文专利文献扉页的 IPC 分类号信息分别如图 1－1 和图 1－2 所示（框内显示）。

使用 IPC 分类号最重要的目的就是用于专利文献检索。在专利申请文件递交到国家知识产权局后，国家知识产权局会对专利申请文件进行分类，包括 IPC 分类号和 CPC 分类号。通过赋予每篇专利文献以 IPC 分类

(19)国家知识产权局

(12)发明专利

(10)授权公告号 CN 110187968 B
(45)授权公告日 2023.03.14

(21)申请号 201910428567.1　　审查员 张顺丽

(22)申请日 2019.05.22

(65)同一申请的已公布的文献号
申请公布号 CN 110187968 A

(43)申请公布日 2019.08.30

(73)专利权人 上海交通大学
地址 200240 上海市闵行区东川路800号

(72)发明人 李超　王鹏宇　张路　过敏意
朱浩瑾

(74)专利代理机构 上海交达专利事务所 31201
专利代理师 王毓理　王锡麟

(51)Int.Cl.
*G06F 9/50*(2006.01)
*G06T 1/20*(2006.01)

权利要求书1页　说明书3页　附图4页

图 1－1　中文专利文献扉页 IPC 分类号信息

号，建立有利于检索的专利申请文档。另外，国家知识产权局在对专利申请文件进行审查的过程中，也是通过 IPC 分类号将不同技术领域的专利申请文件分配给不同部门的审查员进行审查的。

在使用 IPC 进行分类时，其过程是首先根据专利申请文件的内容提炼出技术主题、功能、应用等信息，然后将专利申请文件分到对应的分类号中。通常一篇专利申请文件可能会涉及多方面的技术主题、功能、应用等，此时则需要将其进行多重分类，即一个专利申请文件往往有多个 IPC 分类号。

针对一个具体的技术主题，可以在国家知识产权局、世界知识产权组织等官方网站上查询对应的 IPC 分类号。另外，通常的专利数据检索网站上也会附有 IPC 分类号查询工具。

## 三、农业相关的联合专利分类

在 CPC 出现以前，前述其他四种分类体系都各自存在局限性，无法完全满足世界范围内专利申请人或查询人对专利检索的多样需求。

US 20220207719A1

(19) **United States**
(12) **Patent Application Publication**
**Parker**

(10) **Pub. No.: US 2022/0207719 A1**
(43) **Pub. Date: Jun. 30, 2022**

(54) **SYSTEM, METHOD, APPARATUS, AND COMPUTER PROGRAM PRODUCT FOR ULTRASONIC CLINICAL DECISION SUPPORT**

(71) Applicant: **Medi-Scan LLC**, North Miami Beach, FL (US)

(72) Inventor: **Richard Parker**, Delray Beach, FL (US)

(73) Assignee: **Medi-Scan LLC**, North Miami Beach, FL (US)

(21) Appl. No.: **17/456,477**

(22) Filed: **Nov. 24, 2021**

**Related U.S. Application Data**

(60) Provisional application No. 63/198,041, filed on Sep. 25, 2020.

**Publication Classification**

(51) **Int. Cl.**

| | |
|---|---|
| ***G06T 7/00*** | (2006.01) |
| ***G06T 7/10*** | (2006.01) |
| ***G06T 17/00*** | (2006.01) |
| ***G06T 5/00*** | (2006.01) |
| ***G06T 5/10*** | (2006.01) |

(52) **U.S. Cl.**
CPC ............ ***G06T 7/0012*** (2013.01); ***G06T 7/10*** (2017.01); ***G06T 17/00*** (2013.01); ***G06T 5/002*** (2013.01); *G06T 2207/30242* (2013.01); *G06T 2207/10132* (2013.01); *G06T 2207/30024* (2013.01); *G06T 2207/20104* (2013.01); ***G06T 5/10*** (2013.01)

(57) **ABSTRACT**

A system, method, apparatus, and computer program product for ultrasonic clinical decision support. The system allows for the utilization of a conventional ultrasonic imaging device that can be coupled to an enhanced image processing engine to provide improved visualization of a condition of underlying tissues to show tissue boundary layers in a morphological conversion of an analog ultrasound image into a pure digital image. The CDSS provides for expedited acquisition and delivery of processed ultrasound images to the attending physician in a manner that enables fast 3D imaging and fast tracking of the patient condition. The system processes and analyzes classic analog B-Mode ultrasound, converts them into digital images, identifying hypoechoic structures in the process, thus permitting an objective evaluation of tissue integrity. The CDSS provides observational metrics applied to the data to give a quantified numerical evaluation instead of a subjective guess.

图 1－2　英文专利文献扉页的 IPC 分类号信息

为了提高专利的检索效率、精度和适用范围，欧洲专利局（EPO）与美国专利商标局（USPTO）自 2010 年 10 月起开始合作进行设计，终于在 2013 年 1 月 1 日正式启用 CPC，本质上该体系是 IPC 在相关分类细节上的进一步延伸。

总体上，CPC 采用的是一种阶梯型架构，包括 5 个层级，从高到低分别为“部（Section）、大类（Class）、小类（Sub-class）、大组（Group）和小组（Sub-group）”。这一架构组合起来可以包含超过 25 万个专利分类号，远超过 IPC 和 ECLA 两者拥有的专利分类号数量的总和。

最高层级“部”由 A-H 和 Y 共 9 个领域构成，分别为 A（人类必需品），B（作业；运输），C（化学；冶金），D（纺织；纸张），E（固定建筑物），F（机械工程；照明；加热；武器；爆破），G（物理），H（电学），Y（新发展技术；跨领域技术；USPC 交叉索引和摘要）。

以“A01B 1/022”这一分类号为例，介绍 CPC 的分类结构。该分类号属于九个部中的 A 部，即“人类必需品”；“A01”是大类，涉及农业、森林业、畜牧业、打猎、围捕和打渔业；“A01B”是小类，涉及通用性质的农业或森林业的土地耕种、农业机械或实操型的零部件与细节；其后是“大组”与“小组”信息，该分类号属于手工类工具（“A01B 1/00”）大组下的铁锹小组（“A01B 1/02”），而具有可折叠、可延展、可与其他工具整合使用的铁锹可进一步分入“A01B 1/022”小组。

## 四、农业机械分类

农业机械是在种植业和畜牧业生产过程中，以及农、畜产品初加工和处理过程中所使用的各种机械。农业机械包括农用动力机械、农田建设机械、土壤耕作机械、种植和施肥机械等。广义的农业机械还包括林业机械、渔业机械和蚕桑、养蜂、食用菌类培植等农村副业机械。

2021 年 5 月 7 日，农业农村部公告第 424 号发布了《农业机械分类》（NY/T 1640—2021）标准，该标准自 2021 年 11 月 1 日起实施。

《农业机械分类》标准规定了农业机械的分类及代码，适用于农业机械化生产管理服务活动中对农业机械的分类及统计，是一项重要的农业机械化基础标准。《农业机械分类》标准品目对照表节选见表 1－3。

表 1－3　《农业机械分类》标准品目对照表节选

| 大类 | | 小类 | | NY/T 1640—201 | | NY/T 1640—2021 | | |
|---|---|---|---|---|---|---|---|---|
| | | | | 品目 | | 品目 | | |
| 代码 | 名称 | 代码 | 名称 | 代码 | 名称 | 代码 | 名称 | 备注 |
| 11 | 耕整地机械 | 1101 | 耕地机械 | 010101 | 铧式犁 | 110101 | 犁 | 含铧式犁、圆盘犁、无墒沟犁 |
| | | | | 010102 | 圆盘犁 | | | 含粉垄机（深耕粉碎松土机）、自走式旋耕机 |
| | | | | 010103 | 旋耕机 | 110102 | 旋耕机 | |
| | | | | 010107 | 微耕机 | 110103 | 微型耕耘机 | |
| | | | | 010106 | 耕整机 | 110104 | 耕整机 | |
| | | | | 010104 | 深松机 | 110105 | 深松机 | |
| | | | | 010105 | 开沟机 | 110106 | 开沟机 | |
| | | | | | | 110107 | 合墒机 | |
| | | | | 120103 | 挖坑机 | 110108 | 挖坑（成穴）机 | |
| | | | | 010108 | 机滚船 | 110109 | 机耕（滚）船 | |
| | | | | 010109 | 机耕船 | | | |
| | | | | | | 110150 | 其他耕地机械 | |

续表

| 大类 | | 小类 | | NY/T 1640—201 | | NY/T 1640—2021 | | |
|---|---|---|---|---|---|---|---|---|
| | | | | 品目 | | 品目 | | |
| 代码 | 名称 | 代码 | 名称 | 代码 | 名称 | 代码 | 名称 | 备注 |
| 11 | 耕整地机械 | 1102 | 整地机械 | 010201 | 钉齿耙 | 110201 | 耙 | 含钉齿耙、圆盘耙、驱动耙、水田耙 |
| | | | | 010202 | 圆盘耙 | | | |
| | | | | 010206 | 埋荐起浆机 | 110202 | 埋荐起浆机 | |
| | | | | 010203 | 起垄机 | 110203 | 起垄机 | |
| | | | | 010207 | 筑埂机 | 110204 | 筑埂机 | |
| | | | | 010204 | 镇压器 | 110205 | 镇压器 | |
| | | | | 010205 | 灭茬机 | 110206 | 灭茬机 | 含宿根整理机 |
| | | | | 041004 | 平茬机 | | | |
| | | | | 010208 | 铺膜机 | 110207 | 铺膜机 | |
| | | | | | | 110250 | 其他整地机械 | |
| | | 1103 | 耕整地联合作业机械 | | | 110301 | 耕耙犁 | |
| | | | | 010209 | 联合整地机 | 110302 | 联合整地机 | |
| | | | | | | 110303 | 秸秆还田联合整地机 | |
| | | | | | | 110304 | 深松整独联合作业机 | 含条耕整地机 |
| | | | | | | 110305 | 起垄铺膜（带）机 | |
| | | | | | | 110350 | 其他耕整地联合作业机械（可含施肥功能） | |
| | | 1150 | 其他耕整地机械 | | | 115050 | 其他耕整地机械 | |

## 第四节　农业专利授权条件

现代农业生产可分为产前、产中、产后服务三个环节分别为：农业机械、农药、化肥、水利、地膜等的产前生产环节，种植业、林业、畜牧业、水产业等传统农业产中环节，加工、储藏、运输、营销、进出口贸易等的产后生产环节。现代农业新技术可分为以下几大类：一是探索研究类技术，如生物技术、信息技术、机械技术等；二是实际应用类技术，如耕作技术、节水灌溉技术等；三是集成类技术，如农业废弃物无害化处理技术、资源利用技术、立体种养技术等。

现代农业已不局限于传统农业所具备的农产品供给功能，开始形成生活休闲、生态保护、旅游度假、文化传承、教育等方面的功能，由此产生了生态保护农业、休闲观光农业、循环农业、服务型农业等多种新型农业形态。一般来说，现代农业很多领域中的创新成果都可以通过专利制度进行技术创新保护。

根据《专利法》，可以通过专利制度进行保护的农业领域的技术主题，包括但不限于以下内容。

（1）农、牧、渔机具及设备、容器等。上述均可以通过申请发明专利与实用新型专利的方式实现保护。

（2）农业用肥料和饲料配方、农药和兽药组合物。

（3）食品、饮料和调味品的酿造技术。

（4）农业中的种植方法、培育方法、耕作方法等利用作物的生物学习性或自然规律进行人为控制的方法等农业技术方法。这种方法可以通过申请发明专利的方式实现保护。需要注意的是，发现某种作物生长学习性方法、田间数理统计或排列方法、植物品种等不属于专利保护的范围。

（5）在我国，植物本身包括植物个体、植物器官，是排除在专利保护的技术主题范围之外的，但植物细胞包括植物细胞本身及其以下级别的植物材料是可以申请专利保护的，即植物细胞、植物基因、植物蛋白均可以通过申请发明专利的方式实现保护。

（6）食用菌、固氮菌及利用或培养微生物的方法等涉及微生物的技术。上述可以通过申请发明专利的方式实现保护。需要注意的是，根据《中华人民共和国专利法实施细则》（以下简称《专利法实施细则》）第二十四条，申请专利的发明涉及新的生物材料，该生物材料公众不能得到，并且对生物材料的说明不足以使所属领域的技术人员实施其发明的，除应当符合专利法及其实施细则的有关规定外，申请人还应当办理下列手续。

（1）在申请日前或者最迟在申请日（有优先权的，指优先权日），将该生物材料的样品提交国务院专利行政部门认可的保藏单位保藏，并在申请时或者最迟自申请日起 4 个月内提交保藏单位出具的保藏证明和存活证明；期满未提交证明的，该样品视为未提交保藏。

（2）在申请文件中，提供有关该生物材料特征的资料。

（3）涉及生物材料样品保藏的专利申请应当在请求书和说明书中写明该生物材料的分类命名（注明拉丁文名称）、保藏该生物材料样品的单位名称、地址、保藏日期和保藏编号；申请时未写明的，应当自申请日起4个月内补正；期满未补正的，视为未提交保藏。

综上所述，对于农业专利申请中涉及的公众不能得到的生物材料，需要提交保藏。我国微生物国际保藏单位是指《国际承认用于专利程序的微生物保藏布达佩斯条约》承认的生物材料保藏单位，其中包括位于北京市的中国微生物菌种保藏管理委员会普通微生物中心（CGMCC）、位于武汉市的中国典型培养物保藏中心（CCTCC）和位于广州的广东省微生物菌种保藏中心（GDMCC）。

申请发明或者实用新型专利权的，应当提交符合规定的请求书、说明书及其摘要和权利要求书等文件。请求书中应当写明发明或者实用新型的名称，发明人的姓名，申请人姓名或者名称、地址，以及其他事项；说明书应当对发明或者实用新型作出清楚、完整的说明，以所属技术领域的技术人员能够实现为准（即所属领域的技术人员按照说明书记载的内容，就能再现发明或者实用新型，而不必进行创造性劳动）必要时应当有附图；摘要应当简要说明发明或者实用新型的技术要点；权利要求书应当以说明书为依据，清楚、简要地限定要求专利保护的范围，即权利要求书中记载的技术方案应当得到说明书的形式支持和实质支持。此外，专利申请人还需依法缴纳一定的费用。

授予农业专利权的发明和实用新型，与一般专利权的授予条件一样，均需具备新颖性、创造性和实用性。新颖性，是指该发明或者实用新型在申请日以前没有在国内外出版物上公开发表、在国内外公开使用或者以其他方式为公众所知的技术，也没有任何单位或个人就同样的发明或者实用新型在申请日以前向国务院专利行政部门提出过申请并且记载在申请日以后公布的专利申请文件或者公告的专利文件中。但申请专利的发明创造在申请日以前6个月内，有下列情形之一的，不丧失新颖性：①在中国政府主办或者承认的国际展览会上首次展出的；②在规定的学术会议或者技术会议上首次发表的；③他人未经申请人同意而泄露其内容的；④在国家出现紧急状态或者非常情况时，为公共利益目的首次公开时。创造性，是指与现有技术相比，该发明具有突出的实质性特点和显著的进步，该实用新型具有实质性特点和进步。实用性，是指该发明或实用新型能够制造或者使用，并且能够产生积极效果。

# 第二章　农业专利文献

专利信息是集技术、经济、法律信息于一体的综合性信息，是一种基础性、战略性资源，关系国家产业发展安全。专利信息利用对农业创新主体明确产品研发方向、提高研发效率，形成并拥有自主知识产权发挥着不可替代的作用。高水平的专利信息利用对于专利创造、运用、保护和管理则起着重要的促进作用。

专利文献中含有每一件专利的保护范围信息（权利要求书）、专利地域效力信息（申请的国家/地区）、专利时间效力信息（申请日期、公布日期）。世界知识产权组织于1988年编写的《知识产权教程》阐述了现代专利文献的概念：专利文献是包含已经申请或被确认为发现、发明、实用新型和工业品外观设计的研究、设计、开发和试验成果的有关资料，以及保护发明人、专利所有人及工业品外观设计和实用新型注册证书持有人权利的有关资料的已出版或未出版的文件（或其摘要）的总称。按一般的理解，专利文献主要指各国工业产权局的正式出版物，包括发明专利申请公开说明书、发明专利说明书和专利通报或公报等。

专利文献是专利信息的载体。要了解专利信息必须要熟悉专利文献。在农业领域，通过研究相关专利文献中记载的发明创造，可以避免重复研究、缩短科研周期、节约科研经费，启发研究人员的创新思路，提高创新起点、实现创新目标，对于农业创新发展具有非常重要的作用。

人类历史上每一次农业科技前沿研究，取得重大突破性进展，绝大多数都能从专利文献中探寻农业发展的轨迹。农业领域重点热点专利揭示了农业创新发展中备受关注的热点领域及其最新进展和发展方向。通过对专利文献的研究，可以聚焦农业重点领域的基础研究问题、颠覆性及关键核心技术，以科技赋能农业现代化。据此，在农业各个领域的创新发展中，我们有必要了解并掌握专利文献基础知识，掌握专利检索策略和技能，高效利用农业专利文献，助力农业领域科研创新和产学研融合。

本节重点介绍专利单行本，主要用于清楚、完整地公开新的发明创造及其请求或确定法律保护的范围，包括以下组成部分：权利要求书、说明书及附图、扉页，有些专利管理机构公开出版的还附有检索报告。

## 第一节　权利要求书

### 一、权利要求书概述

权利要求书是专利申请文件的核心部分。《专利法》第二十六条第四款规定，权利要求书应当以说明书为依据，清楚、简要地限定要求保护的范围。从内容上来说，权利要求书应当记载发明或者实用新型的技术特征；从形式上来说，专利申请中权利要求书应当包括至少一项独立权利要求，还可以包括从属权利要求。

独立权利要求应当从整体上反映发明或者实用新型的技术方案，记载解决技术问题的必要技术特征。其中，必要技术特征是指发明或者实用新型为解决其技术问题所必不可少的技术特征，其总和足以构成发明或者实用新型的技术方案，使之区别于背景技术中的其他技术方案。发明或者实用新型的独立权利要求应当包括前序部分和特征部分，前序部分写明发明或者实用新型技术方案的主题名称和发明或者实用新型主题与最接近的现有技术共有的必要技术特征；特征部分使用“其特征是……”或者类似的用语，写明发明或者实用新型区别于最接近的现有技术的必要技术特征。

从属权利要求应当用附加的技术特征，对引用的权利要求作进一步限定。从属权利要求中的附加技术特征，可以是对所引用权利要求中的技术特征作进一步限定的技术特征，也可以是增加的技术特征。从属权利要求应当包括引用部分和限定部分，引用部分写明应用的权利要求的编号及其主题名称，限定部分写明发明或者实用新型附加的技术特征。

另外，权利要求应当区分类型。按照性质划分，权利要求有两种基本类型，即产品权利要求和方法权利要求。在类型上区分权利要求的目的是确定权利要求的保护范围。

### 二、权利要求书阅读与理解

权利要求书指出了专利的核心技术方案与发明点，并确定了专利的保护范围。农业领域的研发人员或技术人员在日常工作中，通过阅读农业相关专利的权利要求书，不仅可以减少重复研究、节约时间和经费，还可以避免侵权、防止侵权纠纷产生。同时，权利要求书也为研发人员或技术人员提供了竞争情报和研发参考，从而促进创新、提高农业企业竞争力。下面以案例1为例，简要说明农业领域的权利要求书所包含的内容。

案例1：一项名称为“一种鲜切果蔬的非热加工方法”（授权公告号：CN102144663B）的发明专利，其权利要求书记载内容如下：

1. 一种鲜切果蔬保鲜液，其特征在于，其是由0.01%～2%D－异抗坏血酸钠、0.01%～2%氯化钙和0.01%～2%三聚磷酸钠组成的水溶液；所述D－异抗坏血酸钠、氯化钙和三聚磷酸钠的浓度比为1∶1～5∶1～5。

所述鲜切果蔬保鲜液的使用方法包括如下步骤：

1）将新鲜果蔬清洗、切分，执洒，然后立即冷却、沥干；

2）配制0.01%～2%D－异抗坏血酸钠、0.01%～2%氯化钙和0.01%～2%三聚磷酸钠的水溶液，所述D－异抗坏血酸钠、氯化钙和三聚磷酸钠的浓度比为1∶1～5∶1～5，然后活化；

3）将沥干的果蔬与活化后的保鲜液按1～10∶1的料液比装入到包装袋中，进行真空封装；

4）将封装后的果蔬放入杀菌釜，在温度为20～70℃、压力为200～600 MPa的条件下处理0.5～15 min，然后泄压；

5）将杀菌后的果蔬在2～8℃冷藏：

其中，步骤2）所述活化为在2～8℃下处理18～30 h。

2. 权利要求1所述的鲜切果蔬保鲜液的应用，其特征在于，应用时，果蔬与所述保鲜液的料液比为1～10∶1。

3. 一种应用权利要求1所述鲜切果蔬保鲜液的鲜切果蔬非热加工方法，其特征在于，包括如下步骤：

1）将新鲜果蔬清洗、切分，热烫，然后立即冷却、沥干；

2）配制权利要求1所述的保鲜液，然后活化；

3）将沥干的果蔬与活化后的保鲜液按1～10∶1的料液比装入到包装袋中，进行真空封装；

4）将封装后的果蔬放入杀菌釜，在温度为20～70℃、压力为200～600 MPa的条件下处理0.5～15 min，然后泄压；

5）将杀菌后的果蔬在2～8℃冷藏。

其中，步骤2）所述活化为在2～8℃下处理18～30 h。

4. 根据权利要求3中所述的方法，其特征在于，步骤1）所述热烫为在80～100℃的水中处理0.5～5 min。

5. 根据权利要求4中所述的方法，其特征在于，步骤1）所述热烫为在 100 ℃的水中处理 1 min。

6. 根据权利要求 3 中所述的方法，其特征在于，步骤 2）配制的保鲜液中，D－异抗坏血酸钠、氯化钙和三聚磷酸钠的浓度分别为 0.1%、0.2%和 0.1%。

7. 根据权利要求 3 中所述的方法，其特征在于，步骤 3）所述料液比为 1∶1。

8. 根据权利要求 3 中所述的方法，其特征在于，步骤 4）在 25 ℃和 500 MPa 的条件下处理 3 min。

《专利法》规定："发明或者实用新型专利权的保护范围以其权利要求的内容为准，说明书及附图可以用于解释权利要求的内容。"据此，权利要求是确定专利权保护范围的依据，解释权利要求的首要资料是权利要求书本身，权利要求书对于确定其中术语的含义提供实质性指导。但现实中无论是复杂的还是简单的技术方案，由于几乎没有人仅通过阅读权利要求书就能够确定所要保护的技术方案的准确含义，因此除了权利要求书本身以外，对权利要求进行解释还需要借助内部证据和外部证据来准确界定权利保护范围。

案例 1 的权利要求 1 中记载了"其特征在于"几个字，需要重视在权利要求书中的这个表述方式。该表述把权利要求 1 所描述的内容分割成两个部分，前一部分为"前序部分"，后一部分为"特征部分"，在专利文本中，这是独立权利要求比较常见的表达方式。

"前序部分"写明要求保护的发明或者实用新型技术方案的主题名称和发明或者实用新型主题与最接近的现有技术共有的必要技术特征。其中，权利要求 1 中"一种鲜切果蔬保鲜液"就是该发明专利技术方案的主题名称。该权利要求并没有记载"与最接近的现有技术共有的必要技术特征"，可以理解为该发明主题不存在上述技术特征。

"特征部分"写明发明或者实用新型区别于最接近的现有技术的技术特征，这些特征和前序部分写明的特征合在一起，共同限定发明或者实用新型要求保护的范围。权利要求 1 中"其特征在于"后面写明的内容就是本发明区别于最接近现有技术的技术特征，这部分内容对专利权保护范围的限定起决定性作用，正确表达这部分内容对于发明创造的有效保护是关键。

需要说明的是，案例 1 明确了一种鲜切果蔬保鲜液的组分及配比的范围，大大缩小了该发明创造的保护范围。基于此，独立权利要求的技术特征部分的描述对发明创造是否能起到有效的保护至关重要。

权利要求 2 为从属权利要求，记载了解决技术问题的附加技术特征，是对权利要求 1 这一独立权利要求所作的进一步限定。如权利要求 2 记载了“权利要求 1 所述的鲜切果蔬保鲜液的应用”，其作用是引用权利要求 1 所记载的主题名称，且“其特征在于”部分所描述的技术特征对权利要求 1 作了进一步的限定，该权利要求即属于从属权利要求。

独立权利要求所记载的技术方案，其保护范围是最大的，而从属权利要求在独立权利要求的基础上缩小了专利的保护范围。那既然独立权利要求所限定的保护范围最大，为什么还要记载从属权利要求来缩小保护范围呢？这是因为在专利申请或者无效宣告请求审查程序中，有可能会发生独立权利要求保护范围过大导致该权利要求不能被授予专利权或者该权利要求无效的情况，此时则必须修改权利要求书以进一步缩小保护范围，以确保该发明创造能够得到有效的保护，而修改的依据就是从属权利要求。

从逻辑上讲，专利一旦被授权，只需要研究独立权利要求的保护范围就可以判断一个产品是否落入了其保护范围；而一旦独立权利要求被无效宣告请求审查程序宣告无效，才有必要进一步判断一个产品是否落入了从属权利要求的保护范围。

## 第二节　说明书

### 一、说明书概述

《专利法》第二十六条第三款规定，说明书应当对发明或者实用新型作出清楚、完整的说明，以所属技术领域的技术人员能够实现为准；必要的时候，应当有附图。

《专利法》第三十三条规定，申请人可以对其专利申请文件进行修改，但是，对发明和实用新型专利申请文件的修改不得超出原说明书和权利要求书记载的范围。

《专利法》第六十四条第一款规定，发明或者实用新型专利权的保护范围以其权利要求的内容为准，说明书及附图可以用于解释权利要求的内容。

一般认为这是对说明书作出的实质性要求，即说明书各个部分均需达到此要求。说明书是专利申请文件中的重要部分，由申请人在申请专利时提交，以所属技术领域的普通技术人员能够实现为标准，其作用是清楚、完整地描述发明创造的技术内容。经过实质审查后，申请人可能会根据审查意见对专利说明书进行修改。

## 二、说明书阅读与理解

全球各专利组织对说明书中描述发明创造技术内容的规定基本一致，即说明书需要包括技术领域、背景技术、发明内容、附图说明和具体实施方式等内容。附图用于补充说明书文字部分的描述，与说明书的文字部分共同构成解释权利要求的基础。

### （一）技术领域

说明书开头部分应对该发明创造所属的技术领域予以明确，写明要求保护的技术方案所属的技术领域。技术领域是指要求保护的发明或实用新型技术方案所属或者直接应用的具体技术领域，而不是指发明或者实用新型本身，应当对其予以简要说明且尽可能符合国际专利分类表中相应的分类位置。

例如："一种便携式牧草收割装置"属于农业机械技术领域，具体涉及农业收割装置；"辣椒素半抗原和人工抗原及其制备方法"属于生物化工技术领域，具体涉及辣椒素半抗原和人工抗原及其制备方法与应用；"无人机农田病虫草害信息协同感知系统"属于农田信息监测技术领域，具体涉及无人机农田病虫草害信息感知系统；"一种以甘蔗叶为原料制备纳米纤维素的方法及所得产物"属于纳米材料技术领域，具体涉及一种以甘蔗叶为原料的纳米材料制备方法。

当然，这些技术领域也不是绝对的，同一发明创造有可能归属于不同的技术领域。

发明创造所属的技术领域在某些情形下对于确定专利权保护范围可能会产生一定影响，尤其在侵害专利权案件中应该予以注意。

例如，在原告诉M公司侵害发明专利权纠纷一案中，原告主张被控侵权产品落入涉案专利的权利要求1的保护范围。

涉案专利的权利要求1："一种电动车控制系统，其特征在于：由微型摄像头、图形解码器、存储器及二维码比对器构成二维码识别器，微型摄像头与图形解码器电连接，图形解码器和存储器同时与二维码比对器电连接，二维码比对器对存储器储存的二维码数据与图形解码器解码的微型摄像头拍摄的图像数据比对并发给控制器，比对信号一致时控制器控制电动车的启动和/或多媒体播放，比对信号不一致时控制器控制防盗报警器报警。”

涉案专利说明书记载了涉案专利的技术领域：“本发明属于电动车技术领域，特指一种电动车控制系统及其操作方法。”涉案专利说明书记载了涉案专利的发明目的：“本发明的目的是提供一种电动车控制系统及其操作方法，使用者可将存储在手机中的二维码图像对准摄像头，便可实现电动车的完全解锁，提升了防盗的性能，免去了使用者需携带钥匙启动的麻烦。”

原告主张，自行车和电动车在国际专利分类表上均属于B部“作业、运输”类，在行政管理上均属于非机动车类，二者属于同一技术领域，被控侵权产品带有电机、控制器、电池、GPS报警装置、自充电系统，其刹车方式与摩托车相同，并非传统的自行车。被告辩称，被控侵权产品属于自行车，与电动车不属于同一技术领域。双方均认同涉案专利在实施时需带电运行，双方的争议点在于：涉案专利独立权利要求1的主题名称“一种电动车控制系统”中记载的“电动车”对于涉案专利具有实际限定作用，涉案专利可否在自行车技术领域受我国专利法保护。

在申请专利过程中撰写说明书时，需要斟酌考虑对发明创造所属技术领域的合理描述和限定，以期取得高质量的专利。

（二）背景技术

背景技术主要是介绍与发明创造有关的现有技术，特别是与发明创造最接近的现有技术。

例如，一项名称为“一种便携式牧草收割装置”的发明专利，其背景技术描述为：“牧草，一般指供饲养的牲畜使用的草或其他草本植物，牧草再生力强，一年可收割多次，牧草在生长到一定的高度时，需要割草机进行收割收集，但现有的牧草收割机体积比较大，操作过程比较繁琐，且价格昂贵，不适用于面积较小的牧草种植地区，不便于携带，且也不方便存储牧草，对牧草进行收集，出料时也不方便，且由于牧草在收割过程中容易缠绕割草设备，会对割草设备产生一定的危害。”该发明创造在背景技术部分明确了现有技术存在的主要问题中指出了现有的牧草收割机体积大、操作复杂、价格高、不适用于面积小的种植区、携带不方便、不方便存储牧草、出料不方便等问题，这些问题应与该发明创造有关且是该发明创造可以解决的技术问题。

在说明书中介绍背景技术时，既可以引用技术文献也可以引用公知公用的信息，还可以就目前市场上的实际情况予以说明。

（三）发明创造的内容

这一部分是说明书的主要部分，分为发明创造要解决的技术问题、技术方案和有益效果三部分。

1. 要解决的技术问题

发明创造所要解决的技术问题是在现有技术中客观存在的，该发明创造则是针对解决该技术问题所提出的技术方案。

例如，在上述“一种便携式牧草收割装置”发明专利中，要解决的技术问题描述为：“针对现有技术的不足，本发明提供了一种便携式牧草收割装置，提供了一种便于携带、可自动进料、便于出料、防止草料缠绕割草设备的牧草收割装置。”

需要注意的是，要解决的技术问题既可能是现有技术无法解决的技术问题，也有可能是现有技术虽然已经有解决该技术问题的方案，但本发明创造的技术方案所提供的是不同于该方案的新的思路与解决办法。

2. 技术方案

技术方案是发明创造内容的核心部分，应当包含独立权利要求的全部技术特征，还可以包含从属权利要求的附加技术特征。专利法规定的权利要求应当得到说明书的支持，指的主要是这一部分。

例如，在上述“一种便携式牧草收割装置”发明专利中，技术方案描述为：“为实现以上目的，本发明通过以下技术方案予以实现：一种便携式牧草收割装置，包括车架，所述车架外壁一侧下端通过固定座固定连接有割草装置，所述车架外壁一侧固定连接有扶草架，所述车架外壁一侧设置有进料通道，所述进料通道外壁一侧通过底座固定连接有进料电机，所述进料电机一侧通过输出轴转动连接有进料转轴，所述进料转轴远离进料电机的一端贯穿进料通道延伸至进料通道内部，所述进料转轴位于进料通道内部的一端与进料通道内壁一侧转动连接，所述进料转轴外壁表面固定连接有转轮和进料爪，所述进料通道靠近割草装置一端下侧固定连接有承载齿，所述车架内部设置有储料箱，所述车架内壁顶部一侧转动连接有第一连接杆，所述第一连接杆远离车架的一端转动连接有第二连接杆，所述第二连接杆远离第一连接杆的一端与储料箱外壁一侧上端转动连接，所述车架外壁远离割草装置一侧设置有出料口，所述车架外壁远离割草装置一侧下端固定连接有固定架，所述固定架远离车架的一端通过转杆转动连接有转盘，所述转盘外表面设置有齿条，所述转盘外壁一侧固定连接有下料斜坡，所述车架底部一侧固定连接有支架，所述支架内壁底部固定连接有调向电机，所述调向电机外壁前侧通过输出轴转动连接有皮带轮，所述支架内壁底部固定连接有转架，所述转架远离支架的一端转动连接有齿轮，所述转架与皮带轮之间通过皮带传动连接，所述齿轮与齿条相啮合，所述车架底部两侧均设置有车轮，所述车架顶部远离割草装置一侧上端固定连接有推杆。”

对于技术方案的说明应当达到所属技术领域的技术人员能够实现这一要求，即该领域的普通技术人员仅通过阅读说明书，按照说明书记载的内容即可实现该发明创造的技术方案。

3. 有益效果

有益效果是指由发明创造的技术方案直接带来的效果或者该技术方案必然带来的效果。该有益效果可以反映其与现有技术相比所具有的进步程度，是判断该发明创造是否具有创造性的重要依据。

例如，在上述“一种便携式牧草收割装置”发明专利中，该发明创造可以实现的有益效果，描述为：“本发明提供了一种便携式牧草收割装置。具备以下有益效果。①该便携式牧草收割装置，通过所述车架底部两侧均设置有车轮，所述车架顶部远离割草装置一侧上端固定连接有推杆，达到了便于携带的目的，可通过人工移动装置，体积较小，便于在面积狭窄的地方使用。②该便携式牧草收割装置，通过扶草架对牧草进行分隔，割草装置通电运转，割草装置割断牧草，在割刀的割断动力下，牧草横倒在承载齿上，进料电机通电转动，进料电机带动进料爪抓取牧草并被带向储料箱中，实现牧草自动收割后的自动进料储料，节省了人力，提高了收割效率。③该便携式牧草收割装置，通过控制箱内壁底部固定连接有割草电机，割草电机一侧通过输出轴转动连接有第一锥形齿轮，控制箱内壁底部转动连接有割草杆，割草杆远离控制箱的一端贯穿控制箱且延伸至控制箱外部，割草杆位于控制箱外部的一端固定连接有割刀，割草杆外壁下端固定连接有第二锥形齿轮，第二锥形齿轮与第一锥形齿轮相啮合，控制箱顶部固定连接有防护管，防护管内壁表面固定连接有尖刃，防护管外壁一侧开设有排杂口，达到了防止草料缠绕割草设备的目的，当割草电机通电转动，割草电机带动割刀和割草杆转动，割草杆转动过程中会缠绕一些牧草，这些牧草不断缠绕割草杆，当牧草缠绕一定厚度是会与尖刃接触，由于割草杆的不断转动会使得尖刃不断割断牧草，割废的草层从排杂口排出，保证了设备的正常运行，提高了工作效率……”

有益效果可以反映在节约人力资源，节省原材料、能源的耗损，也可能反映在质量改善、效率提升、污染治理等方面。

（四）附图说明

附图说明是对所有附图统一集中并予以简略说明的部分。说明书若有附图，则附图说明的作用则在于便于理解说明书附图。

例如，在上述发明专利中，附图说明描述为："图1为本发明结构示意图；图2为本发明图1中A处局部放大图；图3为本发明局部结构示意图；图4为本发明割草装置的结构示意图；图5为本发明储料箱的结构示意图……"

（五）具体实施方式

说明书应当在具体实施方式部分介绍申请人认为的实现该发明创造的优选具体实施方案，实施例通常是实施该发明创造时所属领域普通技术人员能较为直接想到的实施方式。

值得注意的是，具体实施方式部分所提供的实施例仅是实现发明创造的某些方式，所属领域普通技术人员通过该实施例可以将技术方案付诸实施即可。客观上，实施专利技术的方式可能有很多种，符合权利要求书与说明书的方式都属于实施该专利技术的具体实施方式，均可以受到专利法保护，而不局限于具体实施方式部分所提供的实施例。

## 第三节　专利文献扉页

专利文献扉页是由各工业产权局在出版专利说明书时增加的。专利说明书扉页相当于专利说明书的一览表，标识整篇专利文献的外在特征。专利文献扉页由著录项目、摘要、摘要附图组成，说明书无附图的，则没有摘要附图。专利文献扉页在专利公开或授权后由各工业产权局制作，申请专利时并不需要制作扉页，但应提交摘要及摘要附图。

专利文献扉页中的著录项目可以让我们更为方便、快捷地获取到该专利的技术信息、法律信息和经济信息等重要内容。熟知专利文献扉页中每一项著录项目的含义，对于读懂专利文献和提升专利实务能力有很大的帮助。

### 一、中国专利文献著录项目及其代码

专利文献晦涩、抽象，部分专利说明书长达几十页、上百页，还涉及多种文字，难以阅读。在农业领域解读专利文献，熟练掌握专利文献著录项目及其代码，相当于拥有解开庞大专利信息系统其中奥秘的密钥。

专利文献著录项目是各工业产权局为表示专利申请或其他工业产权保护种类申请的技术、法律、经济信息特征以及可供查询的信息线索而编制的项目。INID 代码是国际承认的（著录项目）数据识别代码，是 Internationally agreed Numbers for the Identification of（bibliographic）Data 的缩略语。这种代码由加圆圈或括号的两位阿拉伯数字表示，几乎已成为全球通用的表达专利文献特征的著录项目的统一代码。

INID 代码主要出现在专利说明书扉页和专利公报当中。通过对中国专利文献、美国专利文献、日本专利文献、欧洲专利文献和德国专利文献等各国专利文献进行比对，可以发现每一篇专利说明书扉页上出现的 INID 代码几乎是相同的，即使有语言文字的障碍。如果了解每一个 INID 代码及其含义，便可以快速锁定各专利文献中阅读人员所需的各种信息。

关于 INID 代码所对应的著录项目的含义，需要了解世界知识产权组织先后通过的两个标准——ST. 9《关于专利及补充保护证书的著录数据的建议》和 ST. 80《关于工业品外观设计著录项目数据的建设》，ST. 9 用于标注发明和实用新型专利文献著录项目，ST. 80 则用于标注外观设计专利文献著录项目。

对比上述两个标准里的 INID 代码，不难发现二者的异同。代码（10）（20）（30）（40）（70）这几大项对应的内容大体一致，分别为文献标志、专利申请或补充保护证书数据、优先权数据、文献的公知日期和当事人数据；代码（50）（60）（80）等大项则各自体现了发明专利与外观设计的不同，如 ST. 9 里的代码（50）是指技术信息，ST. 80 里的代码（50）则是指其他信息，二者里的代码（80）各自对应的是不同的国际公约的数据识别。这正是两种不同专利因保护客体、审查程序、适用国际公约不同而体现在说明书所表征的信息上的区别。

我国在参照世界知识产权组织的标准的同时，对 ST. 9 中涉及发明和实用新型 INID 代码，以及 ST. 80 中涉及外观设计 INID 代码的相同规定兼收并蓄，制定了中华人民共和国知识产权行业标准（ZC 0009—2012）《中国专利文献著录项目》。

著录项目反映了三类信息：技术信息、法律信息、文献外在形式信息。反映专利技术信息的著录项目有发明创造名称、专利分类号、摘要等。反映专利法律信息的著录项目有申请人、发明人、专利权人、专利申请号、申请日期、优先申请号、优先申请日期、优先申请国家、文献号、专利或专利申请的公布日期、国内相关申请数据等。反映专利文献形式信息的著录项目文献种类的名称和公布专利文献的国家机构等。

各国专利文献在具体应用INID代码时可能会有略微不同，中国国家知识产权局发布的《中国专利文献著录项目》见附录。

以下简要说明日期、号码、优先权、国内申请和参考引文这几类主要的著录项目。

根据国家知识产权局发布的中国专利公布公告，某中国发明专利说明书扉页截选如图2-1所示。通过分析图中著录项目信息，可以得知该专利的申请审批流程：该专利的优先权日（2001年8月28日，最先向日本提出申请）、国际申请日（2002年8月15日）、国际公布日（2003年3月13日）、进入国家阶段日期（2004年4月8日）和授权公告日（2008年1月9日）。

[19] 中华人民共和国国家知识产权局

[51] Int. Cl.
H01L 29/732 (2006.01)

[12] 发明专利说明书

专利号 ZL 02819881.6

[45] 授权公告日 2008年1月9日

[11] 授权公告号 CN 100361312C

[22] 申请日 2002.8.15 [21] 申请号 02819881.6
[30] 优先权
[32] 2001.8.28 [33] JP [31] 258015/2001
[86] 国际申请 PCT/JP2002/008304 2002.8.15
[87] 国际公布 WO2003/021683 日 2003.3.13
[85] 进入国家阶段日期 2004.4.8
[73] 专利权人 索尼株式会社
地址 日本东京都
[72] 发明人 荒井千广
[56] 参考文献
EP375965A1 1990.7.4
EP1033758A2 2000.9.6
JP2000269422A 2000.9.29
JP4312926A 1992.11.4
US5751053A 2000.9.6
JP63-211755A 1982.10.30
JP57-176762A 1982.10.30
JP5-29335A 1993.2.5
审查员 王志宇
[74] 专利代理机构 北京市柳沈律师事务所
代理人 陶凤波 侯 宇

权利要求书5页 说明书17页 附图16页

图2-1　某中国发明专利说明书扉页截选

根据国家知识产权局发布的信息，某中国发明专利申请公布说明书扉页截选如图2-2所示。通过分析图中著录项目信息，可以得出该专利申请在本国的申请号、公开号，该专利申请的国际申请号和公布号，以及该专利申请的六个优先权号。这些与该专利申请密切相关的各类INID代码，将有助于对该技术方案及其保护时间和范围进行多维解读。

某美国发明专利说明书扉页截选，如图2-3所示。从代码（21）可知本专利的申请号为401821，从代码（30）（63）可以解读出与本专利密切相关的多个分案专利的信息，可见本专利是经过多次分案的结果。

[19] 中华人民共和国国家知识产权局

[12] 发明专利申请公布说明书

[21] 申请号 200480040146.3

[51] Int. Cl.
A43B 13/20 (2006.01)
A43B 21/28 (2006.01)
B29D 31/518 (2006.01)

[43] 公开日 2007 年 1 月 24 日

[11] 公开号 CN 1901822A

[22] 申请日 2004.12.21
[21] 申请号 200480040146.3
[30] 优先权
[32] 2003.12.23 [33] US [31] 60/531,674
[32] 2004.1.28 [33] US [31] 10/767,211
[32] 2004.1.28 [33] US [31] 10/767,212
[32] 2004.1.28 [33] US [31] 10/767,403
[32] 2004.1.28 [33] US [31] 10/767,404
[32] 2004.1.28 [33] US [31] 10/767,465
[86] 国际申请 PCT/US2004/042596 2004.12.21
[87] 国际公布 WO2005/063071 英 2005.7.14
[85] 进入国家阶段日期 2006.7.10
[71] 申请人 耐克国际有限公司

托马斯·佛克森
约翰·F·斯维哥特
艾瑞克·史蒂芬·斯金勒
[74] 专利代理机构 北京安信方达知识产权代理有限公司
代理人 霍育栋 郑 霞

图 2－2 某中国发明专利申请公布说明书扉页截选

US005508738A

**United States Patent** [19]

**Janssen et al.**

[11] **Patent Number: 5,508,738**

[45] **Date of Patent: Apr. 16, 1996**

[54] **SINGLE PANEL COLOR PORJECTION VIDEO DISPLAY HAVING CONTROL CIRCUITRY FOR SYNCHRONIZING THE COLOR ILLUMINATION SYSTEM WITH READING/WRITING OF THE LIGHT**

[75] Inventors: **Peter Janssen**, Scarborough Manor; **William Guerinot**, Yorktown Heights, both of N.Y.

[73] Assignee: **North American Philips Corporation**, New York, N.Y.

[21] Appl. No.: **401,821**

[22] Filed: **Mar. 9, 1995**

**Related U.S. Application Data**

[63] Continuation of Ser. No. 988,617, Dec. 10, 1992, Pat. No. 5,416,514, which is a continuation-in-part of Ser. No. 927,782, Aug. 10, 1992, abandoned, which is a continuation of Ser. No. 634,366, Dec. 27, 1990, abandoned.

[51] **Int. Cl.**$^6$ .................... **H04N 9/31**; H04N 3/06; H04N 3/08

[52] **U.S. Cl.** .................... **348/196**; 348/551; 348/742; 348/761

[58] **Field of Search** .................... 348/760, 761 R, 348/551 R, 742 R, 196 OR; H04N 9/31, 3/06, 3/08

[56] **References Cited**

U.S. PATENT DOCUMENTS

4,139,257 2/1979 Matsumoto .................... 348/742
4,978,952 12/1990 Irwin .................... 348/742 X
5,018,007 5/1991 Lang et al. .................... 348/742
5,144,416 9/1992 Hart .................... 348/742

FOREIGN PATENT DOCUMENTS

8907820 8/1989 WIPO .................... H04N 9/31

*Primary Examiner*—James J. Groody
*Assistant Examiner*—Cheryl Cohen
*Attorney, Agent, or Firm*—John C. Fox

[57] **ABSTRACT**

A color projection video system utilizing only a single light valve. A white light source is separated into into red, green and blue bands. Scanning optics cause the RGB bands to be sequentially scanned across a light valve, such as a transmission LCD panel. Prior to each color passing over a given row of panels on the light valve, that row will be addressed, by the display electronics with the appropriate color content of that portion of the image which is being displayed. The image is projected by a projection lens onto a viewing surface, such as a screen. The device includes circuitry to synchronize the illumination of the light valve with the video signal and to minimize video breakup when changing video sources.

**9 Claims, 5 Drawing Sheets**

图 2－3 某美国发明专利说明书扉页截选

代码（30）优先权是一个非常重要的著录项目。以三件中国专利说明书扉页截选为例，说明三种优先权情形。

如图 2－4 所示，该实用新型专利拥有一项本国优先权，申请人于 2000 年 6 月 6 日在中国提出专利申请。

[19] 中华人民共和国国家知识产权局

[12] 实用新型专利说明书

[21] ZL 专利号 02252621.8

[51] Int. Cl$^7$
B62K 11/00
B62K 11/02
B62J 25/00
B60K 1/04

[45] 授权公告日 2005 年 5 月 18 日　　[11] 授权公告号 CN 2700215Y

[22] 申请日 2001.6.6　[21] 申请号 02252621.8
分案原申请号 01221371.3
[30] 优先权
[32] 2000. 6. 6 [33] CN [31] 00116354. X
[73] 专利权人 吴正德
地址 200042 上海市长宁支路 55 弄乙支弄 1 号
[72] 设计人 吴正德

图 2－4　某中国实用新型专利说明书扉页截选

如图 2－5 所示，该发明专利拥有一项外国优先权，申请人于 2004 年 7 月 16 日在美国提出专利申请。

[19] 中华人民共和国国家知识产权局

[12] 发明专利申请公开说明书

[21] 申请号 200510008054.3

[51] Int. Cl.
*A63H 33/00 (2006.01)*
*A63B 23/16 (2006.01)*
*A61F 7/00 (2006.01)*
*A61H 23/00 (2006.01)*

[43] 公开日 2006 年 1 月 18 日　　[11] 公开号 CN 1721020A

[22] 申请日 2005.2.6
[21] 申请号 200510008054.3
[30] 优先权
[32] 2004. 7.16 [33] US [31] 60/588,650
[71] 申请人 坦格尔公司
地址 美国加利福尼亚州
[72] 发明人 理查德・E・扎维兹

[74] 专利代理机构 上海智信专利代理有限公司
代理人 缪利明

图 2－5　某中国发明专利说明书扉页截选

如图2－6所示，该发明专利拥有多项外国优先权，申请人分别于2003年6月9日在日本提出专利申请，于2003年6月24日在美国提出专利申请。

[19] 中华人民共和国国家知识产权局

[51] Int. Cl.
*A43B 13/14 (2006.01)*
*A43B 5/00 (2006.01)*

[12] 发明专利申请公开说明书

[21] 申请号 200480015995.3

[43] 公开日 2006年7月12日

[11] 公开号 CN 1802110A

[22] 申请日 2004.6.8
[21] 申请号 200480015995.3
[30] 优先权
[32] 2003.6.9 [33] JP [31] 196136/2003
[32] 2003.6.24 [33] US [31] 10/603,494
[86] 国际申请 PCT/JP2004/008310 2004.6.8
[87] 国际公布 WO2004/107898 日 2004.12.16
[85] 进入国家阶段日期 2005.12.9
[71] 申请人 刘卓麟
地址 日本茨城县
[72] 发明人 刘卓麟

[74] 专利代理机构 上海专利商标事务所有限公司
代理人 方晓虹

图2－6 某中国发明专利说明书扉页截选

以某美国发明专利扉页截选为例，说明代码（60）的信息含量。

如图2－7所示，代码（60）信息显示该发明专利是一件在1995年10月18日提出的美国临时申请。

结合专利文献不同著录项目的信息进行解读对于研发创新非常重要，如要看一件专利的法律状态与保护期限，代码（22）和（45）这两个著录项目的日期都很重要：如果是以申请日起算，则要看（22）的申请日期；如果以授权公告日起算，则要关注（45）的授权公告日期。根据美国专利法，1995年6月8日以前申请并授权的专利保护期限为自专利授权日起17年，1995年6月8日以后申请并授权的专利保护期限为自专利申请日起20年。

同一个著录项目也会承载多类信息：如（84）为指定国，可以据其判断一项专利技术受保护的地域范围，如果是授权的专利文献，根据（84）可以判断该专利受保护的物理空间；结合（50）的技术信息，可以判断该

US005916285A

**United States Patent** [19]
**Alofs et al.**

[11] **Patent Number: 5,916,285**
[45] **Date of Patent: Jun. 29, 1999**

[54] **METHOD AND APPARATUS FOR SENSING FORWARD, REVERSE AND LATERAL MOTION OF A DRIVERLESS VEHICLE**

[75] Inventors: **Cornell W. Alofs; Ronald R. Drenth,** both of Petoskey, Mich.

[73] Assignee: **Jervis B. Webb Company,** Farmington Hills, Mich.

[21] Appl. No.: **08/713,539**

[22] Filed: **Sep. 13, 1996**

**Related U.S. Application Data**

[XX .
[60] Provisional application No. 60/005,540, Oct. 18, 1995.

[51] **Int. Cl.**[6] ........ **B60B 33/00**
[52] **U.S. Cl.** ........ **701/23**; 701/26; 701/41
[58] **Field of Search** ........ 701/23, 26, 41, 701/42, 1; 180/168, 415, 402, 446; 33/203.18

[56] **References Cited**

U.S. PATENT DOCUMENTS

| | | | |
|---|---|---|---|
| 4,347,573 | 8/1982 | Friedland | 701/220 |
| 4,667,365 | 5/1987 | Martinek | 303/176 |
| 4,679,645 | 7/1987 | Galloway et al. | 180/65.8 |
| 4,768,536 | 9/1988 | Hawkins | 180/907 |
| 4,816,998 | 3/1989 | Ahlbom | 701/23 |
| 4,847,769 | 7/1989 | Reeve | 701/23 |
| 5,058,023 | 10/1991 | Kozikaro | 701/217 |
| 5,175,415 | 12/1992 | Guest | 33/700 |
| 5,218,556 | 6/1993 | Dale, Jr. | 364/528 |
| 5,364,113 | 11/1994 | Goertzen | 280/81.6 |

FOREIGN PATENT DOCUMENTS

| | | |
|---|---|---|
| 0556689 | 8/1993 | European Pat. Off. . |
| 0576070 | 12/1993 | European Pat. Off. . |
| 2158965 | 5/1984 | United Kingdom . |
| 2158965 | 11/1985 | United Kingdom . |

*Primary Examiner*—Tan Q. Nguyen
*Attorney, Agent, or Firm*—Dickinson Wright PLLC

[57] **ABSTRACT**

This invention relates to a swivel caster fitted with rotational and swivel angle measurement sensors mounted to a driverless vehicle so that the lateral motion of the vehicle can be detected and accounted for by the vehicle's navigation and guidance system. A preferred embodiment of the present invention is a driverless vehicle comprising a navigation and guidance system having an angular motion sensor and a track wheel caster assembly equipped with a caster pivot sensor and a wheel rotation sensor to determine the relative position of the vehicle by taking into account substantially all movement of the vehicle along the surface upon which the vehicle is travelling. These sensors enable the navigation system to more accurately determine the vehicles current position and enable the guidance system to better guide the vehicle.

**36 Claims, 4 Drawing Sheets**

图 2－7 某美国发明专利扉页截选

专利受保护的技术边界；结合日期代码（22）（45），可以判断该专利受保护的时间范围。

在阅读专利文献时，若能熟练运用 INID 代码，则不需要熟悉各种语言版本，也可以解读专利文献中的信息。

某中国发明专利、中国发明专利申请、中国实用新型专利、中国外观设计专利单行本扉页分别如图 2－8、图 2－9、图 2－10、图 2－11 所示。

在图 2－8 中，代码（12）为专利文献名称；代码（19）用于标记公布专利文献的国家机构名称，如“国家知识产权局”表示在中国公布专利文献的机构。中国专利包括发明专利、实用新型专利和外观设计专利三种类型：如果是发明专利文本，则代码（12）标记为发明专利；如果是发明专利申请文本，则代码（12）标记为发明专利申请；如果是实用新型专利文本，则代码（12）标记为实用新型专利；如果是外观设计专利文本，则代码（12）标记为外观设计专利。

**(19) 国家知识产权局**

**(12) 发明专利**

**(10) 授权公告号** CN 115633726 B

**(45) 授权公告日** 2023.03.17

**(21) 申请号** 202211442465.3

**(22) 申请日** 2022.11.18

**(65) 同一申请的已公布的文献号**
**申请公布号** CN 115633726 A

**(43) 申请公布日** 2023.01.24

**(73) 专利权人** 中国农业大学
**地址** 100193 北京市海淀区圆明园西路2号

**(72) 发明人** 王鹏杰　任发政　文鹏程　金绍明

**(74) 专利代理机构** 北京领科知识产权代理事务所(特殊普通合伙) 11690
**专利代理师** 张丹

**(51) Int.Cl.**
*A23J 1/20* (2006.01)
*A23C 19/09* (2006.01)

**(56) 对比文件**
CN 108191967 A,2018.06.22
CN 111303269 A,2020.06.19
CN 112931616 A,2021.06.11
CN 113214378 A,2021.08.06
CN 113461795 A,2021.10.01
CN 114601013 A,2022.06.10
IE 833022 L,1984.06.21
**审查员** 邱棋

权利要求书1页　说明书8页　附图1页

**(54) 发明名称**
一种酪蛋白的制备方法与应用

**(57) 摘要**

本发明提供一种酪蛋白的制备方法与应用。本发明将曲拉磨成粉后，加到特定的溶剂中使蛋白分散，在特定的温度和溶剂条件下调节pH值能使酪蛋白通过等电点沉淀法，而变性的乳清蛋白保留在水中而不沉淀。对沉淀干燥加水复溶后，在较高的温度(25-45℃)条件下向其中加钙离子，后在10~15℃条件下依次加磷酸根和柠檬酸根离子，形成重组酪蛋白胶束。后向其中加入无水黄油、均质后加发酵剂、氯化钙、凝乳酶，排除乳清后得到凝胶，经过热烫拉伸、压榨成型、成熟后形成拉伸型干酪。

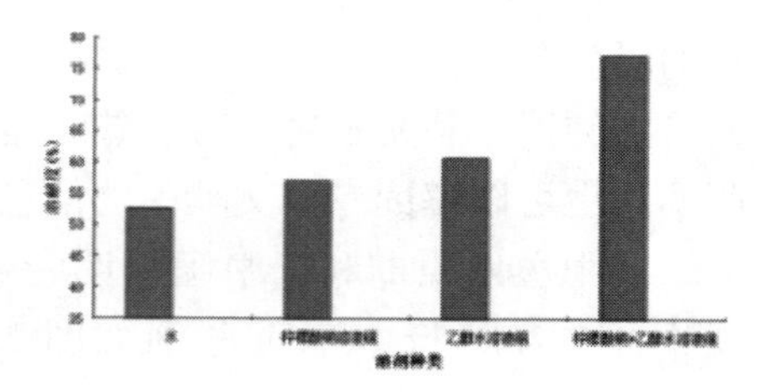

CN115633726 B

图2-8　某中国发明专利单行本扉页

(19) 国家知识产权局

(12) 发明专利申请

(10) 申请公布号 CN 115812619 A
(43) 申请公布日 2023.03.21

(21) 申请号 202211581552.7

(22) 申请日 2022.12.05

(71) 申请人 中国农业大学
地址 100193 北京市海淀区圆明园西路2号

(72) 发明人 张英俊　徐民乐　辛龙　王光辉
刘楠　杨高文　李冲　陆树楠

(74) 专利代理机构 北京众合诚成知识产权代理有限公司 11246
专利代理师 张文宝

(51) Int.Cl.
*A01K 5/02* (2006.01)
*A01K 11/00* (2006.01)

权利要求书2页　说明书6页　附图3页

(54) 发明名称
一种放牧家畜精量补饲机

(57) 摘要

本发明公开了属于放牧家畜工具技术领域的一种放牧家畜精量补饲机。补饲机两侧设有支撑杆、轮胎和侧板；下料口与下料斗连接；锂电池与下料步进电机、中央控制器相连；中央控制器通过RFID读写器控制饲料盆挡片的开闭；控制箱下部设置水箱，水箱通过软管与其下部的饮水碗连接；下料管的上端通过尼龙扣与下料口绑定，中间通过尼龙绳与丝杠的滑珠绑定，且丝杠的一端与下料步进电机连接；饲料盆挡片和舵机位于饲料盆上方；舵机上方设有投料挡片；饲料盆通过螺丝与秤盘连接，秤盘底部安装重力传感器；连接杆与分隔板连接。本发明设备机械机构简单实用，功能集成度高；造价成本低，一次性投资可以长期利用，可进行产品化大规模制造加工。

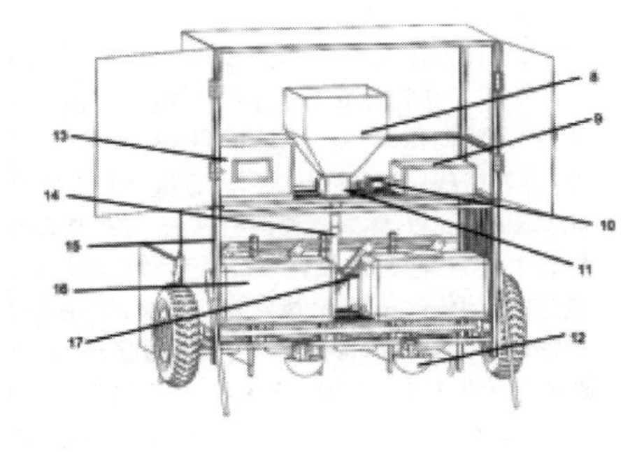


CN 115812619 A

图2－9　某中国发明专利申请单行本扉页

(19) 国家知识产权局

(12) 实用新型专利

(10) 授权公告号 CN 218649732 U
(45) 授权公告日 2023.03.21

(21) 申请号 202221866866.7

(22) 申请日 2022.07.20

(73) 专利权人 中国农业大学
地址 100193 北京市海淀区圆明园西路2号

(72) 发明人 吕增鹏 呙于明 刘永发 魏翊

(74) 专利代理机构 北京众合诚成知识产权代理有限公司 11246
专利代理师 张文宝

(51) Int.Cl.
*A01K 31/10* (2006.01)

权利要求书1页 说明书2页 附图1页

(54) 实用新型名称
一种便于开关的蛋鸡饲养鸡笼笼门

(57) 摘要

本实用新型公开了属于家禽养殖设备领域的一种便于开关的蛋鸡饲养鸡笼笼门。该便于开关的蛋鸡饲养鸡笼笼门由笼门主体、弹簧片、撞锁，栅栏组成；笼门主体右侧通过枢转环固定在鸡笼正面开口右侧的竖直栅栏轴上、并在竖直栅栏轴上固定弹簧片；笼门可绕竖直栅栏轴转动，笼门左侧中间一门闩与撞锁配合锁紧，打开后可借助弹簧片自动弹开。本实用新型设计精巧，通过笼门撞锁联动的方式，在关门时只需推上笼门即可，具有安装快速、制作简单、开关门便捷、抓鸡方便，节省工作时间，成本低；可以广泛推广使用。

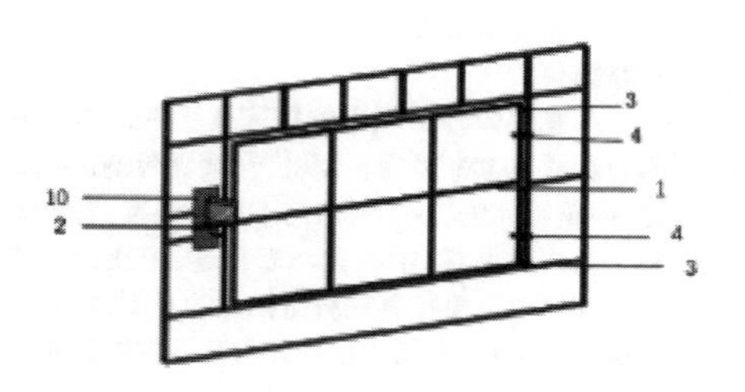


CN 218649732 U

图 2-10 某中国实用新型专利单行本扉页

(19) 国家知识产权局

(12) 外观设计专利

(10) 授权公告号 CN 307904230 S
(45) 授权公告日 2023.03.10

(21) 申请号 202230728709.9
(22) 申请日 2022.11.02
(73) 专利权人 中国农业大学
地址 100083 北京市海淀区清华东路17号
中国农业大学(东区)
(72) 设计人 殷成刚　徐微唯　陈丝雨
(51) LOC (13) Cl.
10-05

图片或照片 8 幅 简要说明 1 页

(54) 使用外观设计的产品名称
原位检测机器人(风力发电机塔筒轮式攀爬)

立体图

图 2－11　某中国外观设计专利单行本扉页

## 二、专利文献编号

掌握世界主要国家各种专利申请和专利说明书所使用的特定的专利文献编号、专利文献编号种类和编号规则，能够准确按照专利变化找到特定引用的专利文献。

（一）专利文献编号种类

专利文献编号可分为专利申请号和专利文献号两类，申请号是指各工业产权局在受理专利申请时编制的序号，文献号是指各工业产权局在公布专利文献或授权、注册、登记时为每件专利文件编制的序号。专利申请号包括一般申请号、临时申请号、优先申请号、分案申请号、继续或部分继续申请号、增补或再公告专利申请号和复审或再审查请求号等。专利文献号包括公开号、申请公开号、申请公布号、申请公告号、展出号、审定公告号、授权公告号、专利号、注册号和登记号等。

（二）专利文献编号规则

关于专利申请号的编号，大多数国家所依据的文件是 WIPO 标准 ST. 13《专利、补充保护证书、工业设计及集成电路布图申请的编号建议》，其中规定了按年编号、连续编号这两种编号方式。按年编号即申请号由申请年号和申请流水号组成，其中，年代的表示方式有公元纪年、本国纪年和特定数字表示三种。例如，在专利申请文件编号中，中国采用公元纪年方式，日本采用本国纪年方式，1995 年前德国则采用特定数字表示方式。连续编号即申请号由连续编排的序号组成，有按总顺序编号和多年循环编号两种。

专利文献号仅由一组阿拉伯数字表示，国别代码和文献种类代码不构成文献号的组成部分，但专利文献上的国别代码和文献种类代码要和阿拉伯数字一起连用。专利文献号有连续编号、按年编号和沿用申请号三种编号方式，如：美国专利文献号采用连续编号方式，从 1836 年第 1 号排起；日本专利文献号采用按年编号方式，每年从第 1 号排起；德国专利文献号采用沿用申请号方式。

（三）主要国家专利文献编号与专利国际申请编号

1. 中国专利文献编号

根据变化情况，中国专利文献编号可分为五个阶段。

中国专利文献编号第一阶段（1985—1988 年）示例见表 2 - 1。

**表 2 - 1　中国专利文献编号第一阶段（1985—1988 年）示例**

| 种类 | 申请号 | 公开号 | 公告号 | 审定号 | 专利号 |
|---|---|---|---|---|---|
| 发明 | 88100001 | CN88100001A | | CN88100001B | ZL88100001 |
| 实用新型 | 88210369 | | CN88210369U | | ZL88210369 |
| 外观设计 | 88300457 | | CN88300457 | | ZL88300457 |

第一阶段基本采用“一号制”，各种标识号码均以专利申请号作为主体号码，以专利文献种类标识代码标示各种文献编号。如88100001，前两位数字表示受理专利申请的年号，第三位数字表示专利申请的种类，其中：“1”表示发明、“2”表示实用新型、“3”表示外观设计，后五位数字表示申请流水号。这种专利文献编号方式的优点是方便查阅、易于检索，其局限在于专利审查过程中的撤回、驳回、修改或补正导致申请文件不可能全部公开或按申请号的顺序依次公开，从而造成专利文献缺号和跳号的现象。

中国专利文献编号第二阶段（1989—1992年）示例见表2-2。

**表2-2　　中国专利文献编号第二阶段（1989—1992年）示例**

| 种类 | 申请号 | 公开号 | 公告号 | 审定号 | 专利号 |
|---|---|---|---|---|---|
| 发明 | 89100002. X | CN1044155A | | CN1014821B | ZL89100002. X |
| 实用新型 | 89200001. 5 | | CN2043111U | | ZL89200001. 5 |
| 外观设计 | 89300001. 9 | | CN3005104 | | ZL89300001. 9 |

第二阶段的编号特点：首先，体现在三种专利申请号由八位升至九位，增加小数点后面的计算机校验码，其他含义不变，如89103229. 2；其次，所有专利说明书文献号均由七位数字组成，按各自流水号序列顺排，逐年累计；发明的申请号、公开号和审定号不同，但申请号和专利号相同；实用新型、外观设计的申请号和专利号相同，但公告号不同。

中国专利文献编号第三阶段（1993—2004年）示例见表2-3。

**表2-3　　中国专利文献编号第三阶段（1993—2004年）示例**

| 种类 | 申请号 | 公开号 | 授权公告号 | 专利号 |
|---|---|---|---|---|
| 发明 | 93100001. 7 | CN1089067A | CN1033297C | ZL93100001. 7 |
| 进入中国国家阶段的PCT发明专利申请 | 94190008. 8 | CN1101484A | CN1044447C | ZL94190008. 8 |
| 实用新型 | 93200001. 0 | | CN2144896Y | ZL93200001. 0 |
| 进入中国国家阶段的PCT实用新型专利申请 | 94290001. 4 | | CN2402101Y | ZL94290001. 4 |
| 外观设计 | 93300001. 4 | | CN3021827D | 93300001. 4 |

第三阶段由于取消了专利异议期，其与第二阶段的区别主要是种类代码发生变化；同时，随着中国1994年加入PCT，1995年4月开始公布进入中国国家阶段的PCT国际申请，此时中国专利文献编号体系发生了新的变化。指定中国的PCT国际申请进入中国国家阶段的申请号的第三位数字

（1998年前是第四位数字）表示国际申请的种类，“8”表示发明专利，“9”表示实用新型。

中国专利文献编号第四阶段（自2003年10月1日起至今）示例见表2-4。

**表2-4　中国专利文献编号第四阶段（自2003年10月1日起至今）示例**

| 专利申请种类 | 申请号 |
| --- | --- |
| 发明专利申请 | 200410000001.4 |
| 进入中国国家阶段的PCT发明专利申请 | 200480000001.0 |
| 实用新型专利申请 | 200420000001.9 |
| 进入中国国家阶段的PCT实用新型专利申请 | 200490000001.3 |
| 外观设计专利申请 | 200430000001.5 |

为了满足专利申请量急剧增长的需要，第四阶段的专利申请号升位，开始启用包括校验位在内的十三位（其中的申请流水号部分有七位数字）专利申请号及其专利号，第一位至第四位数字表示申请年号，第五位数字表示申请种类号，第六位至十二位数字（共七位数字）表示申请流水号。

中国专利文献编号第五阶段（自2007年7月起至今）示例见表2-5。

**表2-5　中国专利文献编号第五阶段（自2007年7月起至今）示例**

| 专利文献种类 | 号码种类 | 号码升位日期 | 号码升位卷期号 | 升位起始号 |
| --- | --- | --- | --- | --- |
| 发明专利申请公布说明书 | 申请公布号 | 2007-07-18 | 23卷29期 | CN100998275A |
| 发明专利说明书 | 授权公告号 | 2007-08-29 | 23卷35期 | CN100333628C |
| 实用新型专利说明书 | 授权公告号 | 2007-08-29 | 23卷35期 | CN200938735Y |
| 外观设计专利单行本 | 授权公告号 | 2007-08-29 | 23卷35期 | CN300683009D |

第五阶段专利文献号升至九位。

2. 美国专利文献编号

美国专利文献编号示例见表2-6。

**表2-6　美国专利文献编号示例**

| 类别 | 编号示例 |
| --- | --- |
| 申请号 Appl. No. | 10/169，453<br>29/176，064 |
| 公开号 Pub. No. | 2003/0018159 |
| 专利号 Patent Number. | 7，753，404 |
| 再版专利号 Patent No. | RE40871 |

美国的专利编号，有申请号、公开号、专利号和再版专利号四种。其编

号规则为连续编号，每一轮号码满号后则进入下一轮。申请号中，分隔号前的数字是轮号，分隔号后的数字是顺序号，如“10/169”，“453 号”代表在美国专利编号“第 10 轮的第 169453 号”。公开号表示为“年份 +/ + 顺序号”。专利号直接用顺序号表示。再版专利号用“RE + 顺序号”来表示。

3. 日本专利文献编号

日本三种专利的申请号均有固定格式，按年编排。①第一个字表示申请种类：“特”表示专利，“実”表示实用新型，“意”表示外观设计。②第二个字“願”表示申请。③第三个字和破折号前的数字组合是用日本纪年表示申请年代。自 2000 年后申请年代改为公元纪年，其他含义不变。

日本发明专利说明书文献号的特点如下。(1) 公开号、公告号总的特点与申请号相同，有固定格式，即“种类 + 公布方式 + 年代 + 当年序号”，按年编排；区别在第二个字，即公布方式——“開”表示公开，“表”表示再公开，“公”表示公告。2000 年后按公元纪年编排，字母 P 表示专利。(2) 国际申请日文译本的公开号每年从第 500001 号开始编排。(3) 日本国际申请的再公开的再公开号沿用国际申请公开号。(4) 专利说明书的专利号从第 1 号开始大流水号顺排。1950 年后不再出版这种专利说明书，但授予专利权时给予专利号，并继续沿此序列接排；自 1996 年 5 月 29 日开始出版专利说明书起，专利号另从第 2500001 号开始顺排。

日本实用新型说明书专利文献编号示例见表 2 -7。

**表 2 -7　　日本实用新型说明书专利文献编号示例**

| 说明书名称 | 文献号 | | |
|---|---|---|---|
| | 编号名称 | 2000 年前 | 2000 年后 |
| 实用新型公开说明书 | 实用新型申请公开号 | 実開平 5 -344801 | U2000 -1A |
| 注册实用新型说明书 | 实用新型注册号 | 1994 年 7 月 26 日开始 | U3064201 |
| | | 第 3000001 号 | |
| 实用新型国际申请说明书日文译本 | 实用新型申请公开号 | 実表平 8 -500003 | U2000 -600001U |
| 实用新型公告说明书 | 实用新型申请公告号 | 1996 年 3 月 29 日止 | |
| | | 実公平 8 -34772 | |
| 实用新型注册说明书 | 实用新型注册号 | 1996 年 6 月 5 日开始 | U2602201U |
| | | 第 2500001 号 | |
| 注册实用新型说明书 1905—1950 年 | 实用新型注册号 | 1 -406203，1950 年以后的注册号继续沿此序列编排。1994 年后新申请的注册号从 3000001 号开始，1994 年前老申请的注册号从 2500001 号开始 | |

实用新型说明书文献号的特点如下。①公开号和公告号按年编排，固定格式为“种类+公布方式+年代+当年序号”，其中“种类”中的第一个字“实”表示实用新型。②实用新型国际申请说明书日文译本公开号每年从第500001号开始编排，2000年后按公元纪年编排，字母U表示实用新型。③注册实用新型说明书的注册号，从第1号开始大流水号顺排。1950年后不再出版这种专利说明书，但授予注册证书时给予注册号，并继续沿用此序号接排，直到1994年实用新型改为登记制，对1994年1月1日以后提出的新申请，由于形式审查合格即授予注册证书，自1994年7月26日开始出版的注册实用新型说明书，其注册号另从第3000001号开始顺排。对于1994年前的老申请继续按早期公开、延迟审查程序出版，由于取消公告程序，实质审查合格即授予注册证书，因此自1996年6月5日开始出版的实用新型注册说明书的注册号从第2500001号开始顺排。

日本的外观设计注册号从第1号开始顺排。

4. 欧洲专利文献编号

欧洲专利文献编号示例见表2-8。

表2-8 欧洲专利文献编号示例

| 种类 | 申请号 | 申请公布号 | 授权公告号 |
| --- | --- | --- | --- |
| 欧洲专利申请 | 01101330.7 | EP1225633A1 | |
| 进入欧洲阶段的PCT国际申请 | 98938886.3 | EP963989A1<br>EP963989A4 | |
| | 99969463.1 | EP1123452A1 | EP1123452B1 |

欧洲专利的申请号没有国别地区代码，一般由纯阿拉伯数字组成，即八位数字加一位数字校验码，其申请公布号、授权公告号的组成与申请号不同，二者都是由区域代码EP、顺序号、文献类型代码组成。例如，申请号为99969463.1的进入欧洲阶段的PCT国际申请的申请公布号为EP1123452A1，授权公告号为EP1123452B1，申请公布号与授权公告号只有最后的文献类型代码不同。

5. 专利国际申请编号

专利国际申请编号为“PCT/（指定的国家）”。如果是欧洲，则“/”后面为EP；如果是中国，则“/”后面为CN。所有通过PCT途径申请公开的专利的公开号都用WO表示。WO所表示的不是世界专利，而是通过PCT途径进行专利申请，该专利申请需要指定主权国家后方可获得授权，使用WO编号只是表示一种公开的状态，是一种没有授权的中间文件。通过 PCT 途径申请专利，是更简便、更经济的专利申请途径，而真正要获得授权仍需要指定各个主权国家才有可能获得授权从而获得专利保护。

## 第四节　检索报告

检索报告是专利检索人员通过对专利申请涉及的发明创造进行现有技术检索，找到可进行专利新颖性或创造性对比的文件，向专利申请人及公众展示检索结果的一种文件。出版附有检索报告的专利单行本的国家或组织的工业产权局有：欧洲专利局，世界知识产权组织国际局，英国知识产权局，法国工业产权局等。附有检索报告的专利单行本均为未经审查、尚未授予专利权的申请公布单行本。

### 一、PCT 国际检索报告

PCT 国际检索报告是指由国际检索单位（世界主要专利局之一）检索可影响发明专利性的已公布专利文献和技术文献（现有技术），并对发明的可专利性提出的书面意见。最终进入国家阶段的各国审查部门，可以对该发明进行或不进行重新检索。例如，根据欧洲专利法，所有进入欧洲的专利申请的 PCT 国际检索报告，如果是非欧洲专利局提供的，则欧洲专利局必须重新进行检索，并提供补充检索报告。某 PCT 国际申请（单行本）的检索报告截选如图 2－12 所示。

其中，WIPO 标准 ST. 14《关于在专利文献中列入引证参考文献的建议》用字母表示相关程度。

（1）X：仅考虑该文献，权利要求所记载的发明不能被认为具有新颖性或创造性。

（2）Y：当该文献与另一篇或多篇此类文献结合，并且这种结合对于本领域技术人员是显而易见时，权利要求所记载的发明不能认为具有创造性。

（3）A：一般现有技术文献，无特别相关性。

（4）E：PCT 实施细则 33 条 1（c）中确定的在先专利文献，但是在国际申请日当天或之后公布的。

### 二、欧洲专利局检索报告

提交欧洲专利申请后，专利申请所处的申请阶段不同，申请人所收到的官方文件也不同。即使处于同一个申请阶段，不同的专利申请也会收到不同的官方文件。在欧洲专利局审查阶段，常见的检索报告分为如下几种。

**INTERNATIONAL SEARCH REPORT**

International application No.
**PCT/CN2022/110999**

**A. CLASSIFICATION OF SUBJECT MATTER**

C12Q 1/6888(2018.01)i; C12N 15/11(2006.01)i

According to International Patent Classification (IPC) or to both national classification and IPC

**B. FIELDS SEARCHED**

Minimum documentation searched (classification system followed by classification symbols)

C12Q, C12N

Documentation searched other than minimum documentation to the extent that such documents are included in the fields searched

Electronic data base consulted during the international search (name of data base and, where practicable, search terms used)

CNMED, CNABS, DWPI, WPABS, WPABSC, CJFD, AUABS, TWMED, ILABS, HKABS, MOABS, CNTXT, ENTXT, ENTXTC, WOTXT, USTXT, VCN, VEN, GBTXT, EPTXT, CATXT, CNKI, PubMed, EMBL, Web of Science, GoogleScholar: 等位基因, SNP, 微卫星标记, 北京鸭, BEIJING duck, CLN8, rs322493594, rs322493651, rs322493641, rs322493648, rs322493619

**C. DOCUMENTS CONSIDERED TO BE RELEVANT**

| Category* | Citation of document, with indication, where appropriate, of the relevant passages | Relevant to claim No. |
|---|---|---|
| PX | CN 114317774 A (CHINA AGRICULTURAL UNIVERSITY) 12 April 2022 (2022-04-12) see claims 1-10, and description, paragraph 44 | 1-9 |
| A | CN 102816759 A (JIANGSU NORMAL UNIVERSITY) 12 December 2012 (2012-12-12) see claims 1 and 2 | 1-9 |
| A | CN 113322335 A (JIANGSU INSTITUTE OF POULTRY SCIENCES) 31 August 2021 (2021-08-31) see description, paragraphs 5-7 | 1-9 |
| A | CN 108004331 A (CHINA AGRICULTURAL UNIVERSITY) 08 May 2018 (2018-05-08) see claim 1 | 1-9 |
| A | 廖秀冬 (LIAO, Xiudong). "北京鸭FABP2基因多态性与体尺和屠体性状的相关性研究 (Polymorphism of FABP2 Gene and Its Association with Body Size and Carcass Traits in Peking Duck)" *中国家禽 (China Poultry)*, Vol. 34, No. 17, 05 September 2012 (2012-09-05), see abstract | 1-9 |

☑ Further documents are listed in the continuation of Box C. ☑ See patent family annex.

* Special categories of cited documents:

"A" document defining the general state of the art which is not considered to be of particular relevance

"E" earlier application or patent but published on or after the international filing date

"L" document which may throw doubts on priority claim(s) or which is cited to establish the publication date of another citation or other special reason (as specified)

"O" document referring to an oral disclosure, use, exhibition or other means

"P" document published prior to the international filing date but later than the priority date claimed

"T" later document published after the international filing date or priority date and not in conflict with the application but cited to understand the principle or theory underlying the invention

"X" document of particular relevance; the claimed invention cannot be considered novel or cannot be considered to involve an inventive step when the document is taken alone

"Y" document of particular relevance; the claimed invention cannot be considered to involve an inventive step when the document is combined with one or more other such documents, such combination being obvious to a person skilled in the art

"&" document member of the same patent family

| Date of the actual completion of the international search | Date of mailing of the international search report |
|---|---|
| **17 October 2022** | **03 November 2022** |
| Name and mailing address of the ISA/CN<br>**China National Intellectual Property Administration (ISA/CN)**<br>**No. 6, Xitucheng Road, Jimenqiao, Haidian District, Beijing 100088, China**<br>Facsimile No. **(86-10)62019451** | Authorized officer<br><br>Telephone No. |

Form PCT/ISA/210 (second sheet) (January 2015)

图 2-12 某 PCT 国际申请（单行本）的检索报告截选

1. 欧洲检索报告

欧洲检索报告是欧洲专利局在欧洲检索阶段提供的基本官方文件，其主要内容是列出检索报告出具之日以前欧洲专利局认为与专利申请新颖性或创造性相关的文献资料，并把在该专利申请在优先权日之前公开的文献、在优先权日之后且在申请日之前公开的文献及在申请日之后公开的文献区别列出，同时标明这些文献的基本信息。欧洲检索报告的作用，基本上与PCT国际检索报告的相同，二者都是提供一份早期的可专利性报告，并找出相关的现有技术。

欧洲检索报告，主要分为以下几种类型。

（1）欧洲补充检索报告。欧洲补充检索是PCT国际申请进入欧洲国家地区阶段的一种特殊的检索程序。当一件PCT国际申请进入欧洲时，如果申请人提供了PCT国际检索报告，欧洲专利局检索部门将出具一份欧洲补充检索报告。如果PCT国际检索报告是由欧洲专利局作为国际检索单位或者国际补充检索单位来出具的，那么该国际检索报告将直接被欧洲专利局作为欧洲检索报告使用，欧洲专利局则不再出具一份补充检索报告。

（2）不完全检索报告。当欧洲专利局检索部门的检索人员认为专利申请没有满足欧洲专利公约的规定，无法针对该申请出具一份有效的检索报告（可能和技术本身有关，也可能是和主题有关）时，检索部门会给出不能作出完全检索的理由，并通知申请人在两个月的期限内作出回复，要求其指出需要检索的内容。若申请人未回复或未在指定期限内回复，欧洲专利局将出具一份不完全检索报告或者作出无法出具检索报告的声明。该不完全检索报告或声明将在后续程序中，作为检索报告使用。对于未检索的部分，将不能进行实质审查。这将会限制最终授权的权利要求。

（3）发明缺少单一性的欧洲检索报告。根据欧洲专利公约，发明的单一性是指专利申请应只涉及一个发明创造或者一组相关联可形成一个单一的总创造概念的发明创造。当检索部门认为该专利申请不具备发明的单一性时，检索部门将针对权利要求中第一个或者第一组提及的发明创造出具一份部分检索报告，即发明缺少单一性的欧洲检索报告。如果申请人希望检索部门针对该专利申请中包含的其他发明创造作出检索的话，申请人应在检索部门通知之日起两个月内缴纳相关的费用。

（4）欧洲附加检索报告。欧洲附加检索报告是在实质审查阶段出具的检索报告。根据相关规定，欧洲专利局的审查部门对于未检索的欧洲专利申请不进行审查工作。这就意味着如果在欧洲检索阶段因为单一性或者修改、限制等问题，导致申请文件的部分内容在进入实质审查阶段时未经过检索或者在实质审查阶段被视为未检索，这时就需要启动欧洲附加检索程序。

（5）欧洲扩展检索报告。欧洲扩展检索报告是自 2005 年起欧洲专利局增加的一项新的检索报告项目，自此检索报告下发时会随附一份欧洲专利局检索部门出具的对专利申请可专利性的初步意见书，欧洲扩展检索报告则是普通欧洲检索报告或者欧洲补充检索报告与这份意见书的总称。

2. 欧洲检索意见

自 2005 年欧洲扩展检索报告被引入欧洲专利局以来，检索部门在检索阶段除了要出具检索报告，还需要作出一份可专利性的初步意见书，作为欧洲检索意见下发给申请人提供参考。

（1）欧洲检索意见的基础。通常情况下，欧洲检索意见的基础是申请人提交的原始申请文件。不完全检索报告或发明缺少单一性的欧洲检索报告也会作为欧洲检索意见的基础。但是，对于 PCT 国际申请，由于申请文件在 PCT 阶段和在进入欧洲阶段时都有修改的机会，因此此时欧洲检索意见的基础就是申请人最新提出的请求。

（2）欧洲检索意见的内容。欧洲检索意见的内容包括专利申请不满足欧洲专利授权标准的所有内容，其中既有实质性内容，也有形式性内容。

（3）发明缺少单一性的欧洲检索意见。如果检索部门发现专利申请不具有发明的单一性，检索部门将只针对申请文件中的第一个发明创造出具检索报告与检索意见，除非申请人收到检索部门的通知后在规定期限内缴纳了额外的检索费。

（4）实质审查部门对欧洲检索意见的态度。在实质审查阶段，实质审查部门的检索人员通常都会考虑检索意见和申请人的答复。申请人通过在检索阶段和实质审查阶段提交的答辩和修改，也可能改变检索人员对于检索意见的态度。同时，国际阶段“扩展检索”（Top-up Search）项目中发现的新颖性问题、第三方意见中发现的新颖性问题或者以其他方式引起检索人员注意的新颖性问题，都将影响检索人员对欧洲检索意见的态度。在某些情况下，实质审查部门的检索人员也可以完全推翻欧洲检索意见中的发现和理由。

（5）申请人答复欧洲检索意见。在 2010 年 4 月 1 日以前，对检索报告进行答复是可选择的。但是，根据最新修订的欧洲专利公约实施细则，申请人必须对欧洲检索意见作出答复。答复期限为自欧洲专利局公布欧洲检索报告之日起的 6 个月内。

对于非通过 PCT 途径进行的欧洲专利申请而言，欧洲检索阶段是唯一一次在实质审查阶段前修改申请文件的机会。欧洲检索意见类似于 PCT 国际阶段的检索报告的书面意见，但是 PCT 检索阶段只允许对权利要求进行修改，而在欧洲检索阶段，检索人员不但会下发通知要求申请人修改申请文件的缺陷，而且会给予申请人修改整个申请文件包括说明书、权利要求书和附图等的机会，但不能超出原始公开的范围。

如果在欧洲检索报告下发至申请人之前，申请人已经提交了实质审查请求，这种情况下欧洲专利局在出具欧洲检索报告及意见时，还会要求申请人确认是否继续申请。如果申请人未在规定期限内答复，那么该申请将被视为撤销。

即使申请人在检索阶段提交了对申请文件的修改，检索部门也不会再对这些修改提供意见。申请进入实质审查阶段后，由实质审查部门的检索人员对修改进行审查。

## 第五节　专利引文

专利引文是指在专利文件中列出的与本专利申请相关的其他文献，包括专利文献和科技期刊、论文、著作、会议文件等非专利文献。

### 一、专利引文的作用

#### （一）判断重点、核心专利

一件专利被后来的专利引证的次数越多，代表该专利所保护的技术范围可能具有相当的重要性及关键性，并对后来的技术发展的影响较大，处于核心位置，一般情况下可被认为是该技术领域的重点、核心专利。

#### （二）获取重要、核心发明人

对某一技术领域的重要、核心专利的发明人进行分析：如果一个发明人拥有多项重要、核心专利，或者其专利被引证次数多，则可以表明该发明人在该技术领域内具有较强的影响力，甚至是掌握该技术领域技术趋势的领军人物。通过专利引证分析可以判断出某一技术领域的重要、核心人物。

#### （三）获知技术发展历程

专利引证通过后人引用前人的文献，起到了知识传递的作用。通过多级知识传递、形成技术知识流，可把技术的产生、发展等经历过程展现出来。多级引证关系则恰恰反映了这一过程，从而能够快速跟踪一项技术的发展历程，了解技术发展的来龙去脉。

（四）识别竞争对手

专利引证分析能够帮助企业识别真正的竞争对手。一般来说，对某一技术领域的专利申请人所申请专利的数量进行排序，也可获知该技术领域的竞争对手，但是由于一种技术往往可细分为多种小环节技术，仅仅通过专利申请的数量来进行识别，可能会找到一些与所识别技术无关的申请人的信息，因此，在识别竞争对手时，除了查询专利的数量，还应该通过专利引证分析来揭示技术竞争者之间的相关性，从而更准确地获知竞争对手的信息。同时，还可获知竞争对手的技术特点及技术实力，判断竞争对手的专利布局情况。

1. 可以通过对申请人之间的引证关系进行分析获知竞争对手的信息

通过专利申请人之间的引证关系图，可获知申请人之间的技术关联性。例如，A 公司专利引证了 B 公司的 300 件专利，这说明 A 公司与 B 公司的技术之间存在很多的关联。交叉引用在申请人之间的引证关系图中也非常常见。例如，C 公司被 A 公司引用的 100 件专利中，又有引用 A 公司专利的情形，这说明两家公司的技术关联程度很高，存在专利侵权的风险。一般说来，专利之间相互引证的次数越多，侵权的可能性越大。

2. 通过对专利引证进行矩阵分析获知竞争对手的技术特点及技术实力

通过分析自我引证率、被引证率随时间的变化，可获知竞争对手在该技术领域所处的地位。其中，专利被引证率高、自我引证率高的属于技术先驱者，专利被引证率高、自我引证率低的为技术领军者，专利被引证率低、自我引证率低的为技术模仿者，专利被引证率低、自我引证率高的为技术参与者。

3. 通过对引证专利的申请人进行分析判断竞争对手的专利布局情况

一项核心专利被多篇专利文献所引证，在引证的专利中，既可能有自己引证的专利，也可能有他人引证的专利，通过分析这些引证专利的申请人，可以发现不同主体对其核心专利的保护策略，或对他人对核心专利的进攻策略。例如，如果某一核心专利技术的外围专利均是拥有该核心专利的主体专利，则该主体已最大限度地将其核心专利技术的使用、扩展都进行了保护，使其他主体很难从中寻找缝隙；反之，则表明该核心专利技术已被其他主体占领外围，拥有该核心专利技术主体的发展将受到制约。

## 二、专利引文的分类

### (一) 从引用目的和施引主体来看，专利引文分为：检索人员引文与申请人引文

根据引用目的和施引主体不同，引用的文献包括参考文献和审查对比文件，基于此，专利引文可分为两种：前者由专利申请人、发明人或其代理人提供，统称“申请人引文”；后者则由专利检索人员提供，统称“检索人员引文”。由于施引主体具有不同的立场和引用动机，因此这两类专利引文所承载的信息和实有的功能事实上大不相同，在过去很长时间内，人们大多会忽略这种差异，在进行专利引文分析时对其不加区分的原因有二：一是主观认识的局限，如对专利引文产生的机理认识不够；二是客观条件的制约，即现有专利引文检索系统并不支持对这两类专引引文进行区分。这两类专引引文固有的差异成为了追求客观认知、挖掘专利引文潜在价值的一个障碍。

专利检索人员在审查专利申请时，根据申请文件中的权利要求、说明书及附图等文件进行专利新颖性或创造性检索所找到的文献，称为审查对比文件。某中国发明专利中的审查对比文件如图 2 – 13 所示。

(19) 国家知识产权局

(12) 发明专利

(10) 授权公告号 CN 107182385 B
(45) 授权公告日 2023.03.14

(21) 申请号 201710538853.4
(22) 申请日 2017.07.04
(65) 同一申请的已公布的文献号
申请公布号 CN 107182385 A
(43) 申请公布日 2017.09.22
(73) 专利权人 中国农业大学
地址 100193 北京市海淀区圆明园西路2号

A01C 7/20 (2006.01)
(56) 对比文件
CN 104025775 A,2014.09.10
CN 106489327 A,2017.03.15
CN 207354848 U,2018.05.15
CN 104885607 A,2015.09.09
AM 2345 A,2010.01.25
审查员 李锦

图 2 – 13　某中国发明专利中的审查对比文件

专利申请人在完成专利申请所述发明创造过程中参考引用过并被记述在申请文件中的文献称为引用参考文献。对于大多数国家的专利文件来说，引用参考文献主要记述在专利单行本的说明书中，通常以文字描述的方式写入“背景技术”部分，某中国发明专利“背景技术”中的引用参考

文献如图 2－14 所示。

**背景技术**

码分多址(CDMA)调制技术的采用是拥有大量用户的系统便于进行通信的几种技术之一。尽管诸如时分多址(TDMA)、频分多址(FDMA)的其它技术和诸如幅度压扩单边带(ACSSB)的 AM 调制方案是公知的,CDMA 比这些其它技术具有明显的优势。题为“利用卫星或陆上转发器的扩频多址通信系统”的美国专利 4,901,307 揭示了 CDMA 技术在多址通信系统中的应用,该专利已转让给本发明的受让人,在此引作参考。题为“CDMA 蜂窝电话系统中产生信号波形的系统和方法”的美国专利 5,103,459 揭示了 CDMA 技术在多址通信系统中的应用,该专利已转让给本发明的受让人,在此引作参考。可以将 CDMA 系统设计成符合“双模宽带扩频蜂窝系统的 TIA/EIA/IS-95 移动台-基站兼容标准”,以下称为 IS-95 标准。

图 2－14　某中国发明专利“背景技术”中的引用参考文献

（二）从文献类型来看，专利引文分为：专利引文及非专利引文

在专利文件中也会列出与本专利申请相关的其他文献，既包括专利文献，也包括其他非专利文献，如科技期刊、论文、著作、会议文件等。

# 第三章　农业专利信息检索

## 第一节　农业专利信息检索概述

### 一、常见的专利检索类型

专利信息涵盖大量先进技术信息。充分运用专利信息检索工具，可以使农业企业的创新进程加速，为企业节约成本、降低风险。专利检索类型众多，根据检索目的不同，常用的专利检索类型包括专利查新检索、专利专题检索、专利无效检索、专利侵权检索等，见表3－1。

表3－1　常见的专利检索类型

| 检索类型 | 检索类型细分 | 检索用途 | 应用场景 |
| --- | --- | --- | --- |
| 专利查新检索 | 申请前查新 | 提高专利授权概率 | 通过检索获得相同或者相似的对比文件，对原申请文件进行适应性修改，提高授权概率，降低核心技术及其细节因申请专利免费公开却无法获得授权而得不到有效保护的风险 |
| | 申请后查新 | 1. 预评估专利授权概率<br>2. 对申请文件进行主动修改，提高授权概率 | 在说明书与权利要求书记载的范围内进行修改，对专利申请授权前景进行评估 |
| | 公众意见检索 | 阻止竞争对手获得授权 | 针对竞争对手处于审查过程中的专利申请，向国家知识产权局提交检索到的相同或者相似的对比文件，阻止竞争对手专利获得授权 |
| | PCT专项查新 | 提高PCT申请授权概率 | PCT申请审查周期长，费用高。为PCT申请进行申请前检索，利用检索到的相同或相似的对比文件对PCT申请进行修改，以提高获得授权的概率 |

续表

| 检索类型 | 检索类型细分 | 检索用途 | 应用场景 |
|---|---|---|---|
| 专利查新检索 | 优先审查 | 办理优先审查 | 评价专利申请的新颖性、创造性和实用性，用于办理优先审查手续 |
| | 立项/评奖查新 | 通过查新检索，筛选出高价值、高质量专利，用于申报项目、奖项等 | 用于申报项目（如“863 计划”或“973 计划”、国家自然科学基金、国家创新基金）与评奖（国家发明奖、中国专利奖），申报新产品、成果验收等科技活动的申报材料的准备 |
| | 商业秘密查新 | 支持知识产权诉讼 | 用于商业秘密中技术信息的非公知性判断，支持有关知识产权诉讼 |
| 专利专题检索 | 了解特定产品、技术、公司在特定时间范围内，特定的国家或地区的专利布局情况 | 进行特定产品、技术的行业技术背景调研 | 针对特定产品、技术、公司、国家或地区进行专利检索，了解该领域的技术发展情况，协助创新主体明确研发方向、拓展研发思路、节约研发时间及研发成本 |
| 专利无效检索 | 专利稳定性检索 | 1. 投资、并购及专利运营等，对目标专利进行稳定性评估<br>2. 监测竞争对手高风险专利权的稳定性，支持诉讼 | 在投资、并购及专利运营等商业活动过程中对目标专利的稳定性进行评价，为评估、尽职调查、谈判等工作提供支持；在监测竞争对手专利过程中，对发现的高风险专利进行稳定性检索，为专利诉讼应对方案提供支持 |
| | 专利无效检索 | 支持侵权诉讼 | 针对专利侵权诉讼中的相关专利进行无效检索，尝试化解相关风险，免除或减少有关的侵权赔偿 |
| 专利侵权检索 | 防止侵权检索 | 1. 避免惩罚性赔偿<br>2. 投资、并购及专利运营等 | 针对找到的对比文件与目标专利文件进行特征一一比对分析 |

## 二、专利检索相关概念

在专利检索中，首先要熟悉一些专利检索相关概念。

1. 技术主题

在不同的专利检索类型中，专利检索的技术主题，也即专利检索的对象，既可以是一份技术交底材料（包含完整的技术方案），也可以是一份完整的专利申请文本（包括权利要求书、说明书、摘要及附图等），还可以是某一项技术、产品或者一件已经授权的专利文件等。

2. 检索要素

检索要素是专利检索的最基本单元。只要是可以检索的要素，都可以称为检索要素。最常见的是技术类的检索要素，如关键词和分类号。除此之外，一些法律类和经济类的信息如号码、人名、日期和国别等，也属于特定检索场景下的基本检索要素。随着智能检索的兴起以及图片识别技术的发展，一大段文字以及整张图片也可以作为专利检索的要素。

在实际的专利检索中，检索结果的准确性与基本检索要素的表达密切相关。在确定了基本检索要素之后，应当根据对权利要求技术方案的分析和理解、对现有技术基本情况的把握，列出每个基本检索要素在检索系统中的表达方式。

检索要素表达形式主要有关键词和分类号。对于某些特殊领域还存在一些其他的表达形式，如化学结构式和生物序列，但这需要检索工具的支持。通常每个基本检索要素都应当尽可能地使用分类号、关键词等多种形式进行表达。

对于关键词的表达，要注意三个“准确和完整”：形式上的准确和完整，意义上的准确和完整，角度上的准确和完整。选择关键词来表达检索要素时，应选择能够反映发明实质内容的词语，而不应选择那些对于检索来说没有任何实质意义的具有高度概括性的词语，如“装置”“方法”。在选择关键词时，表达方式应尽量精简，例如：“饮水机装置”可以直接表达为“饮水机”，甚至在某些情况下，使用“饮水”这一表达方式的效果要更好。

对于分类号的表达，除了利用最为直接、准确的分类号之外，还要考虑基本检索要素所表征的技术特征或技术特征的组合，根据技术方案中的功能、作用、效果和其实际能够解决的技术问题，来选择相应的分类号。

3. 数据库

所有的专利检索均基于专利检索数据库或者检索平台完成。不管选择哪种数据库进行检索，都需要首先确认该数据库所收录的专利文献的范围，如收录专利文献的国家或者地区的范围，中外文专利文献的起始时间。只有明确了数据库的收录范围，才能判断拟检索的技术主题是否会有因数据库收录不全而造成漏检的情况。其次，需要明确：该数据库可供检索使用的字段，常用的检索字段包括申请号、公开公告号、优先权号、发明人、申请人、申请日、名称、摘要、IPC 分类号、CPC 分类号等；该数据库所特有的加工的字段，如专利引文、权利要求、公司代码等，并判断是否有助于拟检索的技术主题使用。

此外，有的数据库中专利文献的标题、摘要、关键词等文献信息均由文献工作人员重新加工过，如 Derwent 数据库。由于这样的数据库中的专利文献用词比较规范、摘要中的关键词技术内容信息丰富，因此更加适用于关键词进行检索。有的数据库中包括了丰富的分类信息，如包括 EC、UC、FI/FT 等各类分类字段。这样的数据库可以根据分类体系及相关文献的特点进行有针对性的检索，以提高检索的准确率。有的数据库中还收录了申请人引用的文献、检索报告中的文献、审查时引用的文献。这样的数据库适用于进行引证和被引证的追踪检索。

## 第二节　专利查新检索

### 一、专利查新检索概述

专利查新检索是为了判断一项发明创造是否具备新颖性和创造性而进行的检索：通过从现有技术文献中查找出与发明创造最相关的对比文献，并按照新颖性和创造性的判断标准对发明创造进行评价，进而得出是否具备可专利性的结论。专利查新检索常用于专利申请前或者技术贸易中的技术评价以及立项前研发具有获得知识产权保护的前景预测。

专利查新检索包括新颖性检索与创造性检索两部分。

新颖性检索，是指为了评估发明创造是否具有新颖性而开展的检索。新颖性检索针对发明创造要求保护的技术主题，对包括专利文献与非专利文献在内的全球范围内的各种公开出版物进行检索，其目的是找出可与目标专利进行新颖性对比的文献。

创造性检索，是指为了评估发明创造是否具有创造性而开展的检索。创造性检索针对发明创造要求保护的技术主题，对包括专利文献与非专利文献在内的全球范围内的各种公开出版物进行检索，其目的是找出可与目标专利进行创造性对比的文献。创造性检索是在新颖性检索的基础上进行的，通过几篇最接近的对比文件结合起来进行创造性对比。只有在新颖性检索中未发现破坏发明创造新颖性的文献时，才继续进行创造性检索。

专利查新检索的检索范围为国内外各种公开出版物，检索结果要求准确。

一般来说，专利查新检索流程如下。

（1）在全球范围内检索所有公开出版物，通过阅读专利标题、摘要，确定与检索主题的相关程度，找到相近的专利文献。对于密切相关的专利文献，需要阅读专利文献全文。

（2）经过筛选后的对比专利，与需要查新的核心技术方案中的技术点、发明点进行一一对比分析，确定对比文献是否可以影响到目标专利的新颖性，若不影响新颖性，则要针对目标专利的创造性进行检索。对于专利查新检索的结果分析部分，对比文献的相关度可以参考世界专利合作条约组织和欧洲专利局的检索报告以及国家知识产权局的专业人员出具的检索报告，文献对比分析部分可以借鉴专利对比文献相关度的表示符号，其中：X 表示单独影响权利要求新颖性的文件；Y 表示与检索报告中其他 Y 类文件组合影响权利要求创造性的文件；A 表示背景技术文件，即反映权利要求的部分技术特征或者现有技术一部分的文件；E 表示单独影响权利要求新颖性的抵触申请文件。

## 二、专利查新检索的主题

检索人员进行专利查新检索的逻辑与审查人员进行审查时所开展检索的逻辑是一致的。

专利查新检索就是在认定申请事实和现有技术事实的基础上，按照《专利法》的要求，对要求保护的技术方案进行检索。在理解发明创造技术的内容时，应从发明创造需要解决的技术问题到确定发明创造实际解决的技术问题，厘清哪些技术手段或技术特征的组合与能够解决的技术问题直接相关、可能相关及无关，从而确定该发明创造采用的关键技术手段。

一般来说，检索人员通过阅读专利申请文件来理解发明创造构思，但在专利查新检索实践中，有些专利申请人的文件撰写水平有限，在申请文件中并没有清楚记载要解决的技术问题以及采用的关键技术手段，或者申请文件中声称要解决的技术问题并不是发明创造真正解决的技术问题、记载的关键技术手段并不准确……这些情况都会干扰检索人员对发明创造的技术方案作出正确理解。

站位本领域技术人员是检索人员正确理解发明创造的途径。全面了解发明创造的整体背景技术状况、现有技术发展脉络，有助于检索人员了解该技术领域所关注的技术问题、解决这些技术问题所采用的技术路径、不同技术路径各自的优缺点、技术突破的难度……在此基础上，检索人员可以更准确地理解发明创造要解决的技术问题以及作出的技术贡献。

专利查新检索的主题，是指专利查新检索的对象。对于一件发明申请来说，专利查新检索的内容包括申请人提交的技术交底书、技术交底材料或者专利申请文本等。

专利查新检索依据的专利申请文本，一般与审查人员在进行发明专利审查时所依据的申请文本相同。通常情况下，农业企业的研发人员或者技术人员在申请日提交的权利要求书和说明书（包括附图）则属于此类。如果农业企业申请人提交了符合《专利法》有关规定的修订版本，则以最后提交的有效版本作为专利查新检索的主题。

（一）独立权利要求

一般来说，必须根据独立权利要求来确定专利的保护范围。

在确定了专利查新检索依据的专利申请文本以后，专利查新检索将主要针对该专利申请文本的权利要求书进行检索，并同时考虑说明书及附图的内容，特别是那些有可能写入权利要求书中的技术内容。由于对于一件发明专利申请来说，申请人会将其最主要、最核心的发明点写进独立权利要求中，因此应当首先将独立权利要求所要求保护的技术方案作为专利查新检索的主题。

检索人员应当注意，此时专利查新检索的重点应当放在独立权利要求的发明点上，而不应局限于独立权利要求撰写的字面意义。根据《专利法》，发明或实用新型专利权的保护范围以其权利要求为准，说明书及附图可以用于解释权利要求。在这里需要强调的是，检索人员应当特别注意正确理解独立权利要求所限定的专利保护范围。一般来说，由于独立权利要求的描述方式往往采用概括、上位的概念，因而不应用说明书中的具体实施例来限定其涵盖的范围，而应以最宽的范围来理解独立权利要求的保护范围。说明书及附图可以用来解释权利要求的原因在于：①说明书用来解释权利要求中特殊和/或不清楚术语的定义；②说明书用来确定所要解决的技术问题。

（二）从属权利要求

从属权利要求包含了独立权利要求中的所有技术特征，并且在此基础上补充了新的技术特征，其对独立权利要求或在前的从属权利要求的技术内容作了进一步限定，使保护范围变窄。由于当独立权利要求不具备新颖性、创造性时，申请人可以对从属权利要求进行改写，使之成为独立权利要求，因此当独立权利要求丧失新颖性或创造性，并且从属权利要求的附加技术特征不属于公知常识时，检索人员还需要将从属权利要求进一步限定的技术方案作为专利查新检索的主题。

需要说明的是，当独立权利要求不具备新颖性或创造性时，检索人员在进一步检索的同时，还需要考虑其从属权利要求之间可能存在的单一性问题。

显然，当经过检索发现独立权利要求具备新颖性和创造性时，通常不必再对其从属权利要求限定的技术方案进行进一步的检索。但这里特别要注意那些形式上为从属权利要求，而实质上是一项独立权利要求的情况。例如，申请人所撰写的从属权利要求是将独立权利要求中的特征 A 换成特征 B，由于该权利要求并没有包括独立权利要求的全部特征，因此，该权利要求并不是从属权利要求，而是一项独立权利要求。此时，还需要针对该形式上为从属权利要求，但实质上是独立权利要求所要保护的技术方案进行进一步的检索。

#### （三）说明书及附图

此外，为了能够提高专利查新检索的效率、加快检索的进程，如果没有增加过多的工作量，则有时除了对权利要求限定的技术方案，即专利申请要求保护的技术主题进行检索以外，还可以针对说明书及附图中公开的、对该专利申请的技术主题作进一步限定的其他实质性内容进行检索，这是因为申请人可能会在对专利申请文件进行修改时将说明书及附图中的内容加入到权利要求中。但是，与权利要求保护的技术方案不具备单一性的主题不必进行检索，这是因为该类主题不允许加入到权利要求中。全面检索的优点是可以尽量避免今后再进行补充检索。

### 三、专利查新检索的时间界限

#### （一）专利查新检索相关文献的时间界限

针对一件农业领域的专利申请，检索人员通常需要检索该申请文本在中国提出申请之日前所有公开的相关文献，这些文献公开的内容反映了与本申请的技术主题密切相关的现有技术。当然，对于具有优先权的专利申请来说，检索人员仅需要检索其优先权日之前公开的所有相关文献，但是通常检索人员仍以其在中国的申请日作为检索的时间界限。这种做法的优点是一般不必去核实该专利申请的优先权是否成立。

#### （二）针对抵触申请和导致重复授权的文件的检索

根据《专利法》第二十二条第二款，任何单位或者个人在申请日以前向国务院专利行政部门提出过申请并记载在申请日（含申请日）以后公布的专利申请文件或者公告的专利文件中的同样的发明或者实用新型，构成能够影响该专利申请新颖性的抵触申请。

为了能检索到抵触申请和导致重复授权的对比文件，可以将检索的最后时限从在中国的申请日开始向后推迟18个月，这是因为向国家知识产权局提出专利申请的申请文件最长满18个月之后即公开。

需要说明的是，在日常的专利查新检索中，仍有可能对一件专利申请在申请日之后的相关文献进行检索，这是因为这些相关文献虽然不能直接用来评价该专利申请的新颖性或创造性，但同样反映了相关技术领域的最新发展动态，有利于理解发明创造的技术内容。另外，这些文献还可以用于进行追踪检索，查找到反映该申请的现有技术的有价值的相关文献。

## 四、专利查新检索前的准备

### （一）研读专利技术交底书或者申请文本及有关文件

在进行专利查新检索之前，检索人员应当仔细研读专利技术交底书或者申请文件，正确理解专利申请要求保护的技术主题，掌握与专利申请相关的背景技术、该专利申请所要解决的技术问题和解决该问题的技术方案，并且正确理解各权利要求的保护范围。研读专利申请文本及有关文件的目的在于使检索人员了解本领域相关技术，在思考问题时站位本领域的技术人员，这对于随后的查新检索以及新颖性的和创造性的初步判断至关重要。通常可以通过以下几种方式来了解一件专利申请涉及的背景技术：

（1）阅读与分析该专利申请说明书中对相关背景技术的描述；

（2）对于外国专利申请，如果其同族专利申请已有相关的检索报告，可参考阅读外国检索报告中所涉及的相关文献公开的内容，以及该相关文献中提及的其他文献；

（3）阅读与该专利申请的IPC分类号相同或相近的专利文献公开的技术内容；

（4）阅读该专利申请的申请人或发明人的在先申请或者已发表的文章、出版的书籍等。

### （二）核对专利申请的IPC分类号

对于每一件专利申请，在进行实质审查之前分类人员均已给出了相关的IPC分类号，但是有时该IPC分类号未必准确。检索人员在进行专利查新检索之前，还应根据专利申请文件中权利要求书及说明书的内容来核对该专利申请的IPC分类号是否准确。这是一个非常重要的工作步骤，因为IPC分类与专利查新检索有着密不可分的关系。

采用IPC分类的基本目的就是为了便于在确定专利申请的新颖性和创

造性时进行专利文献检索，也即为了便于专利技术主题的检索。IPC分类的原则是将同样的技术主题都归类在同一分类位置上，即同一分类位置上的专利文献共同反映同一个技术领域的背景技术。由此可见，IPC分类与技术主题的检索是一个互相映射的过程，从某种意义上说，分类位置是否准确，决定着检索领域的确定是否合适。另外，对于有些不依赖IPC分类号来进行检索的技术领域来说，检索人员也应尽量给专利申请一个准确的分类号以维护专利文档IPC分类的准确性。

以下是在核对一件专利申请的IPC分类号时通常采用的几种辅助方式。

（1）查找该专利申请的同族专利，观察其相应的IPC分类号，统计其他国家专利局针对该申请的主题一般倾向于给出什么样的IPC分类号。

（2）核查该专利申请文件中提及的作为背景技术的专利文献的IPC分类号，其外国检索报告中涉及的相关文件的分类号。以申请人或发明人作为检索入口，利用机检数据库找出该申请人或发明人以前相关申请的分类号。

（3）利用专利数据库，通过输入与专利申请主题密切相关的关键词，查找其在IPC分类中的分布规律，找出与之最为相关的分类号。

（4）当该专利申请还有副分类号时，通过副分类位置的内容以及与该专利申请主分类位置内容之间的关系，最终确定更适合作为该专利申请的主分类。

### （三）确定专利查新检索的技术领域

1. 专利技术交底书或者专利申请的技术主题所属的技术领域

一件专利申请的技术主题所属的技术领域是根据该专利申请的权利要求书中限定的内容来确定的，特别是其中明确指出的特定功能和用途以及相应的具体实施例。检索人员确定的表明发明创造信息的该申请的IPC分类号，就是该专利申请的技术主题所属的技术领域。

例如，中国农业大学一件专利申请的独立权利要求为“一种仿生智能株间锄草机器人末端执行机构”，可见该权利要求限定的该专利申请所属的技术领域为农业机械领域，主分类号为：A01B39/08（带旋转工作部件的，专门适用于长有作物的土地整地的其他专用机械）。另外，还需要注意的是，有时专利申请中的实施例所涉及的可能是具体的应用领域，但在权利要求中是采用上位概念来限定其保护范围的，此时在该权利要求能够得到说明书支持的前提下，可能需要按“功能优先”原则对其进行分类来确定该专利申请所属的技术领域。

2. 扩展专利查新检索的技术领域

通常，检索人员应在专利申请的技术主题所属的技术领域进行检索，并且确定是否需要扩展到功能类似的技术领域。如对 IPC 分类中位于“应用分类”位置的技术领域来说，应考虑是否应将检索范围扩展到与其相应的位于“功能分类”位置的技术领域或功能相同或相近的其他位于“应用分类”位置的技术领域，而对本身即位于“功能分类”位置的技术领域来说，大部分情况下还应将检索范围扩展到与其功能相同或相近的位于各种“应用分类”位置的技术领域。

功能类似的技术领域是根据专利申请文件中揭示的专利申请的技术主题所必须具备的本质功能或者用途来确定的，而不仅仅是根据专利申请的技术主题的名称或者专利申请文件中明确指出的特定功能来确定的。

例如，用于花茶的搅拌机与工程用的混凝土的搅拌机涉及的是功能类似的技术领域，这是因为搅拌是两者均具备的本质功能。又如，一件专利申请的权利要求限定了一种具有某种技术特征的“复式播种作业机”，若在播种机所属领域检索不到相关文件，则可以扩展到通用农业机械的技术领域，这是因为这些通用的农业机械具有类似的本质功能。以一件专利申请所涉及的主题是“一种大蒜定向定位连续种植机”为例，该专利申请主题的分类号为 A01C9/00。在对该专利申请进行检索时，检索人员除了应注意到与之相应的其他农业作业用机械的分类位置，还应考虑是否需要将检索范围扩展到其他功能类似的分类位置。

在 IPC 分类表中有许多功能相似或应用相似的技术领域位于不同的分类位置。但是，并不是所有专利申请的查新检索都需将检索范围扩展到功能相似的领域，这主要取决于技术领域的转换是否需要创造性劳动及技术改进的难易程度等，应结合对创造性的判断来综合考虑。

如果一件专利申请特别强调其技术改进是针对特殊用途进行的，也就是说，该专利申请将通用的装置或方法针对特殊用途进行了相应的改进，其发明创造的主题就是在于特殊用途的适应，那么此时就没有必要强调扩展需要检索的技术领域，这是因为即使在其他技术领域检索到类似的相关文献，检索人员也不能简单地依据该相关文件中公开的内容来否定该专利申请的创造性，除非检索人员认为这种技术领域的转换显而易见，无须任何创造性的劳动。

以一件专利申请涉及一种农业收获用收割刀具的改进，按应用分类，其分类号为 A01D1/06 割刀为例。此时，如果该专利申请针对农业收获用收割刀具的改进不仅仅局限于应用在农业机械领域中，还很容易推广到其他普通刀具甚至其他类型工具的刀具中，或者说该专利申请对收获用收割刀具的改进与农业机械本身的性质或应用范围无关，则检索人员在针对该专利申请进行检索时，不仅应当检索 A01D1/06，还应当检索通用刀具甚至其他手工工具所在的分类位置。但是，如果该专利申请的技术方案是专门针对农业收获用收割刀具的特殊用途而进行的改进，如这种改进的目的是便于农业收获收割的操作等，那么此时检索人员就不必再对与其功能相似的技术领域进行检索，除非检索人员认为这种技术领域的转换是很容易想到的。

检索人员确定的技术领域是否恰当，可以从检索人员确定的技术领域中是否有可能检索到能够直接用于评价本专利申请所要求保护的技术方案的对比文件来检验，这一点与判断权利要求所要求保护的技术方案是否具备新颖性和创造性的思维方式是一致的。

3. 利用现有手段确定技术领域的方法

IPC 分类的方式是尽量将同样的技术主题归放在同一分类位置，同时以各种指示、指引、附注、参见等方式给出与该技术主题相关联的其他相似技术主题的分类位置，以便于专利检索。确定检索的技术领域的过程就是准确、全面地找出与专利申请的技术主题相同或相似的专利文献的 IPC 分类位置的过程。对于按功能分类的领域，应特别注意判断是否还应检索一些按特殊应用分类的领域。利用现有手段确定技术领域的方法包括下列内容。

（1）利用专利数据库，通过关键词、发明名称、发明人等检索入口来确定专利申请的技术领域，即给出相关的 IPC 分类号。采用“关键词分布统计”程序，通过选取能够反映专利申请的主题的一个或多个关键词，利用专利数据库来查看关键词的 IPC 分布，从而确定可能需要检索的一个或多个 IPC 分类位置。

（2）根据 IPC 分类表，按照“部、大类、小类、大组、小组”的顺序确定最适于覆盖检索的技术主题的 IPC 小组以及其下不明显排除检索的技术主题的全部小组作为检索的技术领域，此外，还应包括优先小组及其下不明显排除检索的技术主题的全部小组。在此特别需要注意，IPC 分类表中的各种附注和参见、优先注释以及各小组之间的关系。选定小组的上一级小组，直至大组都应是检索的技术领域，这是因为那里具有包含了检索的技术主题且范围更宽的主题的文献资料。

具有多级小组的例子如下。

IPC 分类表节选见表 3－2。

**表 3－2　IPC 分类表节选**

| | | |
|---|---|---|
| A01 | | 农业；林业；畜牧业；狩猎；诱捕；捕鱼 |
| A01B | | 农业或林业的整地；一般农业机械或农具的部件、零件或附件（用于播种、种植或施厩肥的开挖沟穴或覆盖沟穴入 A01C5/00；收获根作物的机械入 A01D；可变换成整地设备或能够整地的割草机入 A01D42/04；与整地机具联合的割草机入 A01D43/12；工程目的的整地入 E01，E02，E21） |
| A01B3/00 | | 装有固定式犁铧的犁［2006.01］ |
| A01B3/02 | . | 人力犁［2006.01］ |
| A01B3/04 | . | 畜力牵引犁［2006.01］ |
| A01B3/06 | .. | 不能双向使用的，即在回程时不能翻耕邻行的［2006.01］ |
| A01B3/08 | ... | 摆杆步犁［2006.01］ |
| A01B3/10 | ... | 桁架式辕犁；单轮犁［2006.01］ |
| A01B3/12 | ... | 双轮辕犁［2006.01］ |
| A01B3/14 | ... | 架式多铧犁［2006.01］ |
| A01B3/16 | .. | 双向犁，即在回程时能翻耕邻行的［2006.01］ |
| A01B3/18 | ... | 翻转犁壁双向犁［2006.01］ |
| A01B3/20 | ... | 平衡犁［2006.01］ |
| A01B3/22 | ... | 装有双向使用的平行犁机构的［2006.01］ |
| A01B3/24 | . | 拖拉机牵引犁（A01B3/04 优先）［2006.01］ |
| A01B3/26 | .. | 不能双向使用的［2006.01］ |
| A01B3/28 | .. | 双向犁［2006.01］ |
| A01B3/30 | ... | 翻转犁壁双向犁［2006.01］ |
| A01B3/32 | ... | 平衡犁［2006.01］ |
| A01B3/34 | ... | 装有双向使用平行犁机构的［2006.01］ |

根据表 3－2，如果一件专利申请涉及一种畜力牵引犁，则其分类号应为 A01B3/04，此时应当首先检索 A01B3/04、A01B3/06、A01B3/08、A01B3/10、A01B3/14、A01B3/16、A01B3/18、A01B3/20、A01B3/22，在未检索到适当的对比文件时，还应该检索 A01B3/00。

这里还需要注意按照“最后位置规则”或“最先位置规则”分类的小组。根据“最后位置规则”或“最先位置规则”，若检索的技术主题确定在某一小组，则应检索与该小组点数相同的、在其前或其后的小组及其下不明显排除检索的技术主题的全部小组。

按照“最后位置规则”分类的例子如下。

IPC 分类表节选见表 3－3。

**表 3－3　　IPC 分类表节选**

| A01C1/00 | | 在播种或种植前测试或处理种子、根茎或类似物的设备或方法［2006.01］ |
|---|---|---|
| A01C1/02 | . | 发芽设备；种子或其类似物发芽能力的测定［2006.01］ |
| A01C1/04 | . | 种子放于其载体，例如条带、绳索上［2006.01］ |
| A01C1/06 | . | 种子的包衣或拌种［2006.01］ |
| A01C1/08 | . | 种子免疫［2006.01］ |

根据表 3－3，如果一件申请专利涉及一种种子的发芽设备或者装置，则应当检索 A01C1/02、A01C1/04、A01C1/06、A01C1/08，当在这些小组中检索不到与之十分相关的文献时，还应检索 A01C1/00。

注意，当 IPC 分类表中具有“××组优先”的参见时，也应采用与“最后位置规则”或“最先位置规则”相同的方法来确定检索的技术领域。

当在某一个小类中找不到确定的检索的技术主题的专门分类位置时，还应注意“其他××”“未列入××组的××”等大组或小组，此时可以将其作为检索的技术领域。

当进行检索时发现选择的小组或大组不合适时，可按照上述步骤重新选择新的小组或大组、小类或大类，然后重新进行检索。

利用 IPC 分类号来确定检索的技术领域，不仅对人工检索有很大的帮助，而且对计算机检索也非常有利。在进行专利查新检索时，准确地确定检索的技术领域，即 IPC 分类号，有利于对不同 IPC 分类号的顺序进行择优选取以及组合。这对于专利查新检索的查准和查全十分有利。

（四）分析专利申请文件的权利要求，确定基本检索要素

检索人员在阅读专利申请文件、充分理解发明内容并初步确定分类号和检索的技术领域之后，应该进一步分析权利要求，确定基本检索要素。其中，检索要素指的是从技术方案中提炼出来的可供检索的要素，通常采用分类号和关键词表达。基本检索要素即体现该专利技术方案基本构思的可供检索的要素。确定基本检索要素的目的是，针对不同类型的权利要求，能够根据基本检索要素按照有规律可循、可操作的方法进行检索，以使检索操作规范化，避免出现因人为因素而造成漏检的情况；利用可供检索的要素来表达技术方案，以便在专利数据库中查找相同或者类似的对比文件。检索要素是联系技术方案和数据库的纽带。

1. 基本检索要素的提取

首先，检索人员需要仔细阅读权利要求书，找到全部独立权利要求，并对独立权利要求进行初步分析，以确定独立权利要求所要求保护的技术方案是否属于不必检索的情况。对于能够检索的权利要求，确定请求保护范围最宽的独立权利要求并分析该独立权利要求的技术方案，确定反映该技术方案的基本检索要素。对于本领域普通技术人员而言，其检索到的一篇对比文件如果缺少其中的任一检索要素，则不能够影响新颖性或单独影响创造性，这时即可以判断这些检索要素就是该权利要求的基本检索要素。检索人员在进行检索时，一般首先针对保护范围最宽的独立权利要求进行初步检索。

其次，检索人员需要从技术和专利法的角度对权利要求的保护范围进行分析，确定权利求实际保护的范围。这是检索开始之前最重要的一个环节，对于能否检索到相同或者类似的对比文件，以及随后对新颖性和创造性的判断评估十分重要。

根据独立权利要求的撰写形式，可以通过以下两个方面来确定基本检索要素。

（1）根据权利要求的前序部分确定一个或多个基本检索要素。一般来说，权利要求请求保护的技术方案的主题名称可以作为基本检索要素，从检索意义上说，它通常表达了该发明创造所属的技术领域。当该主题名称不能准确表达权利要求的技术方案的主题时，需要结合该权利要求的技术方案的内容来确定能够体现其主题的“名称”作为基本检索要素。同时，还可以从前序部分的其他技术特征中选取那些与特征部分的技术特征密切相关的，又没有隐含在主题名称之内的特征作为基本检索要素。

（2）根据权利要求的特征部分确定一个或多个基本检索要素。从权利要求的特征部分中选择最能够体现该发明创造基本构思的一个或多个技术特征和/或技术特征的组合作为基本检索要素。从特征部分中选取基本检索要素时，应当充分考虑说明书中所描述的该发明创造所要解决的技术问题和技术效果——它体现了发明创造的基本构思或者核心技术方案，也就是发明点，选择与该技术问题和技术效果密切相关的技术特征和/或技术特征的组合作为基本检索要素。

2. 基本检索要素的表达

经过分析权利要求，确定了基本检索要素之后，应当根据对权利要求技术方案的分析和理解，列出每个基本检索要素在检索系统中的表达方式。基本检索要素的表达通常采用关键词和分类号方式，一般每个基本检索要素都应当尽可能地用分类号、关键词等多种方式进行表达。

在表达基本检索要素时，除了利用最为直接、准确的分类号和/或关键词表达方式以外，通常还需要考虑基本检索要素所表征的技术特征和/或技术特征的组合在技术方案中的功能、作用、效果和其实际能够解决的技术问题。选择关键词来表达基本检索要素时，应当选择能够反映发明创造实质的词语，而不应选择那些对于检索来说没有任何实质意义的具有高度概括性的词语，如“产品”“结构”“设备”“装置”“方法”“工艺流程”等。另外，还应选择包括关键词的同义词、近义词、反义词及上、下位词等与检索有关的词语，以避免漏检。

基本检索要素的提取与表达，通常需要随着“检索—补充检索”的深入而不断作出调整。在确定了权利要求的基本检索要素及其表达之后，可以采用“基本检索要素表”（见表3-4）来记录检索过程中使用的基本检索要素及不同表达方式。在该表中，不同基本检索要素之间一般以逻辑“与”的关系组合在一起，即检索结果取交集，而每个基本检索要素的不同表达方式之间一般以逻辑“或”的关系组合在一起，即检索结果取并集。表中填写的基本检索要素及其各种表达形式随着检索的深入而不断完善。此外，还可以根据检索的技术方案所涉及的技术领域的特点、不同表达方式的特点及实际检索的效果，在该表中记录每种表达方式的适用性，以便日后为同类检索提供借鉴。

**表3-4　　基本检索要素表**

| 表达形式 | | 检索要素1 | 检索要素2 | 检索要素3 |
|---|---|---|---|---|
| 关键词 | 中文 | | | |
| | 英文 | | | |
| 分类号 | IPC | | | |
| | CPC | | | |
| | 其他分类 | | | |

3. 基本检索要素的检索式构造

在确定基本检索要素之后，可以将同一个基本检索要素的不同表达方式以逻辑“或”的关系组合（取并集）在一起，构建由一个基本检索要素构成的检索式，然后将几个基本检索要素的表达式以逻辑“与”的关系组合（取交集）在一起，构建由多个基本检索要素组成的检索式，由此进行检索。

在实际检索过程中，可以根据基本检索要素的特点，先选择最适合表达该基本检索要素的基本表达方式进行检索；在该基本表达方式没有检索到合适的结果之后，再采取其他的表达方式进行检索。

在构造检索式时，可以根据检索要素组合方式的不同进行全要素组合检索和部分要素组合检索；在全要素组合检索和部分要素组合检索都没有找到相同或者相近的对比文件的情况下，必要时可对某些要素进行单要素检索。通常情况下，首先进行全要素检索，可能查找到一篇单独影响新颖性或创造性的对比文件，即 X 类对比文件，如“单独影响新颖性或创造性的对比文件” ⊂ “基本检索要素 1 AND 基本检索要素 2 AND 基本检索要素 3 AND 基本检索要素 4”。

如果最后的检索结果没有意义，即检索结果为零时，应当相应减少基本检索要素，通常是减少主题名称以外的其他基本检索要素进行部分要素组合检索，重新构造检索式。这样可能会查找到未包括权利要求中所有的基本检索要素，但是解决同样的技术问题的对比文件，该对比文件如果与另一篇解决同样技术问题但缺乏其他基本检索要素的对比文件进行结合，则可能会破坏权利要求的创造性。通过相应减少基本检索要素构造检索式，将有可能检索得到与其他对比文件结合能够评价权利要求创造性的文件，即 Y 类对比文件。以上述 4 个基本检索要素为例，构造的检索式可能为：

“基本检索要素 1 AND 基本检索要素 2 AND 基本检索要素 3→Y 类对比文件；

基本检索要素 1 AND 基本检索要素 3 AND 基本检索要素 4→Y 类对比文件；

基本检索要素 2 AND 基本检索要素 3 AND 基本检索要素 4→Y 类对比文件；

基本检索要素 1 AND 基本检索要素 2 AND 基本检索要素 4→Y 类对比文件。”

4. 基本检索要素的动态调整

通过对上述 X 和 Y 类对比文件的检索，检索人员应当对现有技术有更清楚的了解。在实际检索过程中，通常需要对基本检索要素及其表达方式，以及由基本检索要素构造的检索式进行动态调整，以实现查全和查准。其中，基本检索要素的表达对于查全和查准至关重要。

## 五、针对发明专利申请的查新检索

### （一）检索重点

在进行检索时，检索人员应集中查找那些能够影响专利申请新颖性或创造性的对比文件，以及用于对该专利申请的权利要求进行划界的，涉及最接近现有技术的文献。对比文件公开的内容包括权利要求、说明书和附图以及说明书摘要公开的全部内容。

（二）检索顺序

一般来说，检索人员针对发明专利申请的检索首先在专利文献范围内进行。

1. 在所属技术领域中进行检索

显然，在专利申请所属的技术领域中最有可能检索到与该专利申请的主题密切相关的对比文件。检索人员首先应当从已经确定的，涉及专利申请所属技术领域的 IPC 分类表中的最低一级小组开始检索，直至其高一级小组和其他相关组。若专利申请涉及不止一个分类号，则均应按照这样的原则进行检索。

2. 在功能类似的技术领域中进行检索

检索人员在与专利申请所属的技术领域中未能检索到与之密切相关的对比文件时，应考虑是否需要将检索的技术领域扩展至应用领域不同，但功能类似的技术领域中继续进行检索。

3. 检索的时间顺序一般为相对于申请日而言由近至远

对于某些涉及新兴技术领域的发明专利申请来说，检索人员可以凭借经验和对本领域技术背景的了解程度来事先判断该新技术首次面世的大概时间范围，这样只需将检索时限设定为自该新技术首次面世的时间开始至该新技术的专利申请日止即可，而不必检索该新技术首次面世之前的专利文献和非专利文献。

检索人员在检索中发现对检索的技术领域的确定不准确时，应及时进行技术领域调整。如前所述，检索的技术领域的确定可以参考国外检索报告中的相关文献、检索到的相关文献的引证文件等。另外，在某些情况下还需进行非专利文献的检索。

（三）分类号和关键词在专利查新检索中的应用

目前，检索人员利用各种专利数据库来对发明专利申请进行检索。计算机检索包括利用 IPC 分类号与关键词选取灵活结合等的各种方式。通常情况下，需要根据上述利用基本检索要素进行检索的方法，适当选取 IPC 分类号和关键词来进行检索。对于某些技术领域来说，直接选取关键词可能就能够检索到相关技术领域的文献，或者对于涉及这些技术领域的申请来说，很难选取全面、恰当的 IPC 分类号位置作为检索的技术领域，在这种情况下，则不必再使用IPC分类号来限定检索的技术领域了。

利用专利数据库进行检索，在某些技术领域是否需要首先确定分类号，应当视实际情况而定。在检索过程中，不一定首先将某专利申请的分类号确定到一个或者若干个小组中，这样做的目的是尽量避免因分类号提取不全或者所收录专利文献的分类号错误而造成漏检的情况。检索人员可以先利用比较准确的关键词进行检索，再根据检索结果的数量，并结合其他检索手段包括分类号来继续进行检索。

具体地说，检索人员在进行检索时，确定分类号对于一些技术领域的检索是必不可少的首要环节，如农业机械领域的一些专利申请，其原因是关键词难以确定。但是，并非在所有技术领域，检索人员都必须按照这种方法进行检索。在某些情况下，首先使用分类号并不一定是最为简便的方法。当一些技术领域涉及的分类号过于分散或者和其他技术领域相比较，该技术领域的分类号虽然集中但是分类并不十分规范详细时，更是如此。

检索的目的是要在大量的文献中找出相关文献，直接利用关键词进行检索即利用了计算机检索运算速度比较快的特点来限定检索的范围，而检索人员如果能够先较好且全面地确定好相关的分类号（IPC或者CPC分类号等），将所检索的内容限定在其中后再使用关键词等其他检索手段，则仍然可以有效地限定检索的范围。

### （四）检索策略

#### 1. 简单检索

简单检索是通过分类号或关键词对检索的技术主题进行的，较为粗略的试探性检索，如“检索项A AND（检索项B OR 检索项C） = >检索结果”。

这种检索策略注重检索的快速性，一般不要求对权利要求进行深入研读与分析，也不要求全面扩展同义词等，并且无须扩展检索的技术领域。简单检索常用于了解发明的现有技术状况、查找合适的分类号，以及初步查找相关文件等。

#### 2. 块检索

块检索是首先将检索的技术主题分为若干个有意义的检索概念（基本检索要素），然后针对每一个检索概念创建一个独立的块，最后通过对块及其组合的检索实现对整个检索的技术主题的检索。

块检索中的每一个检索块由一个基本检索要素的不同表达方式组合而成。例如，一个完整的块构造模式为“关键词 OR 分类号 OR 其他表达方式”，即每一个检索块的检索是分别将每一个基本检索要素的不同表达方式以逻辑“或”的方式（即取并集）连接起来，查找与该基本检索要素相关的所有文件。实际检索中，也可以先对一个基本检索要素的不同表达方式分别进行检索，再将这些不同表达方式的检索结果合并在一起，构成该基本检索要素的一个块。

块检索的优点在于：符合逻辑；按顺序从一个检索概念到另一个检索概念直至得到最后检索结果的过程中，检索策略很容易修正；检索的逻辑性容易遵循和方便检查与回溯。

块检索可以表达如下：

“检索项 $A_1$ OR 检索项 $A_2$ OR 检索项 $A_3$ = Setl 或 Block1；

检索项 $B_1$ OR 检索项 $B_2$ OR 检索项 $B_3$ = Set2 或 Block2；

检索项 $C_1$ OR 检索项 $C_2$ OR 检索项 $C_3$ = Set3 或 Block3。”

在构建了每个检索块之后，应结合检索的技术主题的特点和检索情况对检索块进行组合，其组合方式包括并列式块组合和渐进式块组合。根据检索块的不同组合方式，可以将块检索进一步分为并列式块组合检索和渐进式块组合检索两种。

（1）并列式块组合检索。并列式块组合检索是在不同块分别构造完成之后，再根据需要组合不同的块的检索。

根据组合要素的多少，并列式块组合检索包括全要索组合检索（例如，对于确定为三个基本检索要素的情况，即“块 1 and 块 2 and 块 3”）、部分要素组合检索和单要素检索。其中，部分要素组合检索又可以依据具体技术方案采用不同的组合方式。

（2）渐进式块组合检索。渐进式块组合检索是在不同的块之间进行嵌套，通过嵌套实现块之间的组合的检索。渐进式块组合检索在逐渐增加块的基础上，逐步缩小检索范围，最终获得检索结果。

3. 追踪检索

追踪检索是从一个较相关的专利文件出发，利用专利文件之间的某些线索，检索其他相关专利文件的检索。追踪检索包括发明人追踪、申请人追踪和引用文件或被引用文件追踪检索。可以在检索刚开始时，对待检索的专利申请的发明人、申请人或说明书中提及的背景技术文件分别进行发明人追踪、申请人追踪、引用文件或被引用文件追踪检索，也可以在检索过程中，对检索到的重要的相关文件进行上述检索。

追踪检索可以与简单检索或块检索结合使用。例如，在使用申请人追踪检索获得了较多检索结果时，可以使用关键词或分类号进行限定。在使用块检索时，如果每个检索块的检索结果较少，不同块的检索结果相“与”之后的检索结果非常少或为零，则可以考虑首先对不同基本检索要素（技术特征）的检索结果分别进行引用文件或被引用文件追踪检索，并将获得的检索结果分别作为这些基本检索要素的扩展检索结果，之后再进一步采用块检索对这些要素的扩展检索结果进行组合，以获得期望的检索结果。

如果要查找的现有技术被认为位于两个技术上重要的检索概念组的交集中，但这个交集是空的，那么检索人员就可以将追踪检索用于每一组中，从扩大后的检索结果的交集中查找相关文献。

在实际检索过程中，可以根据具体技术方案的特点，灵活运用上述三种基本检索策略，有望达到事半功倍的效果。另外，针对同一技术方案采用不同的检索策略进行检索，能够避免可能出现的漏检问题。

## 六、专利查新检索案例

本案例为专利查新检索的教学示范案例，以供参考。

### （一）检索的技术主题

检索的技术主题为“一种医疗数据采集方法”，其特征在于，包括医疗数据采集装置采集至少一个医疗设备产生的采集信息，其中，所述采集信息包括：图像信号和文字信号；医疗数据采集装置对所述采集信息进行融合处理，生成混合流数据；医疗数据采集装置将所述混合流数据发送至显示设备进行显示。

本技术方案共有 18 个权利要求，其中：权利要求 1 为独立权利要求，权利要求 2 至权利要求 18 为权利要求 1 的从属权利要求。

本技术方案提供的“一种医疗数据采集方法”的流程图如图 3－1 所示。

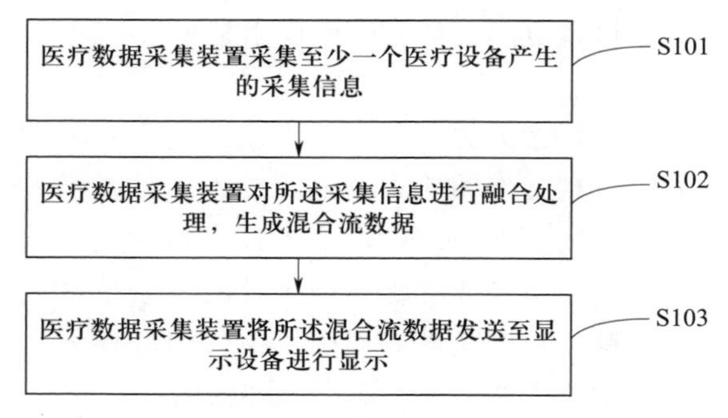


注：S101－S103 代表流程顺序 1－3。

图 3－1　本技术方案提供的“一种医疗数据采集方法”的流程图

(二) 检索的时间范围

2022 年 1 月 1 日前，影响本技术方案新颖性与创造性的国内外专利文献及非专利文献。

(三) 检索使用的数据库

专利之星检索系统，网址：https：//www. patentstar. com. cn/。检索平台数据说明如下。

中文专利数据：中文专利数据涵盖著录项目信息、权利要求书、说明书及附图等中国专利全文数据，包含自 1985 年至今的所有中国专利数据。专利全文数据以 PDF 格式显示。

世界（英文）专利数据：世界（英文）专利数据涵盖著录项目信息等世界各国家和地区专利全文数据，包含 102 个国家和地区的 1.3 亿多条专利数据。专利全文数据以 PDF 格式显示。

(四) 检索使用的 IPC 分类号与中英文关键词

1. IPC 分类号：A61N1，A61B5，A61H31，G06F15

2. 中英文关键词：除颤，显示，扩展，异常，基础，监护，用户，接口，交互，业务，逻辑，多，处理器，内部，外部，数据，defibrillate，display，extent，expand，abnormal，base，foundation，guardianship/wardship，user，interface/interaction，service，logic，mutilple，proccessor，inner，outside，data

(五) 检索结果

检索结果见表 3－5。

表 3－5　检索结果

| 文献类型 | 公开号/公告号 | 公开/公告日期 | 分类号 | 相关部分 | 涉及的权利要求/项目查新点编号 |
| --- | --- | --- | --- | --- | --- |
| Y | CN105263564A | 2016－01－20 | A61N1/00 | 说明书第 7 至第 123 段 | 1－3，8－10，12，13，17 |
| Y | CN1456990A | 2003－11－19 | G06F15/16 | 说明书第 5 页第 19 行至第 11 页第 13 行 | 同上 |
| A | CN111699020A | 2020－09－22 | A61B5/00，A61N1/39，A61H31/00 | 全文 | 同上 |
| A | CN201912640U | 2011－08－03 | A61N1/39 | 全文 | 同上 |

续表

| 文献类型 | 公开号/公告号 | 公开/公告日期 | 分类号 | 相关部分 | 涉及的权利要求/项目查新点编号 |
|---|---|---|---|---|---|
| A | CN105879229A | 2016-08-24 | A61N1/39 | 全文 | 同上 |
| A | US20190282823A | 2019-09-19 | A61N1/39 | 全文 | 同上 |
| A | WO2014032651A1 | 2014-03-06 | A61N1/39 | 全文 | 同上 |
| A | JP2006263329A | 2006-10-05 | A61B19/00 | 全文 | 同上 |

根据表3-5，文献类型的代码："X"表示单独影响权利要求/项目查新点的新颖性的文件；"Y"表示与该检索报告中其他Y类文件组合影响权利要求/项目查新点的创造性的文件；"A"表示反映相关现有技术的文件；"E"表示单独影响权利要求新颖性的抵触申请文件。

（六）有关检索案例的评述

1. 有关检索案例新颖性的评述

权利要求1要求保护一种医疗数据采集方法，对比文件1（CN105263564A）公开了一种用于管理对接受紧急心脏辅助的人的护理的系统，并具体公开了相关部分（参见对比文件1说明书第7至第123段）。

对比文件1示意性给出了关于除颤电击（隐含公开除颤组件）可能的有效性的确定的各种类型数据的组合示例。在这个示例中，电击指示是确定过程的结果，确定过程可以由除颤器单独执行，或者与一个或更多个辅助设备（如计算设备，由健康护理提供者携带的智能电话）联合执行（相当于扩展设备）。电击指示可以经由表示该指示的模拟信号或数字信号提供给除颤器的某部分，使得除颤器的该部分能够使电击特征被执行，或者使得其被启用以能够由除颤器的操作者手动执行。电击指示也可以或可替代地被提供给施救者以便指示施救者能够或应该使除颤电击被传送。

关于提供给患者的药物制剂的信息也可以被识别并在给施救者提供电击指示中被考虑。该信息可以手动获得，例如，通过施救者经由除颤器的屏幕（即显示器）或在与该除颤器通信的平板计算机（相当于扩展设备）上输入给予患者的药剂类型、给予药的时间以及给予的量的标识（相当于扩展显示信息）；该信息也可以自动获得，如通过用于施用特定药理学试剂的仪器。在确定将电击提供给患者将成功的可能性时，以及为了其他相关目的，提供电击指示的设备也可以将该信息考虑在内，例如，通过向上或向下移动测量电击成功可能性的AMSA阈值（相当于终端显示信息）。

权利要求1与对比文件1的区别在于"医疗数据采集装置采集至少一

个医疗设备产生的采集信息，其中，所述采集信息包括：图像信号和文字信号；医疗数据采集装置对所述采集信息进行融合处理，生成混合流数据；医疗数据采集装置将所述混合流数据发送至显示设备进行显示”。其要解决的技术问题在于：如何进行采集信息融合处理。

综上，权利要求1具备新颖性，相应地，其从属权利要求2至从属权利要求18也具备新颖性，符合《专利法》第二十二条第二款规定的新颖性。

2. 有关检索案例创造性的评述

对比文件2（CN1456990A）公开了应用程序并行处理系统和应用程序并行处理方法，并具体公开了相关部分（参见对比文件2说明书第5页第19行至第11页第13行）：功能扩展模块处理器P1至Pn上的功能扩展并行辅助单元40－1至40－n各自对应作为功能扩展模块的每种插件程序。应用程序处理器P0的浏览器10管理由相应功能扩展模块处理器P1至Pn执行的功能扩展模块的种类和数量，并在执行新功能扩展模块时，基于作为其管理内容的功能扩展模块种类和数量来确定负荷很小的处理器。对比文件2是针对应用程序的多处理器协调工作，本领域普通技术人员在此基础上容易想到将其应用于内部和外部数据的多处理器协调工作。

可以得出结论：在对比文件1的基础上结合对比文件2和本领域惯用手段得到该权利要求所要求保护的技术方案，对于本领域普通技术人员来说是显而易见的。

权利要求1所要求保护的技术方案不具有突出的实质性特点和显著的进步，不符合《专利法》第二十二条第三款规定的创造性。

（1）权利要求2、3、8、9、10、17的附加特征被对比文件2公开：根据通知的处理请求，向功能扩展模块处理器P1至Pn上对应于其处理要被执行的插件程序的功能扩展并行辅助单元40－1至40－n发送包括处理内容的消息。接着，根据传递的消息，功能扩展模块处理器P1至Pn上的功能扩展并行辅助单元40－1至40－n产生并执行作为插件程序处理的功能扩展任务50。将功能扩展并行辅助单元40－1至40－n产生的功能扩展任务的执行结果由功能扩展并行辅助单元40－1至40－n传递给浏览器10的文件读取单元20，并将其显示在显示器上。

可以得出结论：在其引用的权利要求不具备创造性的情况下，上述权利要求所要求保护的技术方案不具有突出的实质性特点和显著的进步，不符合《专利法》第二十二条第三款规定的创造性。

（2）权利要求12、13的附加特征属于本领域惯用手段。获取相应的数据后是否进行显示是本领域普通技术人员在进行界面设置时基于实际需求任意进行设置的。

可以得出结论：在其引用的权利要求不具备创造性的情况下，上述权利要求所要求保护的技术方案不具有突出的实质性特点和显著的进步，不符合《专利法》第二十二条第三款规定的创造性。

综上，权利要求 1、2、3、8、9、10、12、13、17 不具备创造性。

## 第三节　专利专题检索

### 一、专利专题检索概述

专利专题检索是基于专利文献进行的技术情报挖掘，是针对某个创新主体、行业、产品、技术领域或者某项技术在专利方面的整体态势的一种情报学检索。进行专利专题检索的目的是全面、准确地反映该创新主体、行业、技术领域或技术的专利现状和趋势，从而为企业的技术、产品及服务开发决策提供参考。保证检索结果的全面性和准确性是专利专题检索的首要原则，其原因在于要客观地反映某一行业、某一技术领域或某一技术主题的专利状况，全面、准确地检索所有相关专利文献是前提。基于此，专利专题检索往往具有“面”的特点，即其检索的对象通常不是某一特定的技术方案，而是在某一领域、某一地域、某一申请人等特定范围内的整个专利文献。

针对专利专题检索的不同适用场景，专利专题检索关注的重点和方式有所不同，其检索目的、检索分析的类型和检索策略也存在显著差别。专利专题检索的适用场景基本可以涵盖所有的专利信息分析应用场景，包括专利查新检索、竞争对手检索、专利布局检索、专利挖掘检索、专利风险预警检索、专利导航检索、专利信息分析评议检索等。

专利专题检索的根本目的是获得相关技术的目标文献集合，为进一步的专利数据统计以及深入分析提供扎实的数据基础，使其能够真实、全面地反映出分析对象的技术构成、发展现状和技术发展历程等。理论上，该目标文献集合应当包含相关技术的所有专利文献，但不包含任何噪声文献。

### 二、专利专题检索的流程

完整的专利专题检索流程包括选取合适的专利数据库和分析工具、制定检索策略、开展专利检索、评估检索结果等环节。

在检索前的准备工作中，往往需要先进行技术分解，通常采取文献调研、行业专家调研、技术专家调研以及初步检索的结果来制作技术分解表。这是专利专题检索不同于一般专利检索的最大特点。检索策略则往往要结合所制作的技术分解表的内容和特点来制定，也就是根据技术或行业的特点来确定检索策略；确定检索策略后，则需要根据现有分析工具和数据库的特点来选取数据库进行检索，获得目标文献集合。

专利专题检索的流程是一个动态调整的过程，需要反复对检索结果进行评估，进而调整检索策略。在专利专题检索结束前，需要对检索结果进行查全率和查准率评估：如果查全率不符合要求，则需要重新调整检索策略，或者寻找新的检索要素进行补充检索；如果查准率不符合要求，则需要调整去噪策略。只有在查全率、查准率都符合要求时，才能终止整个检索过程。

（一）专利数据库的选择

合理地选择专利数据库有利于提高专利文献的查全率和查准率，也有助于提高专利信息分析和研究的质量。专利数据库的选择需要考虑以下因素：待检索技术所涉及的技术领域、文献的地域和/或时间的集中度、检索时拟采用的特定字段和需要检索系统提供的特定功能。

1. 专利数据库选择的原则

在选择专利数据库时应遵循“数据质量优先、兼顾检索效率”的原则。一方面，由于检索数据的质量将直接影响分析报告结论的可靠性和准确性，因此在选择专利数据库时应对不同专利数据库的数据可靠性、完整性和精度进行初步评价。可以使用同一检索式在同一检索系统中针对不同专利数据库进行检索的方式来进行验证和评价，并根据在各个专利数据库中的检索结果来评价专利数据库的收录时间、类型、地域、字段完整度、数据加工度。另一方面，由于专利信息分析工作具有较强的实效性，检索过程的耗时需要尽可能缩短，因此在选择用于检索的专利数据库时需要考虑检索效率，并结合后续的数据处理需求来进行通盘考虑，选择易用性好、具有一定的数据处理功能，同时方便对检索结果进行后续处理的专利数据库。

2. 专利数据库选择的参考因素

在遵循“数据质量优先、兼顾检索效率”原则的基础上，可以参考以下因素来选择专利数据库。

（1）技术领域。根据技术分解表中的技术主题或技术分支的分类特点来选择专利数据库。例如，在选择专利数据库时，如果技术主题或技术分支存在与之相对应的 IPC、CPC、FI/FT、德温特专利分类（DC）/德温特手工代码分类（MC）等分类体系，那么可以优先考虑选择包含这些分类号的专利数据库。

不同行业的发展阶段和发展程度都不尽相同，在选择专利数据库时应当考虑技术发展的时间阶段和国别特点。例如，在仅早期文献收录较完整的专利数据库中，针对近年发展起来的新技术进行检索的意义不大，如果某些技术存在明确的技术起源时间，则可以考虑只选择该时间之后的文献收录较为完整的专利数据库。

某个国家或地区在某技术领域的发展较为成熟先进，其专利文献的数量也会相对较多，此时就应该重点检索该国家或地区的专利数据库。例如，日本在碳纤维领域的专利申请量较为突出，则检索时应优先考虑日本专利数据库。又如，在移动多媒体广播方面，欧洲、美国、日本等各自采用了不同的标准，此时如果要分析这些国家或地区的与移动多媒体广播标准相关的专利，则应当分别在上述国家或地区的专利数据库中进行针对性检索。

（2）研究内容、目的和需求。数据可靠性是对专利数据库提出的最基本的要求，在数据值得信赖的前提下，数据的完整性是专利数据库的重要指标。一般主要从收录专利数据的范围来比较专利数据库的完整性，包括收录的国家/地区/组织范围、收录时间范围以及收录信息种类。各专利数据库的专利技术文献的收录范围、收录信息种类（包括专利信息、法律信息等）都存在差异，应当根据研究内容、目的和需求来合理选择专利数据库。

例如：如果要分析某产业、技术在中国的现状，那么就应该选择在中文专利收录较为全面的专利数据库中进行检索；如果要分析该产业、技术在外国的现状，那么就应该选择在外文专利收录较为全面的专利数据库中进行检索；如果要检索技术细节、实施例内容或背景技术内容，那么就应该选择在全文数据收录较多的专利数据库中进行检索；如果要重点检索相关申请人的专利，特别是使用不同名称申请专利的国内申请人或国外申请人，那么就应该选择在申请人标准化数据加工较为完善的专利数据库中进行检索；如果研究目的和需求涉及某些特定字段，如引文检索和法律状态检索，或者需要检索详细的引证与被引证关系，则可以选择在引证和法律状态信息收录较为全面的专利数据库中进行检索；如德温特专利数据库。

（3）专利文献的特点。不同技术领域的专利文献都有各自的特点。例如，电学领域的商业方法在权利要求中多以步骤特征来体现；移动通信领域的大量专利申请通常涉及对各标准协议的改进；机械领域的很多结构特征倾向于使用附图来表达；化学领域的很多化合物常用化学结构式来表征。不同技术领域专利申请文件撰写的关注点不尽相同，即可以根据专利文献的特点来选择专利数据库。

（4）检索的功能性。检索的功能性主要体现在针对不同检索需求提供相应的检索入口，以及对检索结果的分析、导入/导出等数据处理功能。

针对不同检索需求，选择具有相应检索入口和功能的数据库。①简单检索。例如，进入百度的检索界面后，通过输入关键词或专利号码即可快速实现检索。该模式一般针对不熟悉专利检索代码的用户或仅需进行简单检索的应用场景。②表格检索/高级检索和指令检索。例如，国家知识产权局官方检索系统——专利检索及分析系统（PSS）。该模式主要针对熟悉检索式构建方法的用户，提供通配符、邻近算符、同在算符等用于在需要构建较为复杂、精准检索式时所采用的检索模式。③号码批量检索。该模式主要具有针对需要通过专利号码（申请号、优先权号、公开/公告号）检索方式，实现批量专利导入的应用场景而设定的号码批量检索功能。④检索结果的处理和分析。目前常见的专利检索系统均支持对检索结果进行分析。一般来说，非营利检索系统如 PSS 等仅支持申请人、年份、地域等几个入口的简单分析，而如果需要对法律状态、技术领域、专利运营情况等进行深入分析或者希望将检索结果导出到本地作进一步处理，则需要选择商业检索系统。

对于需要构建复杂、精准检索式的情形，此时检索速度也是需要考虑的重要因素。选择检索和分析速度较快的专利数据库将进一步提升专利信息分析的工作效率。

（二）检索要素的确定及检索式的构建

通常而言，检索要素是从待检索的技术内容中提炼出来的，可用于检索的技术特征，检索要素的确定需要具体分析待检索的技术内容。可以从技术领域、技术手段、解决的技术问题、达到的技术效果来确定检索要素。

通常情况下，使用最多的检索要素表达是分类号与关键词，有时还需要以申请人或发明人等作为检索入口进行补充检索。为避免遗漏文献，一般应当使用分类号与关键词相结合的方式来构建检索式，但在实际操作中，针对不同的技术主题，可以有倾向性地选取分类号或者关键词作为检索的重点。

（三）检索结果的评估及检索策略的调整

一般而言，专利专题检索不是一蹴而就的，而是需要随着检索的进行，根据检索结果来对检索策略进行调整。检索策略的调整包括检索要素的调整及检索数据库的调整。

一方面，检索人员通过浏览已经检索到的专利文献，可能会发现选取的检索要素不合适或者检索要素的表达不够准确、全面，此时则有必要变更检索要素，利用从检索结果中发现的新检索要素，如分类号、关键词、相关人信息以及引证文献信息等，对原来的检索要素及其表达进行修正、完善和补充，进而调整检索式和检索策略。

另一方面，当检索人员在某一专利数据库中没有检索到合适的专利文献时，可能是因为选择的专利数据库不合适或者选择的检索入口不正确，此时可以考虑重新选择专利数据库。例如，若使用 CPC 或 FI/FT 分类体系进行检索，则可以选择世界专利文摘数据库或外文数据库，但如果需要对申请人进行检索，则需要转到德温特世界专利索引数据库中，以便通过 CPY 字段获取申请人信息。调整专利数据库的另一个目的在于进行补充检索，利用各数据库字段的互补性，在不同数据库获取所需字段。例如，在中文专利文摘数据库中无“法律状态”字段，可通过转库操作，转到中国专利检索系统文摘数据库中获得文献相对应的法律状态信息。又如，部分专利文献无法通过摘要数据库以简单直接的方式检索到，则需要在全文数据库中进行补充检索。

（四）中止检索的时间评估

从理论上说，任何完善的专利专题检索都应当是既全面又准确的检索，但是从成本的合理性角度考虑，检索应有一定的时间限制。要根据已获得检索结果的评估情况、使用的检索手段和策略，综合考虑时间、精力等成本因素，决定是否可以中止检索，其考虑原则是用于检索的时间、精力和成本要与预期可能获得的结果相称。一般而言，当检索结果的查全率和查准率都达到预期时或者即使查准率偏低，但文献量在可读范围内时，可以中止检索。

## 三、专利专题检索的策略

专利专题检索的要求之一是获得与技术主题相关的总体专利文献。常用的检索策略包括分总式检索和总分式检索两种策略。针对具体情况，还可以采用钓鱼/网鱼检索策略、分筐检索策略、引证追踪检索策略及上述检索策略的组合等。

（一）分总式检索策略

分总式检索策略是根据技术分解表，对各技术分支展开检索，再将各技术分支的检索结果进行合并，得到总的检索结果的一种检索策略。首先，分别对技术分解表中的各技术分支展开检索，获得该技术分支之下的检索结果；其次，将各技术分支的检索结果进行合并，得到总的检索结果。一般而言，“各技术分支”指的是一级技术分支，对每个一级技术分支下的二级或三级技术分支可以继续使用分总式检索策略，或采用其他检索策略。分总式检索策略适用于各技术分支之间相对独立、有明显的技术边界且各技术分支的检索结果之间的交集较小的情况，其优势在于：可以并行检索各技术分支，后期的标引工作量较小。

（二）总分式检索策略

总分式检索策略是首先对总的技术主题进行检索，然后从检索结果中进行二次检索来获得各技术分支的检索结果的一种检索策略。与分总式检索策略不同的是，总分式检索策略采用一种自上而下的方式，即先对总体技术主题进行检索，再在总体技术主题检索的检索结果中进行各技术分支的检索。技术主题和技术分支之间的关联性通过技术分解表来呈现。总分式检索策略适用于技术领域和分类领域等涵盖范围广且较为准确的情形，其优势在于：检索效率高，不用针对每个技术分支单独构建检索式。

（三）分筐检索策略

分筐检索策略是针对每一个“筐”进行查全和去噪，用于抑制噪声的一种检索策略。将某一技术主题或某一技术分支拆分为几个技术点或者技术块，每一技术块称为一个“筐”。与分总式检索策略不同的是，这里的“筐”可以是一个技术分支，但更多的是一个技术点或者技术块。分筐检索策略适用于将某一技术分支拆分成易于检索的技术点或者技术块的情形。从某种意义上说，将技术分支拆分成技术点或者技术块，是对该技术分支的进一步技术分解，这一技术分解应当从适合检索的角度出发。也就是说，分解出来的技术点或者技术块应当能够通过简单的检索式进行查全与查准检索。

（四）钓鱼/网鱼检索策略

钓鱼检索策略是先找出一个简单检索要素进行检索，通过对检索结果进行分析进而发现更多有效检索要素的一种检索策略。这里的检索要素应当是一个具体的非宏观性要素，否则起不到发掘有效检索要素的作用。钓鱼检索策略常用于查全检索过程。

网鱼检索策略是先使用宏观检索要素进行检索，通过对检索结果进行分析进而提取检索的技术主题下的微观检索要素作为各技术分支的检索要素，或者发现噪声检索要素的一种检索策略。网鱼检索策略在技术分解以及噪声发现方面具有一定的应用价值。

（五）引证追踪检索策略

引证追踪检索策略是以专利文献的引文字段和说明书中引用的文献信息为线索进行追踪检索的一种检索策略。通过德温特创新索引数据库对某一技术领域或某一申请人专利的引证/被引证关系、引证率以及自我引证程度的高低进行分析，还可以发现基础专利、核心专利、重要专利，获知以重要专利为支撑的技术发展路线，获取专利申请人以及竞争对手在该领域的竞争地位信息。一般而言，被引证专利的数量越多，则该专利技术越受关注；专利申请人的被引证专利数量越多、单件专利的平均被引证次数越多，则该申请人的创新能力越强，越具备竞争力。引证追踪检索策略在专利信息分析中的几种具体应用情形如下。

（1）竞争对手竞争地位评价。通过专利引证率研究，获知该领域竞争对手的竞争能力，发现该领域的技术先驱者、重点技术持有者、技术参与者、技术模仿者。

（2）核心专利信息分析。专利引证率和引证关系反映了专利的重要程度，是判定基础专利、核心专利和重要专利的参考依据。某专利被在后申请引证的次数越多，表明其影响力越大、具有更高的价值，成为核心专利的可能性越大。

（3）技术发展路线和发展趋势评价。构建专利引证树，根据专利引证树中的专利来分析所研究技术领域的技术发展路线，并判断其发展趋势。

（六）组合检索策略

在实际专利信息分析检索中，需要根据实际情况综合运用上述检索策略来获取目标文献。

（七）补充检索策略

补充检索策略是在检索结束之后对检索结果的进一步补充，一般是在对检索结果的评估过程中发现的遗漏有效文献进行分析的基础上，挖掘出补充检索要素的一种检索策略。在进行补充检索时，除了使用新引入的关键词等检索要素之外，最重要的应用是从之前的检索结果中挖掘出重要的申请人/发明人作为检索要素，并且应当进一步引入与分析对象密切相关的 IPC、CPC、FI/FT 等多种专利分类体系分类号。必要时，还应当选择其他数据库进行补充检索。补充检索策略对保证数据的准确性具有查漏补缺的意义，与专利检索结果的评估是相辅相成的。

（八）扩展检索策略

扩展检索策略是围绕兼具自身专用技术特性与通用技术特性的新兴前沿技术领域的特点所提出的一种检索策略。

常规的专利专题检索基于本领域大量的专利数据进行，有的时候并不能满足部分新兴产业的专利专题检索需求，对于专利样本少的前沿领域来说存在一定的局限性。技术无论是新兴的技术还是传统的技术，都不是孤立存在的，其总是与其他关联技术一起，为实现某个共同的目的而构成某种技术系统，基于技术所要解决的问题和实现的功能，被应用在不同的技术领域中。特定技术总是在技术系统和应用中相互关联和交叉，这也是扩展检索策略得以实现的基础。扩展检索策略有助于厘清交织技术之间的发展脉络，为技术瓶颈突破提供支撑。

扩展检索策略主要从技术领域、功能效果、关键技术等三个方面进行扩展。

（1）技术领域扩展。首先，可以从邻近或上位技术领域、具有相似结构的领域、解决相同具体问题的技术领域、应用技术的领域进行场景扩展；在上述领域的扩展不能满足需求时，可以从实现组成部件功能应用领域的邻近或上位应用场景进行扩展。根据邻近或上位应用场景的特点，可以从技术涉及的领域探索发展路径及应用转化方式。

（2）功能效果扩展。基于同样的功能效果可以应用在不同的技术领域中，首先，从技术的功能效果入手，使用体现技术功能效果的检索要素表达，在专利数据库中检索具有同样功能效果需求的领域，从而扩展技术领域；其次，基于扩展检索结果，查询扩展技术领域所使用的技术手段；最后，由本领域技术人员针对检索的技术手段进行甄别，判断技术手段应用至本产品或本领域中的可行性和扩展领域。

（3）关键技术扩展。从本领域解决问题的关键技术手段出发，在所有专利文献数据中，对技术手段的关键词或其他表达方式进行扩展，通过专利数据检索，在全领域找到关键技术的具体实施方式，从而将关键技术领域从分析的单个技术领域拓展至全技术领域，提供多种思路或方法。借鉴其他领域的技术实施方式，由本领域技术人员判断将扩展领域的方法适用于目标技术上的可行性。关键技术扩展是从技术解决的问题入手，判断解决问题的关键技术手段，寻找其他领域技术的具体实施方式。

## 四、检索要素的选取

检索要素是关联待检索对象和检索资源的纽带，检索要素选取的准确性决定了检索的质量和效率，是专利专题检索的重要环节。

### （一）检索要素的确定

检索要素是从技术内容中提炼出来的，在检索资源中可被检索的技术特征。需要具体分析待检索的技术内容，根据技术分解表，从中选取可用于检索的检索要素。

可以从技术领域、技术手段、要解决的技术问题或达到的技术效果来确定一个或多个检索要素：技术领域根据技术分解表确定，可以从技术分解表确定的各个技术分支入手来确定细分的技术领域，从而进一步确定检索要素；从技术手段入手确定检索要素也是常用的确定检索要素的方式；根据分析需求，可以从要解决的技术问题或达到的技术效果入手来确定检索要素。技术问题和技术效果既可以是技术领域中普遍存在的，也可以是需求者根据实际需求提出的。

检索要素的划分应该适当。例如，对于某一技术分支而言，所有检索要素的集合既应该能够完整覆盖该技术分支，又不宜过多；如果多了一个检索要素，那么检索结果中的专利文献包含了其他检索要素，将导致检索结果减少、得到的文献不全面；如果少了一个基本检索要素，那么检索结果将会增加，但同时也会带来噪声。

在确定检索要素之后要表达检索要素。为有效地进行全面检索，通常每个检索要素都应当尽量从多个方面表达。检索要素最重要的表达形式是关键词和分类号，有时以申请人、发明人作为补充检索使用。

检索要素表达应该全面、准确。每个检索要素有分类号、关键词等若干表达形式，在实际检索过程中，如果使用的表达形式不够全面，那么就不能全面地将含有该技术内容的专利文献检索出来。

### （二）分类号的确定和使用

分类号是专利专题检索中获取专利数据的重要入口之一，分类号的确定和使用将影响专利数据的全面性和准确性。由于分类号包含了某些关键词的上下位概念，因此利用分类号可以弥补因使用关键词检索而造成的漏检。

一般而言，在进行检索前的技术分解时就应当重视和利用分类号的辅助功能，全面、充分地考虑技术分支是否存在相关度较高的分类号。在检索阶段，分类号是必不可少的检索工具和要素；在后续的数据处理时，也可以利用合适的分类号进行快速标引或去噪，提高数据的处理效率。

在专利信息分析整个过程的诸多环节如技术分解、专利检索、数据分析等中，都需要选择、确定并使用分类号。分类号的确定需要根据实际情况而定，以下介绍几种常用的确定分类号的方法。

1. 结合技术分解表确定分类号

对于一份确定的技术分解表，其中的某一技术分支可能涵盖多个分类号下的专利文献，而某一分类号下的专利文献也可能分别归属于多个不同的技术分支。结合技术分解表确定分类号的方式为先通过关键词找到相关技术内容的大致分类位置，再通过在分类表中进行上下级浏览和彼此交叉指引，获取准确的分类位置。

值得注意的是，在进行专利专题检索时，需要选择不同的专利数据库进行检索以确保数据的全面性，而不同的专利数据库对分类体系的收录存在一定的差异。某一技术主题在多种分类体系中都有密切相关的分类号，在确定分类号时，应当优先利用准确的分类体系进行扩展和检索。

2. 结合检索策略确定分类号

在确定分类号时，可以根据检索策略来确定分类号。如前所述，专利专题检索可以选择总分式检索策略、分总式检索策略等多种检索策略。以分总式检索策略为例：首先，通过关键词和/或分类号进行试检索；其次，使用已有的分类号和/或关键词分别对技术分解表中的各技术分支展开检索，在获得各技术分支的检索结果后，浏览相关度较高的文献搜集分类号，并不断地对分类号进行修正和补充，获得各技术分支之下的检索结果；最后，将各技术分支的检索结果进行合并，得到总的检索结果。

3. 基于分析统计确定分类号

在确定分类号时，还可以利用专利检索系统的统计功能。通过对统计的分类号进行排序，并在分类表中进行上下级浏览和彼此交叉指引获取准确和全面的分类位置，可以确定与所需分析的技术领域相关度较高的分类号，还可以获取其他领域与所需分析的技术领域技术内容相关度较高的分类号，以及与所需分析的技术领域不相关的降噪分类号。

4. 分类号的调整和补充

在执行检索过程中，通常需要根据检索结果的全面性与准确性实时调整和补充分类号。在调整和补充分类号时，应当充分考虑并分析噪声因素从而对分类号进行合理增减。

5. 多种分类体系的使用

根据检索主题的要求，应结合各分类体系的分类原则、覆盖范围、分类角度、细分程度等因素，综合考虑选择一种或多种分类体系进行检索。当选择一种分类体系不能进行全面检索时，还需考虑选择其他分类体系进行补充检索，以保证检索结果的全面性。主要专利分类体系的优缺点见表3－6。

**表3－6　主要专利分类体系的优缺点**

| 主要专利分类体系 | 优点 | 缺点 |
| --- | --- | --- |
| IPC | 1. 通用性好，使用范围最广<br>2. 其他分类体系组分的基础 | 1. 细分不够，某分类号下的文献过多<br>2. 主要针对权利要求的技术主题进行分类<br>3. 更新速度相对较慢，各国不一致 |
| CPC | 1. 分类条目更加详细<br>2. 分类位置更加准确<br>3. 动态调整更加及时 | 1. 专利文献的范围不够广<br>2. 多条目带来使用的复杂性<br>3. 因领域不同而存在规则使用的差异性 |
| FI/FT | 1. FI对IPC进一步细分<br>2. FT进行多角度分类 | 1. 局限于日本文献<br>2. 多角度也带来使用的复杂性 |

所选择的专利分类体系应当能够覆盖希望重点检索的国家/组织/地区的专利文献。目前，IPC分类体系属于通用型分类体系，可以检索到大多数国家/组织/地区的专利文献。CPC分类体系和FI/FT分类体系则是分别针对美国专利文献、欧洲专利文献和日本专利文献的专用型分类体系，在对美国、欧洲和日本的专利文献进行检索时可以优先采用。

在某些特定领域，不同分类体系检索的效果也有着很大的差异。在选择分类体系进行检索时，应当充分了解该领域技术发展的现状和发展趋势，该领域的重点技术和热点技术、技术发展脉络以及技术分布情况，从而有针对性地选择最为适合的分类体系。例如，在功能性高分子材料光学膜技术领域，日本处于垄断地位，在该领域进行检索时，可以优先考虑使用FI/FT分类体系来进行检索。

由于不同分类体系的分类角度、细分程度等各不相同，因此应当结合数据库对各种分类体系标引的特点，首先尽可能选择能够准确、全面地反映检索的技术主题的分类体系进行准确检索，然后利用其他分类体系进行扩展检索和补充检索。

（三）关键词的确定和表达

关键词是专利文献内容最直观的表现，是进行专利信息分析检索的核心手段之一。与分类号一样，关键词也是获得专利信息的基础，直接影响专利信息的全面性和准确性，决定着专利检索结果的质量。在专利专题检索中，划定检索范围、制定检索策略、数据清理、标引等工作都离不开关键词的使用，关键词不仅用于确定相关的专利文献，也常用于排除噪声文献。

在某些情况下，通过分类号已经无法准确地区分特定技术分支所包含的内容，此时就需要通过关键词进行区分划界。例如，在检索中，由于不同国家或地区的专利局对专利文献分类加工的思路不同，因而同一主题的文献有可能会被分在不同的分类号下，这时即需要使用关键词对所检索的主题进行补充或者直接将关键词作为检索入口，即需要结合专利信息分析的整个过程确定关键词。

在专利专题检索中，所确定的关键词需要表达出整个技术领域或整个技术分支的技术特点。这种技术特点对于该技术领域或技术分支而言具有一般性和普遍性，且从单篇或几篇专利文献中无法完整获取到，而需要对该技术领域或技术分支有较为全面、深入的了解才有可能获取。此外，对于各个技术分支，关键词应立足于表达各个技术分支的技术特点。

在专利专题检索以及随后的数据处理过程中，需要评估所选择关键词的准确性。在检索过程中对关键词进行补充和调整时，可以采取逐一增减关键词并将检索结果与增减前的结果作对比，以此判断是否在检索中引入该关键词的方式。有些作为技术效果的关键词在检索过程中由于会引入较大的噪声，而未被用于数据的检索，但是在后期数据处理过程中可有效地被用于技术功效的标引，因而有必要为各级技术分支确定关键词。

此外，当某级技术分支没有适于检索的关键词，或者用所选择的某些关键词作为检索要素进行检索而难以获取完整而准确的检索结果集时，可以考虑采用其下级各技术分支的关键词的组合或这些关键词的检索结果的组合来为该级技术分支划定数据边界。也即，在对“上位技术”难以进行完整而准确的检索时，可以考虑检索“下位技术”并将检索结果进行组合来获取“上位技术”的文献数据。

在专利专题检索中，对于关键词的扩展，既包括同义词、上位词、下位词、缩写式、不同语言等多种表达方式的扩展，也包括根据表达习惯的时间性、地域性译文以及拼写方式的多样性和常见的错误表达方式等进行的扩展，同时还要注意适当地使用通配符和/或截词符来使其尽可能地容纳各种拼写方式以及常见的错误拼写。由于使用关键词进行检索时需要考虑关键词的标引情况、数据库特点等各种因素，因此关键词检索相对于分类号检索来说更具复杂性，需要结合以下方面进行确定和表达。

1. 结合技术分解表确定关键词

为了获得准确而完整的检索结果集，紧密围绕专利专题检索的主题和涵盖的各级技术分支选择关键词，可有效弥补分类号检索的不完整性和局限性。在结合技术分解表确定关键词时，应根据技术分解表中各技术分支的名称，选择能够独立或者与分类号等的逻辑运算来较为准确和完整地表达该技术分支的关键词。同时，应当对技术分解表中的关键词进行适当扩展，以保证检索结果的查全率。

在扩展关键词时，可以从综述性科技文献、教科书、技术词典、分类表中的释义、技术资料中挖掘出更多的关键词，或者通过对调研、研讨等过程中围绕技术分解表所收集的技术专家、企业专利技术人员以及一线的生产研发人员的惯用技术术语作为关键词。

需要注意的是，对于引入每个用关键词表达的检索要素，都要结合本领域专利文献中的表达特点来考虑其是否会影响检索的完整性，以及可能带来的噪声量大小。在各检索结果的评估或抽样调查阶段，通过对专利文献的浏览，既可以留意补充一些漏选的检索关键词或去除一些会引入大量噪声的关键词，也可以留意并积累在典型的噪声文献中频繁出现的去噪关键词，并结合技术领域以及表达的特点合理确定关键词。

2. 结合检索策略确定关键词

不同的检索策略所需要的关键词及其扩展程度不尽相同，也就是说，并非每个确定的关键词都会被用于执行检索任务，此时应当根据所使用的检索策略，从关键词列表中选择合适的关键词进行检索。

3. 结合数据库特点确定关键词

在不同的数据库中，同一技术特征的关键词表达可能存在着差别，此时，应根据专利数据库的标引特点进行关键词选取或表达。例如，英文专利文摘库包括了来自世界主要国家、地区或组织的专利信息，其中相当一部分内容是原申请国家或地区的人员直接翻译的内容，其翻译习惯明显带有该国家或地区的色彩。日本专利申请和中国专利申请对于同一词的翻译往往有所不同，以“槽”为例，中国一般将其翻译为“groove”“slit”“slot”，而日本则一般会将其翻译为“pin”“ditch”等。

在全文数据库中使用关键词进行检索时往往被很多噪声干扰，如果关键词选取不当，就难以获得相关结果。在全文数据库中选取关键词与在专利文摘数据库中选取关键词有所不同，全文数据库应该更多地关注下位或具体实施方式，其关键词的选取应该也是相对下位、具体或精确的。如果同时合理使用邻近和同在算符，就能够在很大程度上降低噪声。

4. 基于分析统计确定关键词

在确定关键词时，可以利用专利检索系统的统计功能。首先，确定某一检索主题和/或技术分支的初步检索式，并在数据库中执行该检索式；然后，利用该数据库中的统计和排序功能，对该检索结果的关键词字段依据出现频次进行排序，并选取一些出现频次较高的词作为检索用关键词的备选。

5. 基于协议、标准等确定关键词

在确定关键词时，可以依据分析对象所处的行业特点，并结合行业标准或者协议。深入分析技术主题及各技术分支的技术特征，搜集与这些技术特征相关的行业标准或者协议，选择这些行业标准或者协议中使用的术语作为关键词。

6. 关键词形式表达

关键词扩展应该保证形式上的全面性和准确性。实现形式上的全面性和准确性，应充分考虑同一关键词表达的各种可能形式：对于英文关键词，需要考虑其不同词性、单复数、简称或缩写、英美拼写差异等，甚至要考虑比较常见的拼写错误；而对于中文关键词，则主要考虑地域用语的差别、曾用语、俗语、俗称或别称等情况，同样也需要考虑常见的拼写错误。

对于英文关键词，在扩展关键词表达时要考虑到不同词性之间的转换，其中可能涉及不同的拼写方法，同时还要考虑同一单词的英美拼写差异，此时可以使用截词符代替一些具有不同拼写或不同词形变化的词。在不同的专利数据库中，截词符的使用方式也不同。例如，有的专利数据库中截词符常用“?”“＊”“＋”“#”等符号来表示：“?”代表0或者1个字符；“＊”“…＋”代表无限个字符；“＊”“＋”在单词左侧表示左截词，在单词右侧表示右截词；“#”代表一个强制存在的字符。使用截词符可以使检索式更简练，避免遗漏关键词的某些非常规形态，从而尽量全面地将检索的关键词找出，提高检索的准确性。

在选取的关键词是由词组构成的情况下，此时大量词组的使用可能会引入较多的噪声，为了在进行查全检索时尽可能地抑制噪声，需要对词组进行表达，对词和词之间的关系可以使用运算符来进行限定。常用的检索运算符包括布尔逻辑算符、邻近算符等。

常用的布尔逻辑算符有三种：逻辑“与”、逻辑“非”、逻辑“或”。逻辑“与”用于连接具有交集关系的检索词，其功能是缩小检索范围，提高查准率；逻辑“非”用于连接具有排除关系的检索词，其功能是排除不需要的和影响结果的检索词，提高查准率；逻辑“或”用于连接具有并列关系的检索词，其功能是扩大检索范围、防止漏检，提高查全率。

邻近算符和同在算符都是用来表示检索词位置关系的逻辑运算算符。邻近算符通常表示前后检索词之间顺序不变，可以间隔0～n个词，或者前后检索词之间顺序可变，也可以间隔0～n个词。在检索时，还可以使用同在算符。例如，使用同在算符，表示将检索词限定在一个段落中或者把检索词限定在同一句子中等。

从限定的严格程度来看，同在算符较逻辑“与”算符要更严格一些。邻近算符相比同在算符来说其限定得要更加精确，常常用于要求精确限定的情形。在实际检索中，可根据检索词的实际情况选择合适的逻辑算符来构建检索式，实现检索目标。

7. 关键词意义表达

关键词扩展应该保证意义上的全面性和准确性。考虑意义全面性的扩展通常应该包括检索词的同义词、反义词、近义词、上下位概念、等同特征等；而考虑意义准确性的扩展应当在上述考虑全面性扩展的基础上进行必要的取舍和修正，具体地说，即应该在对检索词的同义词、反义词、近义词、上下位概念、等同特征等进行扩展后，根据技术领域的特点进行取舍和修正。

关键词扩展可以概括为两种形式，即横向扩展和纵向扩展。对于横向扩展，在检索词确定后，关键词表达要从检索词词义的角度进行扩展，一般需要考虑检索词的各种别称、俗称、缩略语、行话、同义词、近义词、反义词，还要考虑可能的错别字。其中，对于反义词，既应当考虑各种与检索词含义相反的词，还应当考虑“不”“不允许”“非”“禁止”“断开”“避免”“障碍”等具有否定含义的词。例如，“一种智能设备连入路由器的方法”确定的检索要素为：智能设备、路由器和禁止接入。对于检索要素“禁止接入”，其中的“禁止”在语义上有“不”“不允许”“断开”等多种相似含义，从语义上考虑了各种英文表达和扩展，同时对“禁止”和“接入”采用了同在算符（如限定在同一个句子中）表达。

除了横向扩展外，还可以进行纵向扩展。纵向扩展包括：将关键词表达向上扩展，采用上位概念进行检索；将关键词表达向下扩展，采用下位概念进行检索。例如，可以将下位概念“电机”扩展到其上位概念“传动装置”或“传动单元”，将上位概念“可见光”扩展到其下位概念“红外”“紫外”。

8. 关键词角度表达

关键词扩展应该保证角度上的全面性和准确性。由于专利文献往往会从多个角度对技术内容进行描述，如专利文献通常会记载发明创造的背景技术、要解决的技术问题、技术效果、实施方式以及说明书附图等，这些内容之间常常是相互对应的，因此关键词扩展不应该局限于对关键词本身的直接扩展（即从关键词的意义或形式进行扩展），还应该从技术分解表中直接确定的关键词所组成的技术方案的对应方面来进行考虑，即考虑采用关键词对该技术方案所解决的技术问题、技术效果、技术作用、技术原理或用途进行表述，并将以此获得的关键词作为检索的关键词。特别是当技术方案中的技术特征难以用其本身的关键词来进行表达时，关键词表达除了考虑形式上和意义上的准确性和全面性之外，还应当考虑从多个角度进行选取和扩展。形式上的准确性和全面性是关键词表达的基本要求，而角度上的准确性和全面性是最高要求；角度上表达的准确性和全面性必然要求形式上和意义上表达的准确性和全面性。

9. 关键词的补充和调整

一般而言，关键词表达具有多样性和复杂性，在进行初步检索时，很难确定出所有适用的关键词。在检索过程中，需要对检索结果进行多次取样阅读和评估以完善检索式，在此期间可以不断地发现和补充适用的关键词。补充的关键词可以是补充检索用的有效关键词及其扩展，也可以是补充除噪用的关键词。

根据关键词与检索结果的相关程度，可以将关键词分为显性关键词与隐性关键词：显性关键词为与技术主题明显相关且在本领域出现频次较高的词，而隐性关键词则为表面上与技术主题无明显关系的关键词。经分析发现，隐性关键词通常是在技术演进中随着技术广度的渗透而出现的，在摘要文献库检索过程中容易被漏掉，这是因为这类关键词包含在专利申请的摘要、权利要求中，甚至不会在全文中出现。由于在确定关键词时容易遗漏部分隐性关键词，因此对隐性关键词的补充尤为重要。

（四）申请人/发明人的使用

申请人是专利权的实际拥有者，而发明人是技术创新的开拓者，对申请人和发明人的分析是专利信息分析的重要维度。专利意义上的申请人有多种类型，包括企业申请人、高校或研究机构申请人、个人申请人，以及各种合作申请的申请人。对于大多数行业而言，构成产业链的主体以及行业内技术研发和专利申请的主体都是企业；对于某些前沿技术、基础技术而言，申请人可能是高校或研究机构。由于存在一些特殊原因，某些企业的专利申请是以企业负责人个人的名义提出的，因此也有必要对与这些企业关系密切的自然人申请人进行分析。

获知申请人的方法有以下几种。①利用专利检索系统的统计功能确定申请人。可以使用与分析对象密切相关的关键词或分类号进行检索，对检索结果进行申请人统计排序，从而发现主要的申请人。②通过行业新闻、非专利文献等信息确定申请人。行业内的领军企业通常都有较强的专利意识，专利活动也相对活跃，此时可以通过期刊、行业报告、在线专业性网站等途径获取行业内的主要公司、高校、研究机构和个人的信息，将其确定为申请人/发明人。

在获知申请人/发明人之后，需要确定申请人/发明人的相关字段，包括申请人/发明人的名称/姓名、申请人类型、申请人所属国籍等，其中，确定申请人/发明人的名称/姓名尤为重要，这是因为在不同专利数据库中同一申请的申请人/发明人的名称/姓名、数量不尽相同，即使是同一申请人/发明人，在同一数据库中的名称/姓名也存在差异。如果未能考虑到这些差异，而简单地以一种表达方式对申请人/发明人进行专利布局、技术发展趋势、研发团队等分析，则会影响分析结果的准确性。

在确定申请人的名称时，应当注意不同的专利数据库对申请人名称处理方式的不同：有时使用名称的全称，有时使用名称的简称；特别是中文数据库对外国申请人的表示，有时使用意译，有时使用音译。同样是汉字音译名，鉴于汉字的多样性，不同专利数据库有时会出现同音不同字的汉字音译名。

相对而言，德温特世界专利索引数据库对申请人的规范化较为完善，其提供了一个有用的 CPY 字段，即公司代码，该字段对检索大型跨国公司十分有用。德温特世界专利索引数据库能够将集团公司及其子公司映射到同一公司代码，利用该公司代码能够更为全面地检索到该集团公司及其子公司的申请。但是，由于同一申请人可能有多个公司代码，而多个不同申请人的公司代码可能相同，即同一个公司代码对应不同的申请人，因此在使用公司代码确定申请人名称时，还应适当考虑与分类号或关键词的结合作用。

另外，在确定发明人姓名时，既要注意发明人译名的多样性和不同专利数据库下的不同拼写规则，还要注意重名情况。必要时，可通过技术领域的限定排除不相关的申请人，如使用较宽范围的分类号或关键词加以限定，以排除大部分的重名情况。

## 五、检索式的构建

每一个检索要素都需要以一定的方式进行表达，按照不同检索要素、不同表达间相互组合的方式以及检索的顺序进行组合。检索式构建的具体策略一般分为简单检索、块检索、渐进式检索和混合式检索四种。

### （一）简单检索

简单检索是指不进行深入分析，通过使用较为准确的分类号或关键词进行快速检索的一种检索策略。简单检索只是试探性检索，一般不需要对关键词或分类号进行扩展，适于对技术主题或技术分支的初步检索以及需要了解现有技术状况、查找技术主题分类的情形。

### （二）块检索

首先，将检索的技术主题分为几个检索特征，每个检索特征对应一个检索块，每个检索块由一个或几个检索要素的不同表达方式构成，然后，根据需要采用全部或者部分检索块进行组合就可以实现对特定技术主题的检索，这就是块检索。每一个检索要素的不同表达方式间使用逻辑“或”运算，形成一个检索块；块与块之间使用逻辑“与”运算，获得最终的检索结果。块检索是检索实践中最广泛采用的一种检索式构建的具体策略。

块检索的优点是构建检索式时，同一检索要素的不同表达之间、不同检索要素的组合之间，逻辑运算关系很清楚，便于后续调整。当发现需要调整某个检索要素的表达时，仅针对该检索块进行调整即可，而不影响不同检索块组合的执行；如果发现之前使用的某个检索块实际不应当作为检索要素，那么在接下来的检索过程中删除该检索块即可，而不会影响其他检索块之间的组合。块检索尤其适用于检索要素多、检索要素间关系复杂的情形。

在块检索实践中，还需要考虑检索块的不同表达方式对检索效果产生的影响，对检索块和检索块的组合进行适当的调整。例如，在使用块检索策略时，需要在“检全”思路的基础上，进一步考虑“检准”，以提高整体的检索效率。在构造检索块时，首先应当选择检索块中最准确的表达方式进行检索，其次考虑对检索块中的表达方式作进一步扩展，利用其他表达方式来逐步进行扩展检索。

块检索的表达主要通过构建检索要素表来实现。以某技术主题检索中的某个技术分支所拆分的检索块和检索要素的表达为例，见表 3－7。

**表 3 – 7　　检索要素表示例**

<table>
<tr><th>检索块</th><th>检索块 1</th><th>检索块 2</th><th>排除块 3</th></tr>
<tr><td>关键词</td><td>块 1 的关键词</td><td>块 2 的关键词</td><td>块 3 的关键词</td></tr>
<tr><td rowspan="2">分类号</td><td>块 1 的分类号</td><td>块 2 的分类号</td><td rowspan="2">块 3 的分类号</td></tr>
<tr><td colspan="2">块 1 和块 2 共同的分类号</td></tr>
</table>

根据表 3 – 7，可以得到各个检索要素之间的逻辑关系，具体如下：①相同检索块的不同表达（包括同一检索块的关键词与分类号、多个关键词表达、多个分类号表达）之间为逻辑“或”；②不同检索块之间为逻辑“与”；③一般检索块与排除块之间为逻辑“非”。

检索要素表的核心作用在于：检索过程中每一次的新发现和反思都可以通过检索要素表记录下来，从而对检索要素表逐步进行调整与完善，并反馈到下一步的检索中，直至得到相对全面而准确的检索结果。

（三）渐进式检索

渐进式检索是指每一个检索要素对应的检索过程都在前一个检索要素对应的检索结果中进行，通过逐渐增加检索要素、逐步缩小检索范围，直至获得检索结果的一种检索策略。渐进式检索是检索实践中另一种被广泛使用的检索式构建的具体策略。

渐进式检索策略在构建上更加灵活。在很多情况下，这种逐步聚焦、多重聚焦的方式有利于更快获得目标文献。但渐进式检索调整起来相对比较困难，这是因为检索式构建采用了层层嵌套的检索方式。例如，当需要调整中间某个检索式时，特别是扩展某一检索要素的表达时，不仅可能需要全部重新执行检索运算，导致检索时间延长，而且各检索式之间的逻辑关系不那么清晰，导致后续的检索式构建可能不够全面，从而增大漏检风险。基于此，在使用渐进式检索，特别是经过渐进式检索未获得目标文献时，需要仔细分析在哪些方面可能没有覆盖到所有范围，并由此指导检索式的调整。

在使用渐进式检索，尝试将检索范围由大到小逐步靠近目标文献且未获得理想文献后，后续检索策略的调整可采取“反向渐进式”检索策略，即首先对检索要素采用最准确的表达方式进行表达，其次根据检索结果的情况，逐步增加检索要素的表达方式，以扩大检索范围。

（四）混合式检索

通常情况下，专利专题检索的实际过程会比较复杂、综合，常常需要使用块检索和渐进式检索相结合的方式进行。混合式检索通常是指结合渐进式检索逐步缩小范围的特点，以及块检索检索式易于调整的特点来构建检索式的一种检索策略。

混合式检索的基本思路仍然是在对技术主题进行分析、确定检索要素的基础上，对同一检索要素的不同表达方式间采用“或”的逻辑运算，在不同检索要素的表达方式间采用“与”的逻辑运算，进而获得检索结果。与块检索相比，混合式检索最初构建的检索块的表达并不全面，其是逐步对“块”的表达方式进行扩展的。与渐进式检索相比，混合式检索的“渐进”过程，更充分利用了块检索的构建方式。

混合式检索的最大优点是可以综合块检索基于“检全”和渐进式检索基于“检准”的优势，在检准的基础上，实现一定程度的检全。混合式检索还可以根据检索结果的情况，对检索式进行更为灵活的调整。

当检索人员对于检索要素的不同表达方式及不同表达方式间的差异认识不够清楚时，就不能很好地发挥混合式检索的优点，并可能导致检索思路混乱，从而造成检索效率低下和可能的漏检。

## 六、专利专题检索评估

专利专题检索评估是专利检索的重要环节，对调整检索过程、判断检索终止时机、规范检索质量、获得全面准确的检索结果发挥了重要作用。

### （一）检索结果评估指标

检索结果评估所使用的指标是查全率和查准率：查全率用来评估检索结果的全面性，即评价检索结果涵盖检索的技术主题下所有专利文献的程度；查准率用来衡量检索结果的准确性，即评价检索结果与检索的技术主题相关的程度。

### （二）查全率评估

1. 查全率评估的条件和时机

（1）查全样本专利文献集合的构建必须满足两个条件。

1）必须基于完全不同于查全过程中所使用过的检索要素。用于检索查全专利文献集合的检索要素与用于构建查全样本专利文献集合的检索要素之间不能存在交集，否则，将出现“用子集检验全集的查全率”的现象，产生逻辑上的谬论。

2）有合理的样本数。从本质而言，查全率评估属于抽样调查，实际上是检验一个有效文献集合的子集中有多少被查全样本专利文献集合所包含。一方面，若查全率评估样本过少，则不能全面反映待评估集合的全貌，将导致评估结果失真；另一方面，若查全率评估样本过多，将导致工作量较大，失去抽样调查的本意。综上，应当根据待评估集合的数量将查全率评估样本的数量控制在合理的范围内。通常，若待评估查全专利文献集合的文献量为5 000篇以下，则查全样本专利文献集合的文献量不应少于总量的10%；若待评估查全专利文献集合的文献量超过5 000篇，则查全样本专利文献集合的文献量不应少于总量的5%。

（2）查全率的评估时机包括两个阶段。

1）初步查全结束时。当初步查全工作结束时，必须对初步查全专利文献库的查全率进行评估，该查全率是表明能否结束查全工作的依据。若此时查全率不够理想，则需要继续进行查全工作；若达到预期的查全率，则可结束查全工作。

2）去噪过程结束时。去噪过程也被称为查准过程，是对查全数据库去除与分析主题无关的专利文献的过程。该过程中不可避免地会误删有效文献，为了检验去噪过程中是否误删了过多的有效文献，在去噪过程结束时必须对去噪后的专利文献集合进行查全率评估。

2. 查全样本专利文献集合的构建方法

构建查全样本专利文献集合的常用方法有以下八种。

（1）基于重要申请人、重要发明人来构建查全样本专利文献集合。用于构建查全样本专利文献集合的重要申请人应当满足以下条件。其一，该申请人的专利申请量应当足够大。若一个申请人所产生的样本容量过小，则可以使用多个申请人的专利文献来构建查全样本专利文献集合。其二，该申请人的专利申请只分布在特定技术领域，能够方便地检索确定。一般而言，需要选择多个申请人来构建查全样本专利文献集合，以综合评估查全率。基于重要发明人的构建方法类似于重要申请人。

（2）基于重要专利来构建查全样本专利文献集合。可以搜集在前期技术调查以及企业调研中获得的涉及侵权、诉讼以及行业技术发展中的重要专利来构建查全样本专利文献集合。收集的重要专利一般是与本技术领域最为密切相关的专利文献，当待评估的样本集中未包含这些专利文献时，说明需要对前一阶段的检索策略作出调整，分析是否遗漏了重要的分类号或关键词。

（3）基于引证/被引证文件来构建查全样本专利文献集合。可以在所阅读的专利或非专利文献中搜集引证/被引证的专利文献来构建查全样本专利文献集合；还可以对专利进行追踪检索，对其引证/被引证的专利文献进行人工筛选来获得有效文献。鉴于仅美国对申请文件有引证文献的要求，基于引证文献来构建查全样本专利文献集合具有一定的局限性。

（4）基于中英文数据库反证法来构建查全样本专利文献集合。可以将中文检索结果中经过阅读、清理和标引后的数据作为待评估的样本集，通过国别 CN 对英文库的检索结果集进行二次检索，将英文数据库的检索结果与中文数据库的样本集进行比对来评估查全率。中英文数据库反证法适于发现由翻译的多样性导致的漏检。此外，这种方法也利用了 Derwent World Patent Index（WPI）数据库中的专业改写摘要的特点，来发现和弥补在中文摘要检索的不足。需要说明的是，该方法难以发现检索策略上的失误，不适宜作为主要的评估手段，只适合作为辅助手段来使用。

（5）基于年代来构建查全样本专利文献集合。可以对检索结果进行年代抽样来构建全样本专利文献集合，即利用申请日作为检索入口在整体检索结果集中进行检索，对获得的检索结果针对待评估的技术分支进行人工阅读、清理和标引，将阅读、清理和标引后的数据作为待评估的样本集。鉴于每年的专利申请量都是百万级的，该方法可操作性不强。

（6）基于不同的检索工具来构建查全样本专利文献集合。不同检索方式的检索工具所获得的检索结果之间存在差异，这种差异为构建查全样本专利文献集合提供了参考。

（7）基于技术特征来构建查全样本专利文献组合。对某个具体的技术特征选择精确的分类号或关键词来直接进行检索或组合检索，得到该技术特征的一个精确样本集，对检索结果进行评估。应用这种方法时需注意：①这种评估方法适用于对该技术点所属上级技术分支的检索结果进行评估；②制作技术点样本集时，所使用的精确分类号或关键词应该是在其上级技术分支的检索过程中未涉及的；③该方法实质上是通过判断某技术点的查全率，来间接印证整体的查全率。在使用该方法时，应选择多个不同的技术点制作样本来进行评估。

（8）基于图表分析对比法来构建查全样本专利文献集合。图表分析比对法即对获得的分析图表（如专利申请量年度分布图）进行分析。如果出现明显的不合理情形，如某一年的申请量过多或过少，申请量趋势与实际产业状况不符，则需要结合前期资料调查与企业调研获得的相关信息来判断与分析是否是检索策略不当等原因造成的。由于产生不合理情形的原因有多种，包括检索策略不当、数据清理不当，以及产业上的其他原因，并不完全是由检索过程造成的，因此需要进行多方面的分析调查。该方法一般作为检索结果评估的辅助方法。

（三）查准率评估

查准率可通过对待验证集合的抽样，统计有效文献量来进行评估。为了保证评估抽样的科学性与客观性，抽样过程中应当注意以下规则。

（1）多样性和随机性。常见的抽样方法包括：按年代分布抽样、按技术分支抽样、按申请人/发明人抽样、按国家/地区分布抽样、随机抽样。需要注意的是，在抽样过程中，应尽量避免采取单一的抽样方法，尽可能采取多种抽样方法来随机地抽取评估样本，以保证客观性。

（2）足够大的样本容量。对于待评估的专利文献集合而言，其数量为5 000篇以下的，抽样数量不应少于总量的10%；数量超过5 000篇的，抽样数量不应少于总量的5%。

通常需要在以下两个阶段对查准率进行评估。

（1）查全工作结束时。在查全工作结束时，对查全专利文献集合进行查准率评估，能够帮助检索人员预先判断查全专利文献集合的噪声量，制定合理的去噪策略。

（2）去噪工作预结束时。在去噪工作预结束时对查准率进行评估的目的是决定是否停止去噪工作。通常，去噪工作预结束的条件可以是：①文献量在可人工阅读的范围内时；②去噪难度加大、去噪效率严重降低时。

值得注意的是，查准率评估与去噪过程应紧密结合。在查准率评估过程中，需要同时进行人工阅读、筛选，将噪声文献一并去除，并且积累相应的噪声关键词和噪声分类号用于去噪。对于文献量适中的检索结果集，如中文数据库检索结果集或部分技术分支的外文数据库检索结果集，通过查准率评估方法的使用和去噪过程，可以极大提高查准率——甚至接近于100%。

（四）查全、查准的调整策略

在初步检索结果不能满足查全、查准的要求时，需要调整检索策略。

当检索结果太多，且查准率较低时，检索式可作以下调整：①减少同义词或同类相关词；②提高检索词的专指度，尽量采用专指性强的词汇；③增加限制性概念，使用逻辑算符“与”连接；④使用限定字段检索，把检索词限定在标题、摘要主题词等主要字段中；⑤使用适当的位置算符，排除误检，提高查准率。

当检索结果太少，查全率较低时，应从扩大检索范围入手，检索式可作以下调整：①增加同义词或同类相关词，并使用逻辑算符“或”连接；②降低检索词的专指度，可从词表或检出文献中选择上位词或泛指词补充到检索式中；③减少限制性概念，删除一些非关键检索词；④进行扩展检索，根据前文所述的扩展方式来扩展领域、关键词、分类号；⑤取消某些限制过严的字段限制、位置算符限制。

### 七、专利专题检索报告的内容

专利专题检索工作完成后，检索人员应就检索工作开展选用的检索系统、制定的检索策略、检索要素表达、检索过程、查全率评估、查准率评估等内容进行整合，撰写书面的检索报告。专利专题检索报告是对专利专题检索进行流程和质量管理的重要手段。

专利专题检索报告可以包括以下内容。

（1）检索主题。检索人员根据技术分解、分析需求确定检索目的和检索地区范围、时间范围、语言范围、文献类型范围、数据库范围及技术内容范围，检索范围直接影响后续的检索分析结果。

（2）专利检索数据库。本部分主要记录专利检索数据的来源、数据检索的截止时间、选择检索数据库的原因。

（3）专利检索策略。针对行业专利检索需求，记录总体采用的检索策略。

（4）专利检索要素。基于技术分解表及行业背景调研和企业调研，记录收集和整理的中英文关键词索要素、行业专业术语、分类号等，利于开展专利专题检索。

（5）专利检索过程。专利检索过程的记录应当完整、有条理，检索逻辑应严谨。在记录检索过程的同时最好要有检索注释对检索过程进行解释和说明，以便清楚地了解检索目的，方便后期使用。

（6）检索结果评估。针对检索结果，记录中文专利、英文专利的查全、查准过程，并在查全率与查准率不符合检索要求时，分析噪声来源，调整检索过程直至符合查全、查准的要求。

专利专题检索报告是规范检索的重要手段，可以为专利专题检索提供清楚的思路。记录专题检索过程可以为查缺补漏提供依据，为后期查询检索过程提供便利。

## 第四节　专利无效检索

### 一、专利无效检索概述

#### （一）专利无效检索的概念

专利无效检索，又称为专利有效性检索或专利稳定性检索，是指在专利授权后，无效宣告请求人按照专利法的相关规定以破坏专利的新颖性、创造性为目的而进行的检索，或者专利权人在被诉侵权、诉讼准备、专利许可前实施，依据现有技术确认本专利权利要求书的有效性，为分析专利权的稳定性而进行的检索。

专利性检索的检索范围为全部专利文献及出版物、科技论文、产品说明书等非专利文献。专利无效检索的检索范围为涉案专利最早优先权日之前的所有专利文献和非专利文献以及可能的抵触申请。

《专利法》规定，自国务院专利行政部门公告授予专利权之日起，任何单位或者个人认为该专利权的授予不符合专利法有关规定的，可以请求国务院专利行政部门宣告该专利权无效。宣告无效的专利权视为自始即不存在。

专利无效检索目前已经成为提前解决侵权风险、解决已经存在的侵权纠纷的一个重要方式，很多企业通过专利无效检索成功解决了侵权风险或侵权纠纷，也有一些企业在专利无效宣告请求过程中与专利权人达成了和解或者合作。根据国家知识产权局的公开数据显示，超过半数的发明专利被全部无效或部分无效。而对于没有实质审查程序的外观设计和实用新型，其被全部无效或部分无效的比例则更高。

发明专利无效成功最为重要的因素莫过于无效检索的结果。相对于专利申请前的专利查新检索、专利专题检索等常用的检索类型，发明专利无效检索的难度要更大，这是因为获得授权的发明专利是已经经过实质审查的专利，甚至有些专利还经过了复审、无效宣告请求审查等程序，即已经至少通过了一次检索评价，审查员甚至复审部门已经认可了授权发明专利的可专利性，而审查员的检索能力及复审部门的专业能力是值得肯定的，专利无效检索想要在此基础上获得更优的证据去无效已经授权的发明专利，显然有很大的难度。

### （二）专利无效检索的思路

发明专利无效检索的难度虽然很大，但是仍存在一些有效的检索思路，具体如下。

#### 1. 研读专利及其同族专利的审查过程文件

发明专利无效检索并不是一切从零开始。发明专利及其同族专利的审查过程文件可以提供很多有用的信息，如检索报告、审查意见通知书、申请人的意见答复及文件修改、复审意见等，通过研究这些过程文件，既可以知晓审查员或者之前的无效宣告请求人提交的已有检索结果证据及倾向性意见，也可以加深对专利技术及其发明点的理解，有助于进一步开展专利无效检索。很多情况下，发明专利无效成功所采用的证据包含该专利或其同族专利在审查过程中所用到的文献证据。

在查看审查过程文件中的证据时，不仅需要关注审查意见通知书中使用的X/Y类文献证据，还需要关注检索报告中列出的其他类型如A类文献，鉴于与审查员事实认定的差异、实质审查思路和无效思路的不同等情形存在，这些文献或者能够成为专利无效宣告请求审查程序中的证据，或者能够成为追踪检索的有用中间文献。

总之，善于利用专利及其同族专利的审查过程文件，可以有效提高发明专利无效检索的效率，起到事半功倍的效果。

2. 聚焦专利授权点/发明点，进行重点检索

一项发明专利能够获得授权，必然有至少一项授权点/发明点，而授权点并不一定是专利说明书中所记载的发明点。检索人员在开展专利无效检索时，需要通过专利文件本身，并结合审查意见及审查员所用的对比文件、申请人的意见陈述等综合判断该专利的授权点。

例如，如果审查员评述了不具备创造性的技术方案，申请人对此未进行修改并通过意见陈述最终获得了授权，那么申请人的意见陈述中极大可能包含了令审查员信服的陈述，而这些有说服力的陈述所对应的内容可能就是授权点所在，在进行专利无效检索时应当对其作重点检索。对于一些虽然属于区别特征，但是审查员并未重点评述且申请人也没有进行有效答辩的特征，在专利无效检索中则可以适当放在次要位置。

3. 开拓非常规的检索思路

一项获得授权的发明专利已经经过了审查员的检索，常规的检索数据库、检索方式等大概率已经被采用，从一些检索报告中可以知晓审查员检索到的对比文件中所采用的数据库及检索式等信息。在专利无效检索遇到困境时，可以尝试从一些审查员可能未使用过的检索工具、数据库或检索思路切入，可能会产生意想不到的结果。检索人员在检索实践中发现，使用不同的搜索引擎（如百度、搜狗、360、必应、谷歌等）进行检索，可能导致检索结果的差异巨大。

## 二、专利无效检索的流程

专利无效检索其实是一种技术方案检索。为寻找到最佳、最全的证据链，专利无效检索工作的开展需要遵循规范的流程。

（一）确认目标专利的最新法律状态和权利归属情况

确认目标专利的最新法律状态和权利归属情况，关系到后续专利无效检索及无效宣告请求审查工作的意义，要避免因失误而引起不必要的检索。在开展专利无效检索之前首先需要确定两点：①确定目标专利的申请日或优先权日，这关系到文献从什么时间开始可以作为现有技术的证据；②确定目标专利的技术方案，这关系到在专利无效检索中如何确定检索要素，如何选择关键词或分类号来表达检索要素。这两点是检索到能够否定目标专利新颖性或创造性的证据的基础。

（二）查询目标专利的基本信息

查询到目标专利的申请日、公开日及授权公告日后，可以从目标专利的审查意见通知书、引用文献以及无效诉讼历史档案方面着手。

审查意见通知书中通常会提到审查员针对目标专利所检索到的影响目标专利新颖性或创造性的对比文件，通过查阅目标专利的审查意见通知书，即可得到与目标专利较为相近的对比文件。

尽量了解到目标专利之前的无效诉讼历史情况，特别是在历次诉讼中被原告所采用的所有证据以及证据组合方式。通过提取其中有价值的证据文献，并舍弃无关的证据以及证据组合方式，可以在很大程度上提高效率。

上述方法也可以推演应用到查询目标专利的同族专利的审查意见通知书、引用文献和无效行政诉讼历史方案中。

（三）检索目标专利的权利人的相关专利

检索目标专利的权利人在先申请的相关专利并进行详细解读，是专利无效检索中重要的一环。

由于竞争对手的技术和产品往往与专利权人的专利技术和产品有很大的相似性，双方无论是出于进攻还是防御所作的专利布局很有可能在一定范围内形成交叉，因此从竞争对手的角度切入，去检索能破坏目标专利新颖性和创造性的对比文件，也是一种较为快捷的途径，其间还可能有意外的收获。

（四）分析目标专利的权利要求并提取检索要素

分析目标专利的权利要求并提取检索要素，是比较常规的专利无效检索流程，即从分析目标专利的权利要求开始，在对权利要求的技术特征进行拆分后再提取检索要素。这里的检索要素应尽量包括组件或组分名称、参数范围、连接关系、位置关系、工艺手段等权利要求中的所有技术特征。

（五）表达检索要素与构建检索策略

在表达检索要素方面，重点是检索要素表的制作，其制作过程中最能体现技巧和经验的部分就在主题词的选择和扩展上，扩展角度包括但不限于同义词、近义词、反义词、学名、俗称、缩略词、上位词、下位词等。另外，对于主题词的扩展方式方法，百度、谷歌、维基百科、专业网站或论坛、图书馆、专利数据库等都是可用的渠道。

在构建检索策略方面，比较有效的检索策略是同时包含以下五类检索式的检索模块：仅使用关键词构建检索式、仅使用确切分类号构建检索式、使用关键词配合分类号构建检索式、仅使用专利权人构建检索式或使用专利权人配合关键词或分类号构建检索式。

应选择合适的专利数据库执行检索。不同的专利数据库在数据完整度上会有较大差别，对专利数据库的选择会直接影响到检索结果的命中率。

（六）检索结果证据组合

最后阶段的工作对于检索人员的经验要求较高，特别是在如何把筛选出来的一些对比文件有效地组合成一组证据链方面。不同的组合方式往往会产生不同的效力。如果检索人员在这方面经验不够丰富，可以尽量多尝试几种不同的组合方式，并及时评估不同组合方式所能达到的效果。

以上可看出，专利无效检索的重要性及流程的复杂性。在专利无效检索过程中，数据对于结果的影响非常大，除了在本国和几个主流国家进行检索，还需要获得一些小国家或小语种的相关技术文献，这能够大大提高检索的效率和命中率。另外，检索工具对于检索的意义也很大，一定要选择更为高效的工具进行检索。

## 三、专利无效检索的方法

在检索实践中，专利无效宣告请求程序中所使用的证据是通过专利无效检索获得的。按照专利无效检索的方法分类，可以分为以检索专利证据为目的的快捷检索、基本检索、以检索非专利证据为目的的补充检索（非专利检索）三种。

快捷检索是采用一些特定的检索技巧，较快获得检索结果的检索，但使用这种检索方式要么效率极高，要么无功而返。基本检索则是基于目标专利的技术特征，通过构建检索式进行的全面检索，其优点是准确、全面，缺点是耗费时间较长。在实际工作中，快捷检索和基本检索可能会交叉进行，这样可以兼顾二者的优点，二者也可以相互补充。

（一）快捷检索

通过检索目标专利的审查历史或无效诉讼历史，检索同族专利的审查历史、无效诉讼历史或引证文献，查看专利权人及其竞争对手的在先申请和相关专利等，可以得到目标专利的背景技术、目标专利的同族专利、审查员引用的对比文件、权利人对权利要求的范围界定、权利人答复审查意见通知书时的技术资料、在先诉讼中原告提供的证据文献、权利人技术的延续性线索、竞争对手的技术文件等信息。这些技术文献与目标专利的技术相关度非常高，通过简单阅读即可分析判断其是否属于专利无效检索想要获得的目标证据。

（二）基本检索

基本检索是一种常规的检索方法，其步骤如下。

（1）通过初步构建检索要素表进行试探检索，提取目标专利权利要求中所包含的技术点及其技术效果所对应的关键词和分类号。此阶段主要是提供检索线索，不要求关键词和分类号非常准确和全面。

（2）通过补充检索要素进行再次检索，完善检索要素。将试探检索到的信息补充到原有的检索要素表中，尽可能选用可以同时表达多个检索要素的分类号，并通过扩展关键词、补充专利权人来完善检索要素表。此阶段主要是通过再次检索，加深对目标专利技术内容的理解，提取最为准确的关键词和分类号，确定最为相关的专利权人信息，并将这些信息记录在检索要素表中。

（3）通过关键词、分类号和专利权人的多种组合进行检索式的多角度构建。由于无效证据检索的目标是获得有效证据，其更要求检索的准确性，而不强求检索的全面性，因此检索限定的范围是由小到大逐渐展开的。

例如，仅使用关键词构建检索式是想获得结构、功能和效果的表述都基本相同的文献，仅使用确切分类号构建检索式是想获得应用领域和功能相一致的文献，使用关键词配合分类号构建检索式是想获得在相同应用领域中具有相同技术主题或结构的文献，仅使用专利权人构建检索式或使用专利权人配合关键词或分类号构建检索式，则是在竞争对手技术极为相关的情况下想获得方向性相当明确的文献。这些检索方式可以根据具体技术情况有选择地进行应用。

（三）非专利检索

在专利无效宣告请求程序中，非专利检索是专利检索的重要补充形式，通常包括对搜索引擎、期刊/论文、电子商务网站、技术书籍等进行的检索。

其中，搜索引擎所能检索的范围较为宽泛，其能够检索到的信息除了技术信息外还会包含一些商业信息。采用搜索引擎进行检索，一方面可以了解专利所属的技术领域及行业的基本信息，另一方面还可以了解行业内的主要参与者、主要技术所属国家和地区、主要研发机构的分布等。

期刊/论文和电子商务网站都属于专业化较强的信息源，检索方式都是采用关键词以电子形式进行检索，其优点是表达形式与技术人员的常规表达形式基本相同。对于技术人员来说，在知网、万方、维普、Web of Science、谷歌学术等中检索相关文献或者在电子商务网站调取交易快照里的交易信息，会相对简易。

由于技术书籍中的技术内容往往更具有系统性，作为公知常识或惯用手段的证据以及具体应用效果的证据使用，会有更大的证明力度，并且还有一大部分早期的技术书籍并未电子化，因此检索技术书籍是十分必要的，这是专利无效检索的重要补充形式。在实际检索时，可以选择线上图书馆如超星图书馆，或者实体图书馆进行检索。但由于图书馆仅仅是收藏图书，并未对图书的内容进行系统的分类索引，因此检索的难度较大，所花费的时间也会长一些。

通过上述的专利检索和非专利检索，首先可以把比较相关的证据都先纳入到初步证据范围内，其次经过仔细阅读和精细筛选，选择出其中与总体方案最为相关的证据作为首要无效证据，同时选择出与某些技术特征相关的证据作为辅助无效证据。此后，经过整体性的综合考虑，将这些证据进行不同的组合，以多种方式对目标专利的技术方案进行覆盖，从而达到将目标专利全部无效、部分无效或确定最接近的现有技术的目的。

## 四、专利无效检索案例

（一）基本情况

CN103814680B 发明专利（以下简称“涉案专利”）扉页如图 3－2 所示。

(19) 中华人民共和国国家知识产权局

(12) 发明专利

(10) 授权公告号 CN 103814680 B
(45) 授权公告日 2015.11.18

(21) 申请号 201410081142.5
(22) 申请日 2014.03.06
(73) 专利权人 星光农机股份有限公司
地址 313000 浙江省湖州市南浔区和孚镇星光大街 1688 号
(72) 发明人 朱云飞 冯涛
(51) Int. Cl.
*A01D 41/12*(2006.01)
*A01D 69/06*(2006.01)
(56) 对比文件
CN 201156886 Y, 2008.12.03,
CN 201888101 U, 2011.07.06,
CN 203748253 U, 2014.08.06,
CN 2338961 Y, 1999.09.22,
US 2013125703 A1, 2013.05.23,
WO 2013018696 A1, 2013.02.07,
审查员 郭显杰

权利要求书1页 说明书6页 附图10页

(54) 发明名称
一种作业机械
(57) 摘要
一种作业机械，包括行走装置、液压无级变速、变速箱和变速操纵机构，所述变速操纵机构包括主变速路径、副变速路径、主变速杆、主变速杆安装座、第一连接杆、正牙关节球头、反牙关节球头、拨挡块、副变速杆、第二连接杆、连接叉、拨挡片，所述正牙关节球头安装在所述主变速杆安装座后部，所述主变速杆安装座后部有两个安装孔，所述第一连接杆连接在正牙关节球头的下端，所述反牙关节球头安装在所述第一连接杆下端，所述拨挡块一端固定连接在所述反牙关节球头，另一端连接在液压无级变速背部的轴，所述拨挡块可以绕与所述液压无级变速背部的轴上下摆动，所述副变速杆下端连接有连接叉。本发明采用液压无机变速，在作业挡位选定时，收割机在作业调控速度时一杆就可以完成，简单轻松，提高了工作效率以及作业的安全性。

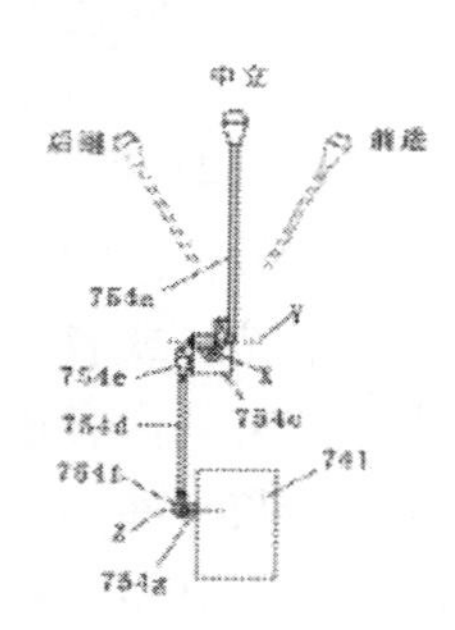


CN 103814680 B

图 3－2　涉案专利扉页

涉案专利的权利要求 1 如下。

一种作业机械，其特征在于：包括行走装置（72）、液压无级变速（741）、变速箱（737）和变速操纵机构（754）；所述变速操纵机构包括主变速路径（S1）、副变速路径（S2）、主变速杆（754a）、主变速杆安装座（754c）、第一连接杆（754d）、正牙关节球头（754e）、反牙关节球头（754f）、拨挡块（754g）、副变速杆（754b）、第二连接杆（754h）、连接叉（754i）、拨挡片（737a）；主变速杆（754a）呈L形，较短轴端套入主变速杆安装座（754c）上的套管内，主变速杆（754a）长轴端竖直向上，主变速杆（754a）可绕与主变速杆（754a）较短轴同心的Y轴左右摆动，主变速杆（754a）与主变速杆安装座（754c）的组合可以绕X轴前后摆动，正牙关节球头（754e）安装在主变速杆安装座（754c）后部的一个孔上，主变速杆安装座（754c）后部有两个安装孔，用于调节正牙关节球头（754e）的安装位置，第一连接杆（754d）连接在正牙关节球头（754e）的下端安装口，反牙关节球头（754f）安装在第一连接杆（754d）下端反牙螺纹上，拨挡块（754g）安装在反牙关节球头（754f）上，另一端连接在液压无级变速（741）背部的轴端，拨挡块（754g）可以绕与液压无级变速（741）背部的轴同心的Z轴上下摆动。

涉案专利说明书附图如图3-3所示。

CN 103814680 B　　说明书附图　　6/10页

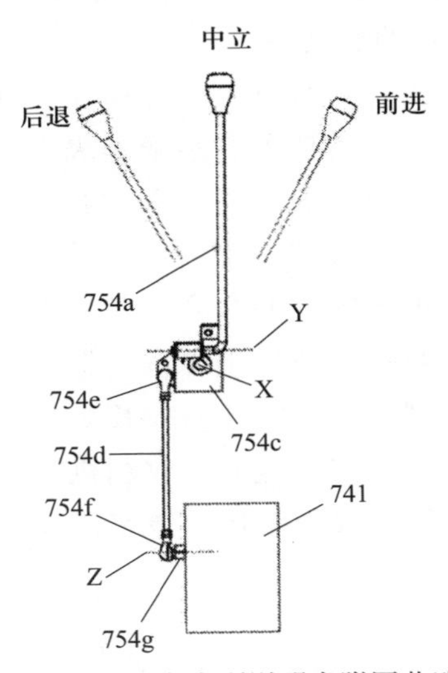


图3-3　涉案专利说明书附图节选

（二）理解目标专利技术方案

在理解目标专利技术方案的过程中，首先要确定目标专利要解决的技术问题。技术问题通常需要仔细阅读说明书的全文，尤其是背景技术部分提及的现有技术的缺陷、发明内容部分描述的目标专利的目的。其次，分析主要技术方案（通常是围绕独立权利要求1中的主要技术特征以及与之对应的具体实施方式中的技术效果）。

其中：目标专利要解决的技术问题是指现有技术的缺陷、本发明的发明目的、主要权利要求能够解决的问题；目标专利的技术方案是指分析相对于现有技术所作出贡献的核心技术特征和主要技术特征；目标专利实现的技术效果是指目标专利对现有技术作出贡献的技术特征所能够带来的直接技术优势。

从涉案专利的说明书中可以得知，涉案专利要解决的技术问题是“联合收割机在运转过程中不可避免地要进行变速操作。传统的联合收割机大多采用机械式变速，因此在作业时要控制联合收割机速度须踩离合器，且要两杆配合操作，结构复杂，操作麻烦，特别在转弯时耗时较长”。权利要求1的技术方案中的核心技术特征是“一种作业机械”，即一种联合收割机的变速系统，主要技术特征是包括行走装置、液压无级变速、变速箱和变速操纵机构，采用了液压无级变速。达到的技术效果是在作业挡位选定时，收割机在作业调控速度时一杆就可以完成，简单轻松，提高了收割机作业效率以及机器作业的安全性。

技术问题、技术方案、技术效果三者相互关联，构成一个有机的整体，包括技术问题能否由所述技术方案来解决，是否能够达到预期的技术效果，技术效果和技术问题是否对应等。经过对涉案专利的深入分析，可以梳理出涉案专利技术方案的三个要素。进一步，可以将涉案专利的技术方案概括为：针对由于传统的联合收割机大多采用机械式变速，因此在作业时要控制联合收割机速度须踩离合器，且要两杆配合操作，结构复杂，操作麻烦，特别在转弯时耗时较长等的技术问题，通过采用液压无级变速，达到在作业挡位选定时，收割机在作业调控速度时一杆就可以完成，简单轻松，提高收割机作业效率以及机器作业的安全性的技术效果。

### （三）确定检索要素

在确定检索要素时，应当重点放在检索对象的技术方案中对现有技术作出贡献的技术特征上，技术问题和技术效果可用来细化、补充和完善这些检索要素。对主要技术方案中的技术特征进行分类，可将技术特征分为核心技术特征、主要技术特征、次要技术特征以及可替代次要技术特征等四种类型。

按照这个思路，涉案专利权利要求书中主要的技术特征可分解为："农业作业机械，联合收割机"作为主要技术特征，其对确定技术领域和分类号具有重要意义；"带有液压无级变速单杆操纵系统"可作为体现发明点的核心技术特征，其构成技术效果的重要支撑；"行走装置、变速箱和变速操纵机构"是构成"关键"从属权利要求的重要部件，可以作为次要技术特征。

（四）提取并表达专利检索要素

根据上述步骤总结的核心技术特征和主要技术特征制作检索要素表，检索要素表的构建见表3－8。

**表3－8　检索要素表的构建**

| 检索要素提取与表达 | 检索要素 | | |
|---|---|---|---|
| | 农业作业机械，联合收割机 | 带有液压无级变速单杆操纵系统 | 行走装置、变速箱和变速操纵机构 |
| 关键词（中文） | | | |
| 关键词（英文） | | | |
| 分类号（IPC） | | | |
| 分类号（CPC） | | | |
| 分类号（EC） | | | |
| 分类号（UC） | | | |

1. 关键词的提取与表达

对关键词的提取，可以先集中在主要技术特征"农业作业机械，联合收割机"上，如农业机械、农机、联合收割机、收割机、收割台、联合收割、收获机械、作物收割等，再对"液压无级变速单杆操纵系统"进行关键词扩展，这部分特征是涉案专利技术方案发明点的核心技术特征，在检索过程中应对这部分特征进行重点分析与表达。

2. 分类号的选取

需要查阅IPC分类表，看是否能够找到比较恰当的分类位置。经过检索，发现小组分类号A01D 41/12（联合收割机的零件）、A01D 69/06（收割机或割草机的驱动机构或其部件的传动装置）与之较为相关，IPC分类表（2023.01版）A部节选见表3－9。在检索过程中，可以查询比较准确的分类号，通过分类号扩展部分关键词。

表 3-9　IPC 分类表（2023.01 版）A 部节选

| 分类号 | 层级 | 内容 |
| --- | --- | --- |
| A01D41/00 | | 联合收割机，即与脱粒装置联合的收割机或割草机［2006.01］ |
| A01D41/02 | . | 自走式联合收割机［2006.01］ |
| A01D41/04 | . | 拖拉机驱动联合收割机［2006.01］ |
| A01D41/06 | . | 带收割台的联合收割机［2006.01］ |
| A01D41/08 | . | 在切割禾秆前进行脱粒的联合收割机［2006.01］ |
| A01D41/10 | . | 带铺条捡拾装置的田间脱粒机［2006.01］ |
| **A01D41/12** | **.** | **联合收割机的零件［2006.01］** |
| A01D41/127 | .. | 专用于联合收割机的控制和测量装置［2006.01］ |
| A01D41/133 | .. | 干燥装置［2006.01］ |
| A01D41/14 | .. | 割草台［2006.01］ |
| A01D41/16 | ... | 割草台与输送器的连接装置［2006.01］ |
| A01D69/00 | | 收割机或割草机的驱动机构或其部件（用于割草机或收割机的切割器的驱动机构入 A01D34/00）［2006.01］ |
| A01D69/02 | . | 电力驱动的［2006.01］ |
| A01D69/03 | . | 液力驱动的［2006.01］ |
| **A01D69/06** | **.** | **传动装置［2006.01］** |
| A01D69/08 | . | 离合器［2006.01］ |
| A01D69/10 | . | 制动器［2006.01］ |
| A01D69/12 | . | 润滑［2006.01］ |

（五）制定检索策略

经过阅读分析需要检索的目标文献，提取关键词与分类号，并进行适当的扩展后，通过检索要素之间的逻辑运算进行检索式构建，并选择合适的专利数据库或者检索平台进行初步检索、检索式调整、补充检索，直至检索到比较合适的对比文件。

（六）检索技巧总结

（1）在理解发明创造技术方案的过程中，对于技术问题通常需要仔细阅读背景技术部分提及的现有技术的缺陷、发明内容部分描述的目标专利的目的，还要分析主要技术方案（通常是围绕独立权利要求中主要技术特征以及与之对应在具体实施方式中的具体技术效果）。

（2）如果可能的话，将发明的核心技术方案或者发明点概括为一句话：XX 的技术问题是通过 XX 解决的。

（3）在确定检索要素时，应当重点放在检索对象的技术方案中对现有技术作出贡献的技术特征上，技术问题和技术效果可用来细化、补充和完善这些检索要素。可将技术特征分为核心技术特征、主要技术特征、次要技术特征以及可替代次要技术特征等四种类型。

（4）在提取关键词时，如果主要技术特征属于功能性限定，则可将目标专利的具体实施例中能够实现所述功能的具体技术特征作为检索词。

（5）在表达检索要素时，可表示与其重要性和准确性成正比的星号数量，以便检索时考虑优先使用顺序。

（6）当检索要素可表达成较为准确的分类号和关键词时，检索策略优先选取钓鱼检索策略。

（7）当检索的关键词属于具体实施方式时，如果数据浏览量不是太大的话，可将这一关键词在专利全文的字段中进行检索，而非仅限于标题、摘要、权利要求等位置。

（8）虽然为了方便检索，而将发明核心技术方案具化为核心技术特征和主要技术特征，但作为检索结果，如果检索到了最接近的现有技术，用于评判是否影响目标专利的新颖性和创造性时，则还需要再次上升到技术方案的层面，看看这些技术特征所起的作用和达到的效果是否相同，即是否采用了与目标专利相同的发明构思。

（9）由于部分专利文献年代久远，在很多专利数据库中没有原文文件，因此在检索时只能凭借发明创造的名称和附图来进行判断。如果现有技术的摘要附图与目标专利的说明书附图相差较多，即使十分相关也非常容易被认为与目标专利的发明构思相差较远，那么应尽可能在全文中搜索关键词，而不能仅凭摘要和摘要附图不相似就轻易排除某一篇对比文献。

# 第五节　防止侵权检索

## 一、防止侵权检索概述

### （一）防止侵权检索的理解

防止侵权检索又称为FTO（freedom to operate）检索、自由实施检索、可实施性检索。是指为了避免发生专利纠纷而主动对某一新技术、新产品进行专利检索的一种检索，其目的是要检索到可能受到其侵害的专利。防止侵权检索，通常用于在制造、使用、销售、许诺销售一种技术产品或服务之前，判断一件他人可执行专利的权利要求书是否主张或覆盖了所述技术产品或服务中涉及的技术方案。

一项技术的自由实施是指实施人可在不侵犯他人专利权的前提下对该技术自由地进行使用和开发，并将通过该技术生产的产品投入市场。产品在立项或上市前可通过防止侵权检索来评估专利侵权风险，基于评估结果可作为不侵权的保证，或对产品进行规避设计来避免侵权并降低涉诉风险。

1. 需要明确专利权的保护范围

发明或者实用新型专利权的保护范围以其权利要求的内容为准，说明书及附图可以用于解释权利要求的内容。外观设计专利权的保护范围以表示在图片或者照片中的该产品的外观设计为准，简要说明可以用于解释图片或者照片所表示的该产品的外观设计。在确定专利权的保护范围时，独立权利要求的前序部分、特征部分和从属权利要求的引用部分、限定部分记载的技术特征均有限定作用。

2. 需要了解如何准确界定权利要求的内容

根据权利要求书的记载，结合本领域普通技术人员阅读说明书及附图后对权利要求的理解，确定权利要求的内容。对于权利要求，可以运用说明书及附图、权利要求书中的相关权利要求、专利审查档案进行解释。说明书对权利要求用语有特别界定的，从其界定。使用上述方法仍不能准确界定权利要求内容的，可以结合工具书、教科书等公知文献以及本领域普通技术人员的通常理解进行解释。

对于权利要求中以功能或者效果表述的技术特征，应当结合说明书和附图描述的该功能或者效果的具体实施方式及其等同实施方式，确定该技术特征的内容。权利要求书、说明书及附图中的语法、文字、标点、图形、符号等存有歧义，但本领域普通技术人员通过阅读权利要求书、说明书及附图可以得出唯一理解的，应当根据该唯一理解予以认定。

运用与专利存在分案申请关系的其他专利及其专利审查档案、生效的专利授权确权裁判文书，可以解释专利的权利要求。其中，专利审查档案，包括专利审查、复审请求审查、无效宣告请求审查程序中专利申请人或者专利权人提交的书面材料，国务院专利行政部门制作的审查意见通知书、会晤记录、口头审理记录、生效的专利复审请求审查决定书和专利权无效宣告请求审查决定书等。

3. 需要明确如何认定被诉侵权产品或技术方案落入专利权的保护范围

判定被诉侵权产品或技术方案是否落入专利权的保护范围，应当审查权利人主张的权利要求所记载的全部技术特征。被诉侵权产品或技术方案包含与权利要求记载的全部技术特征相同或者等同的技术特征的，应当认定其落入专利权的保护范围；被诉侵权产品或技术方案的技术特征与权利要求记载的全部技术特征相比，缺少权利要求记载的一个以上的技术特征，或者有一个以上技术特征既不相同也不等同的，应当认定其没有落入专利权的保护范围。

（二）防止侵权检索的流程

一般来说，防止侵权检索的流程见表3－10。

**表3－10　　防止侵权检索的流程**

| 步骤顺序 | 工作内容 | 成果 |
| --- | --- | --- |
| 1 | 对相关产品/方法进行技术调研、技术分解，确定拟实施专利防止侵权检索的技术方案 | 产品包含的技术方案列表（确定产品/方法技术特征） |
| 2 | 根据确认的技术方案，调研背景技术，收集相关技术的关键词、分类号及竞争对手信息（总公司、子公司、收购合并的公司，同时需要考虑上述公司的受让专利），构建检索策略 | 检索式 |
| 3 | 按照检索策略进行检索；对检索结果进行浏览阅读和筛选，同时调整检索策略，并进行补充检索，确保检索结果的查全率 | 检索结果 |
| 4 | 阅读检索结果中的所有对比文献，根据侵权判定原则，将目标技术方案与检索结果专利的权利要求进行一一比对分析，按照相关性，确定高相关（A类）、中相关（B类）与低相关（C类）的目标专利 | 按照相关性等级分类的专利列表 |
| 5 | 将相关性等级最高的各篇A类专利的保护范围最大的权利要求与目标技术方案进行侵权比对，给出详细的比对表，并给出风险结论；根据技术人员的反馈或确认进行风险级别调整 | 侵权比对表和风险结论 |
| 6 | 给出可行的分析建议和应对策略，包括利用在检索过程中掌握的现有技术或对风险专利本身进行分析得出相关初步结论 | 根据风险结论形成可行的分析建议或应对策略 |
| 7 | 撰写专利防侵权分析报告，给出规避建议 | 检索报告 |

第一步，分解被检索的技术方案：明确所属的技术领域——产品名称（概括产品所属技术领域）；确定技术问题——了解产品的特征（了解技术背景）；明确技术手段——产品采用的具体技术方案（概括技术手段要点）；明确技术效果——产品的优点（概括技术效果）。

第二步与第三步，开展专利检索工作：首先，根据确认的技术方案，调研背景技术，收集相关技术的关键词、分类号及竞争对手公司信息，构建检索策略；其次，进行专利技术信息检索，包括通过主题词/分类号、专利相关人（申请人/发明人）、日期、特定专利号码等检索入口开展检索。检索的首要目的是检索到所有相关的专利文献，注重查全率。

第四步与第五步，针对检索结果进行初步筛选，根据专利的标题、摘要进行初步筛选。其中，很重要的一个步骤是通过申请号或文献号对法律状态进行检索判断，即针对具体专利所处法律状态进行检索，目的是判断该专利是否有效。这一步骤的检索要求是查准。针对检索结果进行精确筛选后，阅读检索结果中的所有文献，根据侵权判定原则，将目标技术方案与检索结果专利的权利要求进行一一比对分析，按照相关性，确定高相关（A 类）、中相关（B 类）与低相关（C 类）的目标专利。结合侵权判断原则进行侵权分析，列出权利要求对照表和侵权风险等级表。

第六步与第七步给出可行的分析建议和应对策略，包括利用在检索过程中掌握的现有技术或对风险专利本身进行分析得出相关初步结论，并在此基础上撰写专利防侵权分析报告。

同时，防止侵权检索中需要明确：检索对象为有效的专利；检索的时间范围为按照检索日向前追溯一定年限，该年限依据各国专利保护期而定；检索的国家/地区范围依据生产/销售产品的国家或地区而定；检索结果的侵权判断，主要依据的是权利要求书。由于防止侵权检索的最终目标是给出关于是否侵权的结论，因此防止侵权检索需要特别注重查全率，忽略查全率会导致该项工作从一开始就面临相关专利可能缺失的问题。同时，如果查准率过低，就会带来大量噪声，增加不必要的工作量。综上，防止侵权检索需要同时兼顾查全率和查准率。

## 二、防止侵权检索案例

本案例为用于防止侵权检索的教学示范案例，以供参考。

（一）检索目的

针对本案例中的目标技术方案（以下简称“涉案发明”）是否存在侵犯中国授权专利或未来可能授权专利的风险进行防止侵权检索。

（二）检索内容

涉案发明的技术主题是“一种机器人用谐波减速器”具体技术方案如下：

“一种机器人用谐波减速器，包括具有内腔的刚轮（a），所述的刚轮（a）的内腔中设有与刚轮（a）相啮合的柔轮组件，所述的柔轮组件内设有谐波发生器（c），其特征在于，所述的刚轮（a）一侧设有装配结构（a1），所述的刚轮（a）的另一侧设有滚子轴承（d），所述的滚子轴承（d）包括同轴设置的外圈（2）和内圈（1），所述的外圈（2）和内圈（1）之间设有滚子结构（3），所述的外圈（2）通过第一连接组件与刚轮（a）相连，所述的内圈（1）通过第二连接组件与柔轮组件相连，所述的内圈（1）上还设有连接结构（6）；所述的装配结构（a1）包括设置于刚轮（a）上的第一装配凸环（a2），所述的第一装配凸环（a2）上设有至少一个第一装配孔/口（a3），且驱动电机通过第三连接件（m1）直接与第一装配凸环（a2）上的第一装配孔/口（a3）固定连接；所述的第一连接组件包括设置于刚轮（a）靠近滚子轴承（d）一侧的第二装配凸环（a4），所述的第二装配凸环（a4）上设有至少一个第二装配孔/口（a5），所述的外圈（2）上设有与第二装配孔/口（a5）相对应的第一连接孔/口（41），所述的第二装配孔/口（a5）和第一连接孔/口（41）通过第一连接件（42）相固连；所述的外圈（2）上设有沿径向方向的环形凸起（22），所述的第一连接孔/口（41）开设于环形凸起（22）上；环形凸起（22）与外圈（2）之间设有第一台阶结构（23），第二装配凸环（a4）与刚轮（a）之间设有与第一台阶结构（23）相配和的第二台阶结构（a6），第一台阶结构（23）与相配和的第二台阶结构（a6）之间设有密封环（a7）；所述的柔轮组件包括柔轮（b），所述的柔轮（b）后端设有与刚轮（a）的内齿部相啮合的外齿部（b1），所述的外齿部（b1）的内侧设有与外齿部（b1）相抵靠且套设于谐波发生器（c）外侧的柔性轴承（9），所述的柔轮（b）前端设有与内圈（1）相连且厚度大于柔轮（b）前壁的连接部（b2）；所述的第二连接组件包括第二连接件（52）和至少一个开设于内圈（1）上的第二连接孔/口（51），所述的连接部（b2）的一侧抵靠于内圈（1），连接部（b2）的另一侧设有柔性垫片（e），所述的第二连接件（52）依次穿过柔性垫片（e）、连接部（b2）后与第二连接孔/口（51）相连；柔性轴承（9）包括柔性内圈和柔性外圈，柔性内圈和柔性外圈之间设有环形腔，环形腔内设有柔性轴承保持架（91），柔性轴承保持架（91）靠近滚子轴承（d）的一侧设有阻挡圈体（92），阻挡圈体（92）上设有若干与阻挡圈体（92）垂直设置且将环形腔分成多个用于放置滚珠的容置空间的挡板（93），挡板（93）与滚珠相邻的侧面为弧形凹面（94）；谐波发生器（c）上设有能够防止阻挡圈体（92）脱落环形腔的阻挡外圈（c1），阻挡外圈（c1）的前端设有用于连接驱动机构输出端的连接端部（c2），连接端部（c2）通过螺钉与驱动电机（M）的输出轴固定连接或者在连接端部（c2）上开设顶丝孔，通过顶杆将驱动电机（M）的输出轴进行固定。”

涉案发明提供的机器人用谐波减速器主视图、剖视图、立体图分别如图3-4、图3-5、图3-6所示。

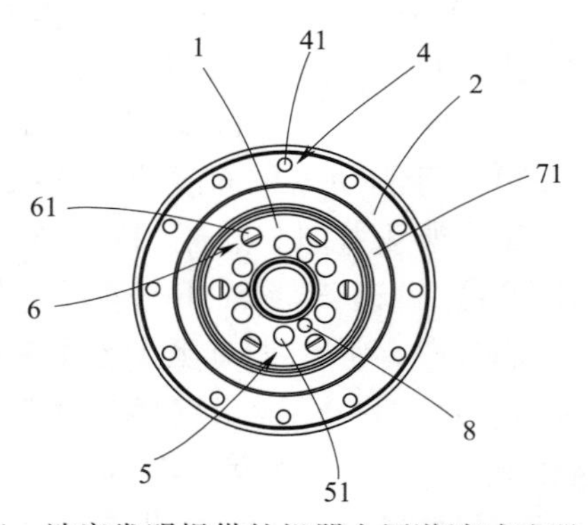


图3-4 涉案发明提供的机器人用谐波减速器主视图

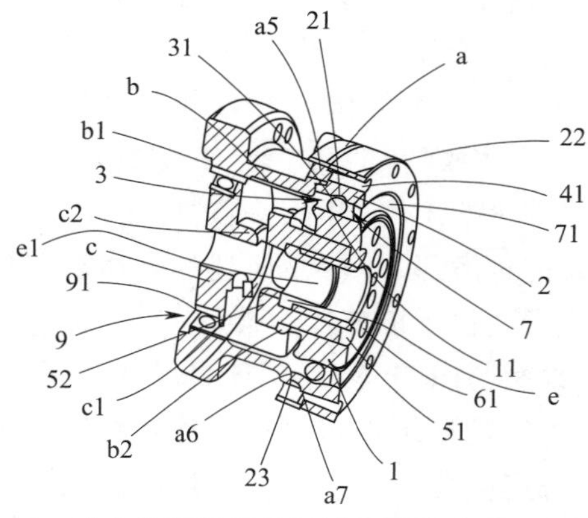


图3-5 涉案发明提供的机器人用谐波减速器剖视图

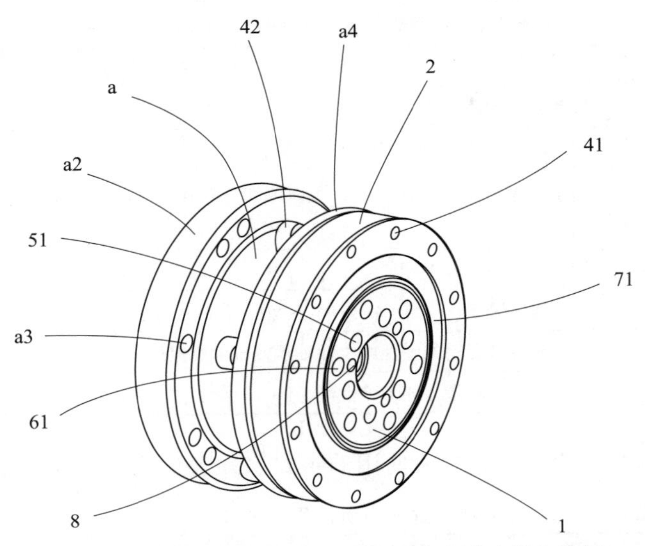


图 3－6　涉案发明提供的机器人用谐波减速器立体图

（三）检索过程

1. 检索数据库

根据检索目的、检索主题以及检索的国家和地区，选取智慧芽（patsnap）全球专利数据库进行检索。

2. 检索范围

本案例中，专利检索范围为中国专利和专利申请以及 PCT 专利国际申请。中国专利和专利申请的检索期限为按检索日向前追溯 20 年，PCT 专利国际申请的检索期限为按检索日向前追溯 3 年。检索截止日为 2023 年 1 月 1 日。

3. 检索策略

检索方法和策略是专利检索与分析的重要方面。用于本案例中的检索策略具体如下：根据对检索的技术主题中技术内容的分析，选取合适的关键词，构建检索式进行检索；按照 IPC 和 CPC 两种专利分类体系确定检索的技术主题的主分类和副分类，并进行相关分类号检索；根据实际检索需要，将主分类和所选择的关键词进行必要和有效的结合；对于重要专利的引证文献，进行向前引证和向后引证检索；对于重点关注的公司，进行公司的申请人/专利权人检索。

（1）本案例检索过程中所使用的 IPC 和 CPC 分类号见表 3－11。

**表 3-11　　本案例检索过程中使用的 IPC 和 CPC 分类号**

| 分类号 | 含义 |
| --- | --- |
| F16H49/00 | 传动装置的一般零件 |
| F16H49/001 | 波传动装置，例如谐波驱动传动装置 |
| F16H55/00 | 用于传送运动的带有齿或摩擦面的元件；用于传动机构的蜗杆、皮带轮或滑轮 |
| F16H57/00 | 传动装置的一般零件 |
| B25J9/1025 | 谐波传动装置 |
| F16C27/00 | 专用于旋转运动的弹性或柔性轴承或轴承支撑件 |
| F16C27/04 | 滚珠或滚柱轴承，如带弹性滚动件 |

（2）本案例检索过程中所使用的主要检索表达式见表 3-12。

**表 3-12　　本案例检索过程中所使用的主要检索表达式**

| 序号 | 检索表达式 | 检索结果 |
| --- | --- | --- |
| 1 | （APD：[20030101 TO *] AND AUTHORITY：(CN)) OR (APD：[20200101 TO *] AND AUTHORITY：(WO)) | 48210250 |
| 2 | TAC：(谐波减速机 OR 谐波减速器 OR 谐波传动减速器) OR IPC_ CPC：(F16H49/001 OR B25J9/1025) | 10356 |
| 3 | TAC：(轴承 OR Bearing OR 滚珠 OR ball OR 滚轮 OR "scroll wheel" OR 滚子 OR roller) | 11603246 |
| 4 | S1 AND S2 AND S3 | 2053 |
| 5 | TAC_ ALL：(谐波变速 OR 谐波减速 OR 波发生器 OR 谐波传动) | 199635 |
| 6 | TAC：（滚子 OR 滚珠 OR 滚柱 OR 滚球 OR 滚轴）OR IPC_ CPC：(F16C27/04) | 748593 |
| 7 | S1 AND S5 AND S6 | 3124 |
| 8 | S7 NOT S4 | 2412 |
| 9 | TACD：（（刚轮 OR 钢轮） $ W5 （一体 OR 代理 OR 取代 OR 取消）) | 326 |
| 10 | S1 AND （S2 OR S5） AND S9 | 156 |
| 11 | ALL_ AN：[北京柏惠维康科技股份有限公司 OR 浙江来福谐波传动股份有限公司 OR 浙江环动机器人关节科技有限公司 OR 深圳市大族精密传动科技有限公司 OR 大族激光科技产业集团股份有限公司 OR 苏州绿的谐波传动科技股份有限公司 OR 华研谐波传动（山东）有限公司 OR 舍弗勒技术股份两合公司 OR 中山早稻田科技有限公司 OR 南通振康机械有限公司 OR 四川福德机器人股份有限公司] | 73476 |

续表

| 序号 | 检索表达式 | 检索结果 |
|---|---|---|
| 12 | S1 AND S11 AND（S2 OR S5） | 362 |
| 13 | CITEORCITEDBY：（CN218000322U OR CN214465578U OR CN207213081U OR CN212203027U OR CN212251040U OR CN112855761A） | 8 |
| 14 | S4 OR S7 OR S10 OR S12 OR S13 | 4356 |

（四）专利侵权分析判定原则

（1）判断技术方案是否与其他产品（工艺或设备）具有同样的功能和作用，如果该技术方案的功能和作用是其他产品（工艺或设备）明显不具备的，则不需要进行技术特征的对比分析，认定不侵犯专利权。

（2）对每项专利只分析独立权利要求。如果法院认定独立权利要求侵权成立，则不再分析其他从属权利要求，认定侵犯专利权；如果法院认定独立权利要求侵权不成立，则其保护范围更小的从属权利要求当然不侵犯专利权。

（3）对于一项专利中有多个独立权利要求的，由于其保护范围存在差异，因此需要对每个独立权利要求分别进行分析。

（4）在具体的技术特征对比分析中，要运用全面覆盖原则、等同原则、禁止反悔原则、捐献原则等进行具体判断。

（五）侵权分析

1. 技术方案1

技术方案1公开了“一种一体式谐波减速器”，包括端部套装配合在一起的第一刚轮和第二刚轮，处于套装区域的第一刚轮和第二刚轮之间转动安装有多个滚子，第一刚轮和第二刚轮之间形成柔轮安装腔；第一刚轮的内壁上设有刚轮传动齿，位于柔轮安装腔内设有柔轮，位于柔轮一端的外壁上设有与刚轮传动齿轮啮合的柔轮传动齿，柔轮的另一端设有向柔轮中心折弯成型的连接法兰，连接法兰与第二刚轮连接；柔轮的内壁上紧密配合有波发生器。通过第一刚轮、滚子和第二刚轮的配合，实现了传统结构中交叉滚子轴承与刚轮的集成优化设计，有效减小了谐波减速器的厚度和外形尺寸以及柔轮的长度，达到了体积小、重量轻的目的；同时，不影响谐波减速器的输出扭矩和刚性。

技术方案1附图如图3－7所示。

（1）技术方案1与涉案发明的技术特征比对见表3－13。

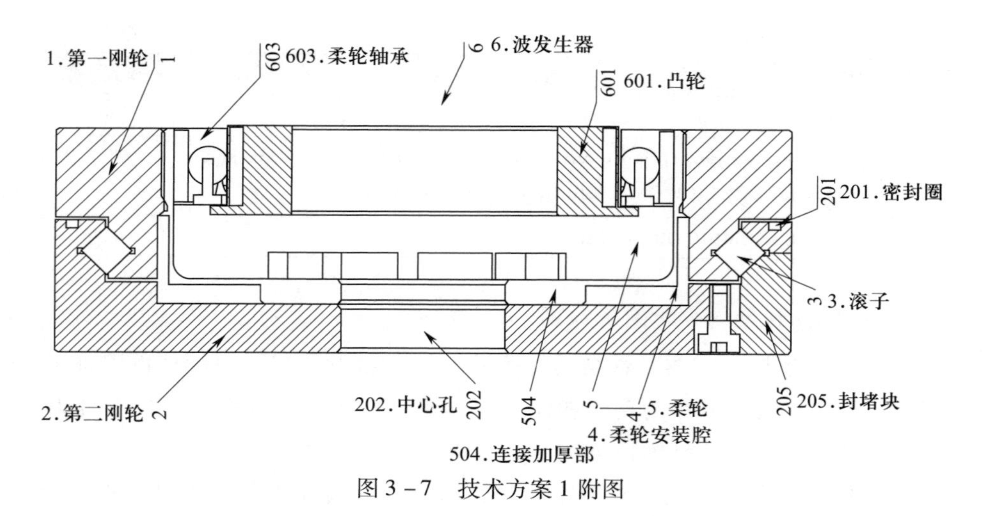


图 3－7　技术方案 1 附图

**表 3－13　　　技术方案 1 与涉案发明的技术特征比对**

| 技术方案 1 的技术特征 | | 涉案发明的技术特征（相同或等同为√，不同为×） | 侵权风险等级 |
|---|---|---|---|
| 权利要求1 | 一种一体式谐波减速器，其特征在于，包括端部套装配合在一起的第一刚轮和第二刚轮，处于套装区域的所述第一刚轮和所述第二刚轮之间转动安装有多个滚子，所述第一刚轮和所述第二刚轮之间形成柔轮安装腔 | √ | 低风险 |
| | 所述第一刚轮的内壁上设有刚轮传动齿，位于所述柔轮安装腔内设有柔轮，位于所述柔轮一端的外壁上设有与所述刚轮传动齿啮合的柔轮传动齿，**所述柔轮的另一端设有向所述柔轮中心折弯成型的连接法兰，**所述连接法兰与所述第二刚轮连接 | × | |
| | 所述柔轮的内壁上紧密配合有波发生器 | √ | |

（2）结论。综上可知，涉案发明与技术方案 1 的目的相同，检索的技术主题已知的技术特征与技术方案 2 的权利要求 1 要求保护的“柔轮的另一端设有向所述柔轮中心折弯成型的连接法兰”不同，检索的技术主题的机器人用谐波减速器的柔轮为筒形，柔轮无折弯特征。根据专利侵权分析判定原则，涉案发明对于技术方案 2 的权利要求 1，侵权风险等级为低风险。

2. 技术方案2

技术方案2公开了“一种帽型谐波减速机”，属于谐波减速器领域，目的在于通过对谐波减速器的结构进行改进，以提高帽型谐波减速机的精度和可靠性。其包括波发生器、柔轮、配合组件，柔轮包括柔轮本体、与柔轮本体相连为一体的柔轮圆环，所述柔轮本体的外壁周向上设置有外齿，波发生器通过轴承设置在柔轮本体的内圆周上。采用前述结构的帽型谐波减速机，在第一端盖、刚轮上需要分别设置安装孔，第一端盖与刚轮之间需要相互配合，谐波减速机作为一种高精密的传动器械，这对部件的加工精度和装配提出了更高的要求。

与现有技术不同，发明人对帽型谐波减速机的组成部件进行了结构改进，采用了全新的组合配件作为减速机的一部分，将原有的第一端盖、刚轮采用一体设计，或将原有的第一端盖、刚轮与交叉滚子轴承内圈采用一体设计。基于结构的改进，原设计中第一端盖与刚轮的通孔的配对加工精度要求得到降低，或取消了原设计中第一端盖、刚轮与交叉滚子轴承内圈的通孔，自然降低了对于减速机零件的加工精度要求，也减少了相应装配所带来的系统误差，有利于保证帽型谐波减速机的精度，增加其工作的稳定性和精确性。通过结构优化，使得输出更加稳定、精确，增加了谐波减速机工作的稳定性和精确性；同时，基于部件的改进，简化了帽型谐波减速机的装配工序，提高了企业的生产效率。经实际测试，该帽型谐波减速机在使用过程中，运动精度高，运动平稳，噪声小，传动效率高，使用寿命也得到了一定的提升。

技术方案2附图如图3－8所示。

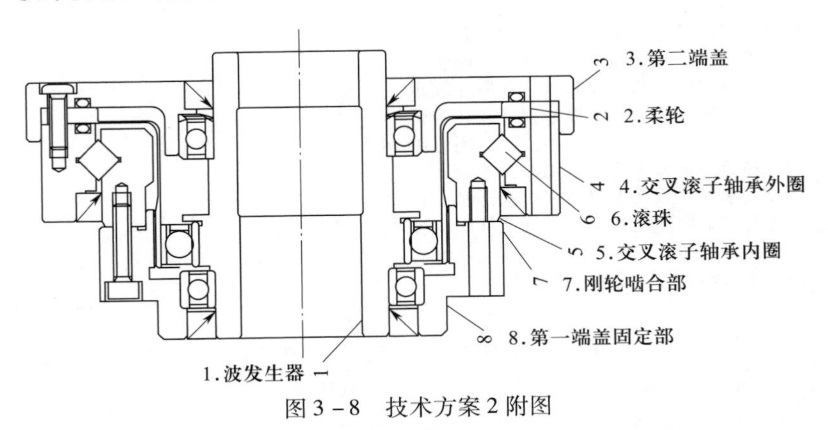


图3－8 技术方案2附图

（1）技术方案2与涉案发明的技术特征比对见表3－14。

表 3-14　　技术方案 2 与涉案发明的技术特征比对

| | 技术方案 2 的技术特征 | 涉案发明的技术特征（相同或等同为√，不同为×） | 侵权风险等级 |
|---|---|---|---|
| 权利要求1 | 一种帽型谐波减速机，其特征在于，包括波发生器、柔轮、配合组件，所述柔轮包括柔轮本体、与柔轮本体相连为一体的柔轮圆环，所述柔轮本体的外壁周向上设置有外齿，所述波发生器通过轴承设置在柔轮本体的内圆周上 | √ | 低风险 |
| | 所述配合组件包括**交叉滚子轴承**、刚轮端盖一体件，所述交叉滚子轴承包括交叉滚子轴承外圈、交叉滚子轴承内圈、滚珠，所述交叉滚子轴承外圈与交叉滚子轴承内圈相配合且滚珠交叉排列在交叉滚子轴承外圈与交叉滚子轴承内圈之间；所述刚轮端盖一体件包括刚轮啮合部、第一端盖固定部，所述刚轮啮合部呈环状且刚轮啮合部的内壁周向上设置有内齿，所述柔轮本体的外圆周设置在刚轮啮合部的内圆周上，所述柔轮本体外壁周向上的外齿与刚轮啮合部内壁周向上的内齿相啮合；所述刚轮啮合部与第一端盖固定部采用一体成型；所述刚轮端盖一体件上设置有第一连接通孔且螺钉或螺杆能穿过第一连接通孔将刚轮端盖一体件与交叉滚子轴承内圈固定连接 | × | |
| | 或所述配合组件包括**交叉滚子轴承外圈、滚珠**、一体连接件，所述一体连接件包括轴承内圈部、刚轮啮合部、第一端盖固定部，所述轴承内圈部呈环状且轴承内圈部的外圆周上设置有用于与滚珠相配合的滑槽，所述刚轮啮合部呈环状且刚轮啮合部的内壁周向上设置有内齿，所述柔轮本体的外圆周设置在刚轮啮合部的内圆周上，所述柔轮本体外壁周向上的外齿与刚轮啮合部内壁周向上的内齿相啮合；所述轴承内圈部、第一端盖固定部分别设置在刚轮啮合部的两端，所述轴承内圈部、刚轮啮合部与第一端盖固定部采用一体成型；所述交叉滚子轴承外圈与轴承内圈部相配合且滚珠交叉排列在交叉滚子轴承外圈与轴承内圈部之间；所述一体连接件上设置有用于实现动力传递的第三连接孔 | × | |

（2）结论。综上可知，涉案发明与技术方案 2 的目的相同，检索的技术主题已知的技术特征与技术方案 2 的权利要求 1 要求保护的“交叉滚子轴承”不同，检索的技术主题的机器人用谐波减速器无独立的交叉滚子轴承。根据专利侵权分析判定原则，涉案发明对于技术方案 2 的权利要求 1，

侵权风险等级为低风险。

3. 技术方案3

技术方案3公开了“一种谐波减速器、机械臂及机器人”。该谐波减速器包括波发生器、柔轮以及刚轮组件，刚轮组件包括内圈、外圈以及滑动轴承，柔轮分别与外圈和内圈啮合，滑动轴承设置于内圈与外圈之间，滑动轴承的轴线与刚轮组件的轴线共线，波发生器设置在柔轮内并驱动柔轮变形，以使柔轮的不同位置与内圈啮合，并驱动内圈通过滑动轴承相对于外圈转动。该谐波减速器可以有效减小体积，并且有更好的带负载能力以及抗弯能力，也更灵活。

技术方案3附图如图3－9所示。

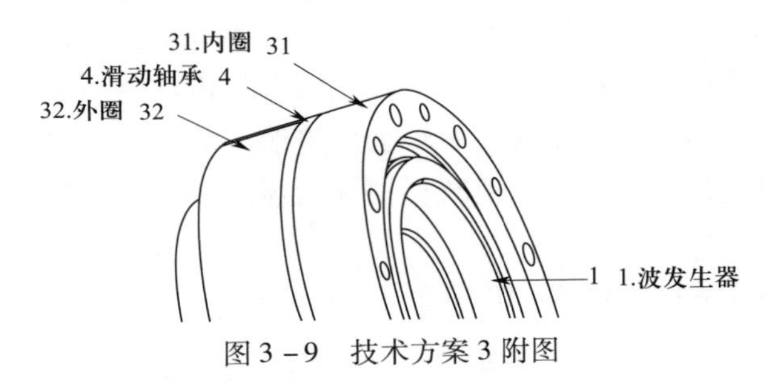


图3－9　技术方案3附图

（1）技术方案3与涉案发明的技术特征比对见表3－15。

**表3－15　　技术方案3与涉案发明的技术特征比对**

| | 技术方案3的技术特征 | 涉案发明的技术特征（相同或等同为√，不同为×） | 侵权风险等级 |
|---|---|---|---|
| 权利要求1 | 一种谐波减速器，其特征在于，包括：波发生器（1）、柔轮（2）以及刚轮组件（3），所述刚轮组件（3）包括内圈（31）、外圈（32）以及**滑动轴承**（4），所述柔轮（2）分别与所述外圈（32）和所述内圈（31）啮合，所述滑动轴承（4）设置于所述内圈（31）与所述外圈（32）之间，所述滑动轴承（4）的轴线与所述刚轮组件（3）的轴线共线 | × | 低风险 |
| | 所述波发生器（1）设置在所述柔轮（2）内并驱动所述柔轮（2）变形，以使所述柔轮（2）的不同位置与所述内圈（31）啮合，并驱动所述内圈（31）通过所述**滑动轴承**（4）相对于所述外圈（32）转动 | × | |

（2）结论。综上可知，涉案发明与技术方案 3 的目的相同，检索的技术主题已知的技术特征与技术方案 3 的权利要求 1 要求保护的“滑动轴承”不同，检索的技术主题的机器人用谐波减速器为非滑动轴承。根据专利侵权分析判定原则，涉案发明对于技术方案 3 的权利要求 1，侵权风险等级为低风险。

4. 技术方案 4

技术方案 4 公开了“一种谐波减速器、机械臂及机器人”。该谐波减速器包括波发生器、柔轮以及刚轮组件，刚轮组件包括内圈、外圈和滚子，滚子设置于内圈和外圈之间，柔轮的外壁具有沿柔轮的轴向设置的第一外齿组以及第二外齿组，第一外齿组与第二外齿组之间的柔轮的外壁上设置有环形凹槽，外圈与第一外齿组啮合，内圈与第二外齿组啮合，波发生器设置在柔轮内并驱动柔轮变形，以使第二外齿组的不同位置与内圈啮合，并驱动内圈通过滚子相对外圈转动。该谐波减速器可以有效降低谐波减速器在长时间工作后柔轮出现断裂损坏的风险，能够保证谐波减速器的性能要求。

技术方案 4 附图如图 3－10 所示。

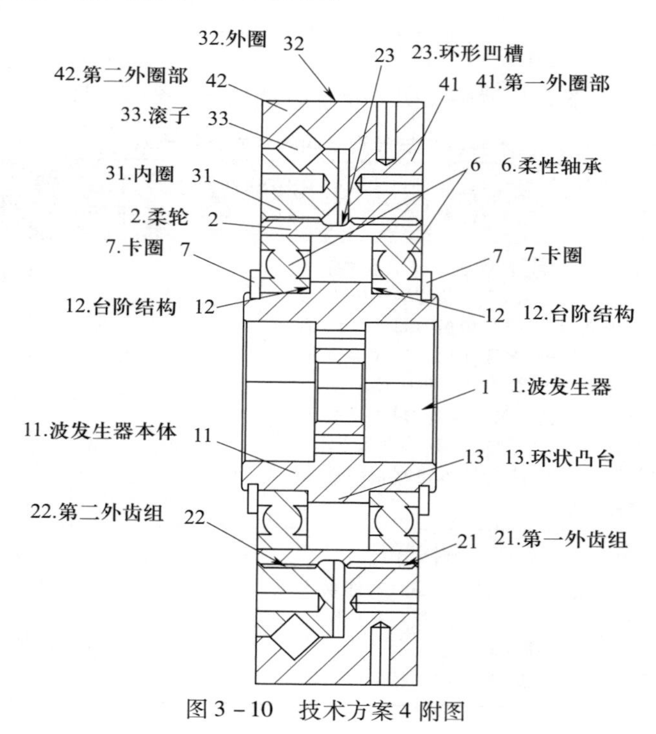


图 3－10　技术方案 4 附图

（1）技术方案4与涉案发明的技术特征比对见表3-16。

**表3-16　　技术方案4与涉案发明的技术特征比对**

<table>
<tr><th colspan="2">技术方案4的技术特征</th><th>涉案发明的技术特征（相同或等同为√，不同为×）</th><th>侵权风险等级</th></tr>
<tr><td rowspan="3">权利要求1</td><td>一种谐波减速器，其特征在于，包括：波发生器（1）、柔轮（2）以及刚轮组件（3），所述刚轮组件（3）包括内圈（31）、外圈（32）和滚子（33），所述滚子（33）设置于所述内圈（31）和所述外圈（32）之间</td><td>√</td><td rowspan="3">低风险</td></tr>
<tr><td>所述柔轮（2）的外壁具有沿所述柔轮（2）的轴向设置的第一外齿组（21）以及第二外齿组（22），所述第一外齿组（21）与所述第二外齿组（22）之间的所述柔轮（2）的外壁上设置有环形凹槽（23）</td><td>×</td></tr>
<tr><td>所述外圈（32）与所述第一外齿组（21）啮合，所述内圈（31）与所述第二外齿组（22）啮合，所述波发生器（1）设置在所述柔轮（2）内并驱动所述柔轮（2）变形，以使所述第二外齿组（22）的不同位置与所述内圈（31）啮合，并驱动所述内圈（31）通过所述滚子（33）相对所述外圈（32）转动</td><td>√</td></tr>
</table>

（2）结论。综上可知，涉案发明与技术方案4的目的相同，检索的技术主题已知的技术特征与技术方案4的权利要求1要求保护的“所述柔轮（2）的外壁上设置有环形凹槽（23）”不同，检索的技术主题的机器人用谐波减速器柔轮的外壁无环形凹槽。根据专利侵权分析判定原则，涉案发明对于技术方案4的权利要求1，侵权风险等级为低风险。

其余专利的独立权利要求与检索的技术主题存在具有明显区别的技术特征，此处不再详细分析。

（六）专利侵权分析结论

按照本案例所使用的检索策略，在所述检索数据库中检索专利及专利申请，对检索得到的专利文献进行阅读分析，从中选择出4篇高相关的专利以及专利申请进行技术特征比对。从侵权分析结果来看，未发现存在显著的专利侵权风险，后续可以针对高相关的专利及专利申请企业进行持续关注。

从专利的稳定性来看，高相关的专利都是实用新型专利，由于其权利要求不经过实质审查即可直接授权，因此其权利要求保护范围的稳定存在不确定性。同时，可视情况监控高相关的专利是否提出专利权评价报告，以方便了解其专利的被评价情况。

从专利的可规避性来看，虽然高相关的专利都是授权专利，但目前权利要求的保护范围较小，涉案发明没有落入其保护范围内。

## 三、专利侵权判定

《专利法》将专利分为三种类型，即发明专利、实用新型专利和外观设计专利。其中，发明专利和实用新型专利的侵权判定规则与外观设计专利的侵权判定规则大有不同，需要根据不同的专利类型分别适用不同的侵权判定规则。

对于发明专利、实用新型专利侵权纠纷案件，法院在判定是否构成侵权时一般会适用以下判定规则：①审查涉案专利的有效性；②确定涉案专利的保护范围；③确定侵权产品或方法是否落入涉案专利的保护范围；④确定被告的抗辩理由是否成立。

### （一）审查涉案专利的有效性

法院在审查涉案专利有效性的过程中，会涉及以下问题。

1. 原告需提交专利权评价报告

在申请发明专利的过程中，国务院专利行政部门会对发明专利申请进行初步审查和实质审查。然而，对于实用新型专利和外观设计专利申请，国务院专利行政部门则只进行形式审查，而不进行实质审查。未经过实质审查的专利，其稳定性不足。

根据《专利法》第六十六条，专利侵权纠纷涉及实用新型专利或者外观设计专利的，人民法院或者管理专利工作的部门可以要求专利权人或者利害关系人出具由国务院专利行政部门对相关实用新型或者外观设计进行检索、分析和评价后作出的专利权评价报告，作为审理、处理专利侵权纠纷的证据；专利权人、利害关系人或者被控侵权人也可以主动出具专利权评价报告。根据《最高人民法院关于审理专利纠纷案件适用法律问题的若干规定（2020 修正）》第四条，根据案件审理需要，人民法院可以要求原告提交检索报告或者专利权评价报告。原告无正当理由不提交的，人民法院可以裁定中止诉讼或者判令原告承担可能的不利后果。

在实用新型专利、外观设计专利侵权纠纷案件中，原告一般需要向人民法院提交一份专利权评价报告，以证明其专利已经过国家知识产权局的实质审查，具有稳定性。若原告不提交专利权评价报告，则会面临不利后果，如不予立案、驳回起诉等。

以某外观设计专利侵权纠纷案件为例，人民法院认为，由于涉案专利系外观设计专利，未经过实质审查，具有相对不稳定的特点，要求原告提交检索报告或专利权评价报告，而原告一直未能提交。同时，被告提交了现有设计抗辩和先用权抗辩的初步证据，在此情形下，人民法院再次向原告释明其应当提交涉案专利的检索报告或专利权评价报告，并告知了有关法律规定。原告表示，其未向国家知识产权局提交专利检索申请。据此，人民法院认为，原告未能举证证明其涉案专利合法、稳定，尚不符合起诉条件，遂驳回其起诉。

2. 关于被告申请中止诉讼的处理规则

在专利侵权纠纷案件中，原告起诉后，被告往往会采取一些反制措施，其中较为常见的是对原告的专利提出无效宣告请求。被告在提出无效宣告请求后，可向受理专利侵权案件的人民法院提出中止诉讼，等待原告专利无效宣告请求审理的结果。

根据《最高人民法院关于审理专利纠纷案件适用法律问题的若干规定(2020 修正)》第五条，人民法院受理的侵犯实用新型、外观设计专利权纠纷案件，被告在答辩期间内请求宣告该项专利权无效的，人民法院应当中止诉讼，但具备下列情形之一的，可以不中止诉讼：①原告出具的检索报告或者专利权评价报告未发现导致实用新型或者外观设计专利权无效的事由的；②被告提供的证据足以证明其使用的技术已经公知的；③被告请求宣告该项专利权无效所提供的证据或者依据的理由明显不充分的；④人民法院认为不应当中止诉讼的其他情形。

由此可知，原告向人民法院提交检索报告或者专利权评价报告的重要性。

3. 原告的专利权被国务院专利行政部门宣告无效后，审理侵犯专利权纠纷案件的一审法院处理规则

根据《最高人民法院关于审理侵犯专利权纠纷案件应用法律若干问题的解释（二）（2020 修正）》第二条规定，权利人在专利侵权诉讼中主张的权利要求被国务院专利行政部门宣告无效的，审理侵犯专利权纠纷案件的人民法院可以裁定驳回权利人基于该无效权利要求的起诉。有证据证明宣告上述权利要求无效的决定被生效的行政判决撤销的，权利人可以另行起诉。专利权人另行起诉的，诉讼时效期间从该条第二款所称行政判决书

送达之日起计算。

由此可知，若国务院专利行政部门经审查后作出宣告专利权无效的决定，审理侵犯专利权纠纷案件的法院可以驳回原告的起诉。由于国务院专利行政部门作出的无效宣告请求审查决定被法院判决撤销的概率较低，因而司法解释作出规定，人民法院可依据国务院专利行政部门作出的无效宣告请求审查决定驳回起诉。若是该决定之后被行政判决撤销，法律也赋予了权利人可以重新起诉的权利。

4. 原告的专利权被国务院专利行政部门宣告无效后，审理侵犯专利权纠纷案件的二审法院处理规则

北京市高级人民法院《专利侵权判定指南（2017）》第10条规定，当事人不服一审判决向二审法院提起上诉，在终审判决作出前，一审判决所依据的权利要求被专利复审委员会宣告无效的，一般应当撤销一审判决，裁定驳回权利人基于该被宣告无效的权利要求的起诉。但是，有证据证明专利权人在法定期限内针对无效决定提起行政诉讼，在综合考虑在案证据、涉案专利技术难度、被告抗辩理由等因素的情况下，根据当事人的申请，可以裁定中止二审案件的审理。有证据证明专利复审委员会宣告上述权利要求无效的决定被生效的行政判决撤销，权利人另行起诉的，在没有新的事实的情况下，应当参照原一审判决认定的事实和证据作出判决。

由此可知，若国务院专利行政部门宣告原告的专利权无效的决定是在审理侵犯专利权纠纷案件的二审阶段作出的，则二审法院原则上应当撤销一审判决，驳回原告起诉；但是，如果专利权人对该无效决定提起行政诉讼，则二审法院可以在综合考虑相关因素的情形下，根据当事人的申请，裁定中止二审案件的审理，等待行政诉讼的结果。另外，若二审法院选择撤销一审判决，驳回原告起诉后，宣告权利要求无效的决定被生效的行政判决撤销，权利人又另行起诉的，则受理另行起诉的一审法院在没有新的事实的情况下应当参照原一审判决认定的事实和证据作出判决。

（二）确定涉案专利的保护范围

在专利侵权判定中，第二步是需要确定涉案专利的保护范围。专利权的保护范围以权利要求为依据，然而，由于权利要求的撰写非常抽象，在绝大部分专利侵权纠纷案件中，人民法院都要求当事人对权利要求进行解释，从而确定专利权的保护范围。涉案专利保护范围的确定决定着被告的

被诉侵权专利是否落入原告专利权的保护范围。

（三）确定侵权产品或方法是否落入涉案专利的保护范围

人民法院在确定原告专利权的保护范围后，会分析被诉侵权产品或方法是否落入涉案专利的保护范围，若落入则构成侵权，若不落入则不构成侵权。人民法院在认定被诉侵权产品或方法是否落入涉案专利的保护范围时，一般根据以下原则进行判定：全面覆盖原则、等同原则、禁止反悔原则、捐献原则。以上为司法实务中人民法院使用较多的原则，目前多余指定原则已不为法院所适用。

1. 全面覆盖原则

根据《最高人民法院关于审理侵犯专利权纠纷案件应用法律若干问题的解释》第七条，被诉侵权技术方案包含与权利要求记载的全部技术特征相同或者等同的技术特征的，人民法院应当认定其落入专利权的保护范围。

专利权利要求书中的每一项权利要求都包含一个独立的技术方案。《最高人民法院关于审理侵犯专利权纠纷案件应用法律若干问题的解释》第七条规定中的"权利要求记载的全部技术特征"，是当事人主张的任意一项权利要求所对应的一个技术方案中的全部技术特征，而既不是当事人主张的全部权利要求所记载的全部技术特征，也不是权利要求书中记载的全部权利要求所记载的全部技术特征。

全面覆盖原则是指应当审查被诉侵权技术方案是否包含了权利人主张的涉案专利任意一项权利要求的全部技术特征，只要被诉侵权技术方案包含了权利人主张的任意一项权利要求的全部技术特征，就应当认定其落入涉案专利的保护范围，使用了被诉侵权技术方案的产品即为侵权产品。换言之，若原告主张被告侵犯了涉案专利中的多个权利要求，则只要被诉侵权技术方案的技术特征全面覆盖了其中的一个权利要求，就应认定其落入涉案专利的保护范围。

以某发明专利侵权纠纷案件为例，一审被告认为涉案专利权利要求共计 10 项，一审法院仅对比了其中 7 项，对权利要求 6、8、10 项未进行对比，违反了全面覆盖原则。二审法院经审查后认为，一审原告作为专利权人明确在本案中要求以涉案专利的权利要求 1、2、3、4、5、7、9 项作为专利权的保护范围，一审法院将被诉侵权产品及方法中相应的技术特征与权利要求 1、2、3、4、5、7、9 项记载的技术特征进行比对，并无不当。由此可见，被告对全面覆盖原则的理解并不充分。

2. 等同原则

（1）等同原则的概念。在专利侵权判断中，应将被诉侵权技术方案中的技术特征与原告主张涉案专利的权利要求记载的技术特征进行一一对比，在全面覆盖原则的基础上，运用相同或者等同原则进行判定。在司法实践中，等同原则适用较多。

根据《最高人民法院关于审理专利纠纷案件适用法律问题的若干规定(2020 修正)》第十三条第二款，等同特征是指与权利要求所记载的技术特征以基本相同的手段，实现基本相同的功能，达到基本相同的效果，并且本领域普通技术人员在被诉侵权行为发生时无需经过创造性劳动就能够联想到的特征。可简称为“三基本相同 + 无需创造性劳动”。

被诉侵权技术方案有一个或者一个以上技术特征与权利要求中的相应技术特征从字面上看不相同，但是属于等同特征，在此基础上，被诉侵权技术方案被认定落入专利权保护范围的，属于等同侵权。

（2）功能性特征的等同判定规则。功能性特征有些特殊，其等同判定规则会稍有不同。

根据《最高人民法院关于审理侵犯专利权纠纷案件应用法律若干问题的解释（二）（2020 修正)》第八条第二款规定，与说明书及附图记载的实现前款所称功能或者效果不可缺少的技术特征相比，被诉侵权技术方案的相应技术特征是以基本相同的手段，实现相同的功能，达到相同的效果，且本领域普通技术人员在被诉侵权行为发生时无需经过创造性劳动就能够联想到的，人民法院应当认定该相应技术特征与功能性特征相同或者等同。根据该规定可知，对于功能性特征的等同判定，遵循的是“以基本相同的手段，实现相同的功能，达到相同的效果”，与上述“三基本相同”这一方面略有区别，但在“无需创造性劳动”方面上与上述规定一致。

以某实用新型专利侵权纠纷案件为例，人民法院认为，圆柱形孔柱与导向槽均为本领域常见的惯用手段，二者的区别仅在于容纳导向杆空间的具体设置方式不同，技术人员根据实际需要可以作出选择，这属于技术手段的等同替换。据此，被诉侵权产品底座的“上盖板凹槽孔 + 圆柱形孔柱”技术特征与涉案专利的导向槽相比，系以基本相同的手段，实现和达到相同的功能和效果，并且本领域普通技术人员在被诉侵权行为发生时无需经过创造性劳动就能够联想到的特征，属于等同特征，再结合其他综合情况，认定被告构成专利侵权。

（3）等同侵权的举证责任。

根据北京市高级人民法院《专利侵权判定指南（2017)》第四十四条，

被诉侵权技术方案构成等同侵权应当有充分的证据支持，权利人应当举证或进行充分说明。根据该规定可知，等同侵权的举证责任由权利人（即原告）承担。要证明等同侵权，需要证明“三基本相同 + 无需创造性劳动”。

基本相同的手段是指被诉侵权技术方案中的技术特征与权利要求对应技术特征在技术内容上并无实质性差异。基本相同的功能是指被诉侵权技术方案中的技术特征与权利要求对应技术特征在各自技术方案中所起的作用基本相同。被诉侵权技术方案中的技术特征与权利要求对应技术特征相比还有其他作用的，不予考虑。基本相同的效果是指被诉侵权技术方案中的技术特征与权利要求对应技术特征在各自技术方案中所达到的技术效果基本相当。被诉侵权技术方案中的技术特征与权利要求对应技术特征相比还有其他技术效果的，不予考虑。无需创造性劳动就能够想到是指对于本领域普通技术人员而言，被诉侵权技术方案中的技术特征与权利要求对应技术特征相互替换是容易想到的。在具体判断时可考虑以下因素：两技术特征是否属于同一或相近的技术类别；两技术特征所利用的工作原理是否相同；两技术特征之间是否存在简单的直接替换关系，即两技术特征之间的替换是否需对其他部分作出重新设计，但简单的尺寸和接口位置的调整不属于重新设计。

权利人（原告）要根据以上要件进行积极举证，才能完成等同侵权的举证责任。

3. 禁止反悔原则

在对被诉侵权技术方案中的技术特征与权利要求中的技术特征是否等同进行判断时，被诉侵权人可以专利权人对该等同特征已经放弃、应当禁止其反悔为由进行抗辩。禁止反悔是指在专利授权或者无效宣告请求程序中，专利申请人或专利权人通过对权利要求、说明书的限缩性修改或者意见陈述的方式放弃的保护范围，在侵犯专利权诉讼中确定是否构成等同侵权时，禁止权利人将已放弃的内容重新纳入专利权的保护范围。

禁止反悔原则的举证规则如下。

第一步，禁止反悔原则的适用以被诉侵权人提出请求为前提，并由被诉侵权人提供专利申请人或专利权人反悔的相应证据。

第二步，权利人对被诉侵权人提供的相应证据举出反证，证明被告提交的通过对权利要求、说明书的限缩性修改或者意见陈述的方式放弃的保护范围证据的否定。

若权利人能举证证明在专利授权、确权程序中对权利要求书、说明书及附图的限缩性修改或者意见陈述被明确否定的，人民法院应当认定该修改或者陈述未导致技术方案的放弃。

4. 捐献原则

《最高人民法院关于审理侵犯专利权纠纷案件应用法律若干问题的解释》第五条规定，对于仅在说明书或者附图中描述而在权利要求中未记载的技术方案，权利人在侵犯专利权纠纷案件中将其纳入专利权保护范围的，人民法院不予支持。该条是对捐献原则的具体阐述，即若技术方案仅在说明书或者附图中描述而未被写入权利要求，那么该技术方案即视为捐献给公众，不得适用等同原则，被纳入专利权的保护范围。

以某发明专利侵权纠纷案件为例，人民法院认为，在适用捐献原则时，应当注意以下两个方面。

第一，认定权利要求中是否记载特定技术方案，应当考虑权利要求书的整体情况。当权利人仅依据权利要求书中的部分权利要求主张侵权时，该技术方案虽然在该部分权利要求中未作记载，但在其他相关权利要求中明确记载的，表明权利人在撰写权利要求书时有意将该技术方案纳入专利权的保护范围，这种情形，即不属于仅在说明书中记载，但在权利要求书中予以“捐献”的情形。

第二，在权利要求中“未记载的技术方案”是指未能将该技术方案纳入权利要求所限定的保护范围，并不要求权利要求中的相关表述与该技术方案对应一致。权利人通过上位概括等方式纳入权利要求保护范围的特定技术方案，不属于“未记载的技术方案”。

由该案可知，在适用捐献原则时，若权利人所主张的权利要求中没有记载在说明书中的技术方案，但是未主张的权利要求对该技术方案进行了记载，则不属于“捐献”的情形。另外，权利要求中以上位概括等方式纳入权利要求保护范围的特定技术方案，也不属于“捐献”的情形。

（四）确定被告的抗辩理由是否成立

对于原告提出的侵权主张，被告的抗辩理由包括但不限于以下几种：现有技术抗辩、抵触申请抗辩、先用权抗辩和合法来源抗辩等。

1. 现有技术抗辩

根据《专利法》第六十七条，在专利侵权纠纷中，被控侵权人有证据证明其实施的技术或者设计属于现有技术或者现有设计的，不构成侵犯专利权。

《最高人民法院关于审理侵犯专利权纠纷案件应用法律若干问题的解释》第十四条规定，被诉落入专利权保护范围的全部技术特征，与一项现有技术方案中的相应技术特征相同或者无实质性差异的，人民法院应当认定被诉侵权人实施的技术属于专利法第六十二条规定的现有技术。被诉侵权设计与一个现有设计相同或者无实质性差异的，人民法院应当认定被诉侵权人实施的设计属于专利法第六十二条规定的现有设计。

在认定现有技术是否成立时，关键在于判断被诉落入专利权保护范围的全部技术特征与一项现有技术方案中的相应技术特征是否相同或者有无实质性差异，而判断“无实质性差异”是众多案件争议的焦点。在司法实务中，“无实质性差异”，可被认为是“等同”“与公知常识的简单组合”“本领域可直接置换的惯有技术手段”“容易联想到的替换手段”等。

（1）“无实质性差异”可被认为是“等同”。根据北京市高级人民法院《专利侵权判定指南（2017）》第一百三十七条，现有技术抗辩，是指被诉落入专利权保护范围的全部技术特征，与一项现有技术方案中的相应技术特征相同或者等同的，应当认定被诉侵权人实施的技术属于现有技术，被诉侵权人的行为不构成侵犯专利权。

这里的“等同”与前述“等同”的概念一致。

以某实用新型专利侵权纠纷案件为例，人民法院认为，判定现有技术抗辩能否成立，需以涉案专利的保护范围作为参照，确定被诉侵权技术方案中被指控落入涉案专利保护范围的技术特征，并判断现有技术方案是否公开了与之相同或者等同的技术特征，也就是说，现有技术抗辩是将被诉侵权技术方案与现有技术方案进行比对，而不是将涉案专利与现有技术进行比对。

（2）“无实质性差异”可被认为是“与公知常识的简单组合”。根据北京市高级人民法院《专利侵权判定指南（2017）》第一百三十七条，现有技术抗辩，是指所属技术领域的普通技术人员认为被诉侵权技术方案是一项现有技术与所属领域公知常识的简单组合的，应当认定被诉侵权人实施的技术属于现有技术，被诉侵权人的行为不构成侵犯专利权。

（3）“无实质性差异”可被认为是“本领域可直接置换的惯有技术手段”。以某实用新型专利侵权纠纷案件为例，人民法院认为，在进行现有技术抗辩的判断时，被诉侵权技术方案中与专利权保护范围无关的技术特征无需考虑。被诉落入专利权保护范围的某一技术特征，与一项现有技术方案中相应的技术特征对比，若二者存在区别，但该区别仅是本领域可直接置换的惯用技术手段，则二者属于无实质性差异。在该案中，被诉侵权技术方案中的弹簧、弹珠式卡夹结构与现有技术方案中的弹片、突起式卡夹结构并无实质性差异，二者属于能够直接替换的惯用技术手段，所属领域技术人员能够根据需要选用不同的弹性元件及其对应的结构，因而属于无实质性差异的情形。

（4）“无实质性差异”可被认为是“容易联想到的替换手段”。有人民法院的判决认为“无实质性差异”可被认为是“容易联想到的替换手段”。以某实用新型专利侵权纠纷案件为例，人民法院将被诉侵权产品中“用夹刀介子固定锯片”这一技术特征与现有技术方案的相应技术特征进行对比，认为：由于被诉侵权产品通过夹刀介子夹紧锯片，现有技术方案通过联轴器尾端宽面与垫片夹紧锯片，二者均属于一种利用转轴前端的夹紧件固定锯片的方式、采用的手段基本相同，均能实现转子旋转带动夹紧件及锯片一并旋转的功能，属于该领域普通技术人员容易联想到的替换手段，二者在技术特征上无实质性差异，因此应认定被诉侵权技术属于现有技术。

2. 抵触申请抗辩

抵触申请是指就同样的发明创造在申请日以前向国务院专利行政部门提出过，且记载在申请日后公布的专利申请文件或者公告的专利文件中的专利申请。

以某外观设计专利侵权纠纷案件为例，人民法院认为，被告提供的对比设计的申请日为2014年1月3日，授权公告日为2014年6月25日，其申请日早于原告专利的申请日（2014年3月27日），授权公告日晚于原告专利的申请日，故该外观设计相对于涉案专利而言属于抵触申请。由于抵触申请能够破坏对比设计的新颖性，导致其在后申请不能获得专利授权，与现有设计具有相同的性质，因此可以参照适用我国专利法关于现有设计的相关规定进行处理。

本案中，被诉侵权产品设计与对比设计相比，二者的主要区别在于，被诉侵权产品的某部位均由多个纵向排列的、凸起的外圆内方铜钱状图案连接而成，而根据对比设计的专利证书所附的立体图，对比设计的相应部位由完整的圆形通过圆弧两端外切连接，在圆形中部有正方形图案，正方形四边每边各有一个文字。上述差别在整体视觉效果上区别明显，以一般消费者的知识水平和认知能力来判断，两者既不相同也不近似。综上，被告的抵触申请抗辩不成立，法院不予采纳。

以某外观设计专利侵权纠纷案件为例，人民法院认为，虽然现行专利法未将抵触申请抗辩确立为不侵权抗辩的法定类型之一，但是由于抵触申请设计与现有设计均可以用于评价涉案专利的新颖性，因此，如果被诉侵权设计已被抵触申请设计所公开，则相应地被诉侵权设计也不应被纳入权利人主张的专利权的保护范围之内。被诉侵权人以其实施的设计属于抵触申请设计为由，主张未侵犯涉案专利的，人民法院可以参照适用法律、司法解释有关现有设计抗辩的规定，对抵触申请抗辩进行审查。

在对抵触申请抗辩进行审查时，可参照现有技术抗辩与现有设计抗辩的相关规定。由于现有技术抗辩主要是判定是否存在“无实质性差异”，因而在抵触申请抗辩审查中，是否构成“无实质性差异”是审查重点。

以某外观设计专利侵权纠纷案件为例，被诉侵权设计与涉案专利的区别设计特征，已经使两者在整体视觉效果上存在实质性差异，按照《最高人民法院关于审理侵犯专利权纠纷案件应用法律若干问题的解释》第十四条第二款的规定，应当认定被告的抵触申请抗辩不能成立。

3. 先用权抗辩

先用权抗辩成立必须同时满足以下两个条件：①在专利申请日前已经制造相同产品、使用相同方法或者已经作好制造、使用的必要准备；②仅在原有范围内继续制造、使用。

被诉侵权人要证明其满足以上两个条件，需提供证据予以证明。被诉侵权人在证明“已经制造相同产品、使用相同方法或者已经作好制造、使用的必要准备”时所提交的单方制作的证据，其效力不宜被简单否定；被诉侵权人在证明“仅在原有范围内继续制造、使用”时，其证明标准不宜过高，应以合理性为判断标准。

以某实用新型专利侵权纠纷案件为例，人民法院认为，在先用权抗辩中，被诉侵权人在自行研发产品过程中形成的技术图纸、工艺文件、检验报告等，均属于研发过程中形成的技术文件，由被诉侵权人单方制作形成符合常理，其在产品未正式制造、销售前不对外公开亦符合产品研发的客观情况。在审查其证据效力时，应结合其他相关证据来综合判断，不能仅因相关技术图纸、工艺文件、检验报告系单方制作而简单否定其证明效力。

另外，由于原有范围的认定往往涉及过去某一时点之前存在的生产模具、生产数量、厂房面积等客观情况，因此对“仅在原有范围内继续制造、使用”相关事实进行查明，应结合双方当事人的主张以及案件的具体情况综合分配证明责任。在先用权人已经尽力举证、所举证据能够初步证明“原有范围”的合理性且专利权人没有提供相反证据予以推翻的情况下，可以认定先用权人并未超出原有范围进行制造、使用。

4. 合法来源抗辩

使用人、销售者、许诺销售者可以主张合法来源抗辩。若合法来源抗辩成立，则不用承担赔偿责任，但需要支付原告因诉讼而支出的合理费用。

关于对合法来源抗辩的审查，人民法院会从主客观要件同时进行，即合法来源抗辩需要满足主客观要件的要求，具体而言：

（1）客观要件上，人民法院要审查被诉侵权产品的来源是否明确及能否披露确切的源头；

（2）主观要件上，人民法院要审查销售者和许诺销售者是否具有善意。对于侵权人在主观上是否“实际不知道且不应当知道”，亦应予以充分考量。通常，主观状态较难通过直接的证据予以证明，但可通过其客观行为加以判断，且行为人是否尽到合理注意义务须与行为人的身份、行为性质等相适应。针对该要件的判断必须具体案情具体分析，不能一概而论。

以某外观设计专利侵权纠纷案件为例，人民法院认为：主观要件上，被告之一的经营范围显示其并无生产被诉侵权产品的能力，车载手机支架属于在公开市场上流通量较大的普通商品，单价不高且价格浮动性较大，在案亦无证据证明专利外观的知名度较高、被告之一不知道被诉侵权产品为侵权产品，符合合法来源抗辩的主观要件。客观要件上，现有证据能够形成证据链条高度盖然性地证明本案被诉侵权产品来源于某公司，该公司通过微信、网店等渠道销售被诉侵权产品，即本案被诉侵权产品的来源明确，符合合法来源抗辩的客观要件。

综上所述，在专利侵权认定中，关于确定专利权的保护范围和确定侵权产品或方法是否落入专利权的保护范围，发明专利、实用新型专利的认定与外观设计专利的侵权认定规则不同。在确定被告的抗辩理由是否成立时，发明专利、实用新型专利的认定与外观设计专利的认定相同。另外，法院根据上述侵权判定规则对被控侵权行为是否构成侵权进行判定之后，会对被控侵权行为以及损害赔偿金额进行认定。

## 四、专利防止侵权检索分析报告

专利防止侵权检索分析报告，是一种实用性和专业性都很强的咨询报告，一般包括以下几部分内容。

（1）免责条款和保密条款。由于专利防止侵权检索分析报告是风险和难度都较大的一种咨询报告，企业往往会根据这一份报告来指导未来产品上市、参展或者进出口的市场决策。咨询机构或者律师事务所，在出具专利防止侵权检索分析报告时，往往会被企业寄予厚望，甚至承担着项目失败的风险。当然，咨询机构或者律师事务所必须做到勤勉工作和严格保密；保密和免责方面的承诺都应该在项目洽谈阶段进行说明，并体现在专利防止侵权检索分析报告之中。

（2）背景介绍。该部分主要用来介绍相关的技术特征，明确需要进行防止侵权分析的技术特征细节。

（3）区域。该部分主要包括产品的生产区域或销售区域、参展区域等。专利有地域性，想要在对应国家或地区寻求保护，专利技术必须在当地获得授权，且不同的国家或地区可能会适用不同的法律。对区域的调查，将直接决定专利检索的地域范围以及适用哪里的法律。

（4）数据库的选择。列出本次检索使用到的专利数据库。所使用的专利数据库至少要能收录要进入的国家的专利。

（5）给出专利检索要素表、专利检索策略表和专利检索式。

（6）相关专利的筛选。按照相关性等级，列出可能相关的专利。

（7）权利要求比对。对相关性高的专利进行权利要求比对。需要注意的是，比对需要考虑全面覆盖原则和等同原则，报告中应该给出用于判断的技术特征比对表。

（8）结论。该部分包括相应的技术是否为现有技术、相应的技术是否侵犯专利权以及侵犯哪些专利权等。对于最终判定为风险较大的专利，检索人员最好给出应对建议。其中，应对建议主要包括以下内容。

1）进行专利无效检索。适用于在检索过程中发现了风险较高的专利这一情形。

2）提出公众意见。适用于在检索过程中发现了风险较高、已经公开但尚未授权的专利申请这一情形。

3）进行规避设计。适用于在检索过程中发现了风险较高且难以绕开的专利这一情形。

（9）附录。该部分应该附有项目执行的过程文件，如分析过程中被排除的专利，不侵权的理由或者排除的理由。此外，最好附有检索分析过程中遇到的现有技术资料，包括专利资料和非专利资料。

对于高风险专利，后续还需要进行持续的监控。正在审查的专利一旦被授权，要及时展开预警，判断侵权风险，并制定相应对策。对于有效专利，还要持续监控它们的法律状态，一旦专利失效，就可以考虑侵权风险的解除。

对于项目管控，应该做好专利防止侵权检索分析的过程管控工作，与技术人员进行反复沟通，明确需要检索的技术方案。在项目执行过程中，要提供详尽的工作周报。工作周报主要包括工作内容、工作成果以及后续工作计划。在专利检索分析过程中：需要企业技术人员协助进行筛选和判断；分析师需要把需要客户协助的内容说清楚，附上需要协助的文件，尽量减少客户的非必要劳动；分析过程中的文件命名要做到规范化，便于后期查找和管理，文件最好打包加密，并提供纸质版和电子版。

# 第四章　农业专利信息分析

国际上比较知名的高科技企业，都配备有专门的专利信息分析团队。这个团队的任务就是做各种专利信息分析，如专利申请前的检索、风险分析、诉讼分析、各种专利地图等。有的中小型高科技企业虽然规模较小，但其专利信息分析团队却达到几十人的规模，这从实践中印证了专利信息分析利用对于创新企业的重要性。

## 第一节　农业专利信息分析概述

### 一、农业专利信息

#### （一）农业专利信息的内容

随着信息社会的到来，专利文献也进入信息化时代。企业等创新主体更多地转向研究专利信息及其传播与利用。一般来说，专利信息是指以专利文献作为主要内容或以专利文献为依据，经分解、加工、标引、统计、分析、整合和转化等信息化手段处理，并通过各种信息化方式传播而形成的与专利有关的各种信息的总称。

与其他领域相同，农业专利信息主要包括以下五项内容。

1. 技术信息

技术信息包括在专利说明书、权利要求书、附图和摘要等专利文献中直接披露的与该发明创造的技术内容有关的信息，以及通过专利文献所附的检索报告或相关文献间接提供的与发明创造相关的技术信息。

2. 法律信息

法律信息包括在权利要求书、专利公报及专利登记簿等专利文献中记载的，与权利保护范围和权利有效性有关的信息。其中，权利要求书用于说明发明创造的技术特征，清楚、简要地表述请求保护的范围，其记载的信息是专利的核心法律信息，也是对专利实施法律保护的依据。

其他法律信息包括与专利的审查、复审、异议和无效等审批、确权程序有关的信息，与专利权的授予、转让、许可、继承、变更、放弃、终止和恢复等法律状态有关的信息等。

3. 经济信息

在专利文献中存在着一些与国家、行业或企业的经济活动密切相关的信息，这些信息反映出专利申请人或专利权人的经济利益趋向和市场占有率。例如，有关专利申请的国别范围和国际专利组织专利申请的指定国范围信息，专利许可、专利权转让或受让等与技术贸易有关的信息，与专利权质押、评估等经营活动有关的信息。

竞争对手可以通过对专利经济信息的监视，获悉对方的经济实力及研发能力，掌握对手的经营发展策略，以及可能的潜在市场等。

4. 著录项目信息

著录项目信息是指与专利文献中的著录项目有关的信息。例如，专利文献著录项目中的申请人、专利权人和发明人或设计人信息，专利的申请号、文献号和国别信息，专利的申请日、公开日和/或授权日信息，专利的优先权项和专利分类号信息，以及专利的发明名称和摘要等信息。

著录项目这一概念来源于图书情报学，用于概要性地表现文献的基本特征。专利文献著录项目既反映了专利的技术信息，又传达了专利的法律信息和经济信息。

5. 战略信息

战略信息是指经过对上述四种信息进行检索、统计、分析、整合后产生的，具有战略性特征的技术信息和/或经济信息，包括通过对专利文献的基础信息进行统计、分析和研究所给出的技术评估与预测报告和专利地图等。例如，美国专利商标局于 1971 年成立的技术评估与预测办公室就是专门从事专利战略信息研究的专业机构。该机构在过去的几十年间，陆续对通信、微电子、超导、能源、机器人、生物技术和遗传工程等几十个重点领域的专利活动进行研究，推出了一系列技术统计报告和专题技术报告。这些报告指出了正在迅速崛起的技术领域和发展态势，以及在这些领域中处于领先地位的国家和公司。这些报告是最重要的专利战略信息之一，是国家制定宏观经济、科技发展战略的重要保障，也是企业制定技术研发计划的可靠依据。

专利信息分析中所使用的数据并不只是专利文献数据，但专利文献数据中所蕴含的各类信息，却是专利信息分析中最重要，也是最有价值的部分。专利信息分析能够成为为各类主体在产业发展和技术研发等方面作出重要决策和提供信息支撑的工具，也正是因为专利信息自身内容的丰富性。在开展专利信息分析前，有必要对专利信息进行全面的认识和了解；也只有全面和深入地了解专利信息后，才能更为深刻地认识到专利信息背后可能蕴藏的情报资源，避免在工作实践中把专利信息分析简单等同于专利数量统计，仅对数据进行简单堆砌和表面化解读的情况发生，也才能更有针对性地综合运用和深入挖掘这些专利信息资源，服务于分析需求和目的。

（二）专利信息的分类

专利信息指的是专利文献数据中记载的各类信息，或是由相关的商业数据库提供的与上述专利文献数据直接相关的各类信息：前者主要包括可以从官方发布的各阶段专利公开文本中直接获取的各类著录项目信息；后者则可能包括在审查阶段、诉讼阶段、市场运营阶段中获取的其他各类信息或者在此基础上的深加工信息，如引证信息、诉讼信息、转让信息等。

专利信息的主要分类方式如下。

1. 按照专利信息的内容属性分类

根据专利信息的内容属性，可以将专利信息分为申请/公开/授权/失效信息、申请人/发明人/信息、同族专利信息、引用/被引用信息、技术信息、法律状态信息、无效宣告/复审信息、诉讼信息、转让/许可信息，以及与上述信息有关的专利全文信息、复审和无效信息、法律状态信息等。其中，专利全文信息包括著录项目信息、说明书、权利要求、附图等，复审和无效信息包括中国专利复审审查决定信息及中国专利无效宣告审查决定信息，法律状态信息包括驳回、撤回、转移、质押等信息。

发明、实用新型专利的专利全文信息一般包括著录项目信息、说明书、权利要求书和说明书附图等。

著录项目信息为登载在专利单行本扉页或专利公报中与专利申请及专利授权有关的各种著录数据，包括文献标识数据、国内申请提交数据、优先权数据、公布或公告数据、分类数据等类型。著录项目信息由著录项目名称和著录项目内容组成。

说明书用于清楚、完整地描述发明创造的技术内容，附图则用于对说明书的文字部分进行补充。说明书是申请人公开发明或者实用新型的文件，包括以下部分：说明书、说明书附图、核苷酸或者氨基酸序列、生物材料的保藏（注：并非所有说明书都包括说明书附图、核苷酸或者氨基酸序列、生物材料的保藏）。其中，说明书本身包括技术领域、背景技术、发明或实用新型的内容、附图说明和具体实施方式五部分内容。

权利要求书是专利文件中限定专利保护范围的文件部分。权利要求书记载了发明或者实用新型的技术特征。权利要求具有独立权利要求，也可以有从属权利要求：独立权利要求从整体上反映发明或者实用新型的技术方案，记载解决技术问题所需的必要技术特征；从属权利要求用附加的技术特征，对引用的权利要求做进一步限定。

外观设计专利的专利全文信息一般包括申请书、外观设计图片或者外观设计照片以及对该外观设计的简要说明文件。

与一般的技术文献信息相比较，专利信息所包含的内容更加丰富和多元化。此外，相较于一般的技术文献信息，专利信息的获取也非常方便。以专利授权公告文本为例，上述专利信息大多都可以从专利的授权公告文本封面的著录项目中获取，各种专利数据库中也基本上都包含了这些基础的著录项目信息。鉴于其信息的便利性，专利信息分析相比于其他技术情报分析更易于普及和开展；鉴于其信息的丰富性，专利信息分析可以挖掘出更多、更有价值的技术情报和竞争情报。

2. 按照专利信息的价值属性分类

专利信息是情报分析的重要来源。专利信息能够用于情报分析的原因在于专利是一种优质的信息源，其具有信息完整、翔实、权威、映射竞争等优点，包含了企业、技术、人才、法律等多个维度上的、有价值的重要信息。根据世界知识产权组织的统计，有效运用专利情报信息，可缩短60%的研发时间，节省40%的研发费用。

不同于一般的技术文献信息，专利信息是以专利制度为基础，以一定规范公开的技术信息。这种特性赋予了专利信息不同于一般的技术文献信息的特点，即专利信息所反映的内容与商业竞争、市场布局、技术的价值实现等之间的关系更为直接和密切。据此，还可以从价值属性角度对专利信息进行分类，根据专利信息的价值属性将其进行分类，可以把专利信息分为人才信息、技术信息、市场信息、权利信息。

（1）人才信息：主要指专利的发明人及其构成的发明人团队。对这些人才及其构成情况的挖掘和分析往往在技术引进和合作中尤为重要。

（2）技术信息：主要指专利申请中所有与技术相关的信息，既包含专利本身的技术内容、技术分类，也包含相关的引证/施引关系。后者可以反映技术的借鉴、演变情况。

（3）市场信息：主要指专利中与国别/地域有关的信息，包含申请人、优先权、公开号等中包含的国别/地域信息。这些信息既能反映申请人/专利权人在不同国家/地域的分布，也能反映申请人/专利权人在不同国家/地域的专利布局情况。

（4）权利信息：既包含有与权利有效性状态相关的法律状态信息，也包含专利权人及其转移和专利权许可等与权利归属有关的信息，还包含与权利人所主张的权利内容及其变化有关的信息，如授权、无效宣告等不同阶段的权利要求文本及其变化的信息。专利受到高度重视的原因，与法律赋予其在一定时空范围内的排他权和垄断性权利密切相关。与权利有关的信息是专利信息区别于其他技术文献信息最突出的，也是其所特有的信息。对权利内容的分析在专利预警分析、侵权分析及指导专利挖掘方面尤为重要。

无论是上述哪种分类方式，都说明了专利信息的丰富性和重要性。对专利信息中蕴含丰富价值的内容进行深度挖掘和分析，正是专利分析的基础和精华所在。

## 二、农业专利信息分析的概念

### （一）专利信息分析的内涵

专利信息分析是围绕企业的需求，以专利为视角，先对专利文献所包含的技术、法律和市场信息进行加工及组合，并利用统计方法或数据处理手段使这些信息具有总揽全局及预测的功能，再通过分析、解读，转化为技术竞争情报、商业竞争情报和战略竞争情报的过程。专利信息分析使专利包含的普通信息上升为对企业从事生产经营活动有价值的情报，从而为企业或其他机构的研发、产品或服务开发等决策提供参考。

在农业方面，对于专利信息分析有很多不同的理解和表述：可以将专利信息分析作为一种数据分析的过程与手段；可以将专利信息分析归为技术信息综述和分析的一个类别；可以将专利信息分析作为技术情报或商业竞争情报分析的一个分支学科。

综上所述，专利信息分析是以专利信息为基础，基于专利数据以及其他相关信息数据的统计分析而获得综合性的情报分析工作。专利信息分析最为突出的特点是对海量专利信息中所蕴含的技术、法律、市场信息等有价值信息的深度挖掘和综合提取，并以各种信息情报的形式予以展现。

### （二）专利信息分析的作用

专利作为技术信息最有效的载体，包含了全球90%以上的最新技术情报，其内容丰富、准确。对某一行业内或某一技术分支内的专利文献进行分析，能够客观地反映出总体的技术发展态势、具体的技术发展路线和主要创新主体的研发动向和专利保护策略，从而为国家、地区、行业和企业制定技术创新战略、研发策略和竞争策略提供不可或缺的信息支撑。

目前，无论是在宏观的领域或产业决策层面，还是在微观的企业技术研发或企业之间的商业竞争层面，专利信息分析都发挥了其重要作用，并逐渐成为产业、企业发展决策过程中不可或缺的手段和支撑工具，在越来越多的实践应用场合中发挥着重要作用。

专利信息分析的主要作用可以分为以下类别：评估、技术回顾、技术跟踪、预警分析、预测未来、规划参考。

（1）评估。评估既可以是借助专利信息对自身、竞争对手、引进方、合作方甚至具体人才的技术实力、市场影响力等方面进行的评估，也可以是借助专利信息对某个项目、技术产品的先进性、可行性等进行的评估。

（2）技术回顾。技术回顾可以是借助专利信息对某项技术、产业的发展历程和关键节点进行的回顾与梳理，也可以是借助专利信息对某些地区申请人的成长、发展模式以及如何获得当前产业话语权进行的回顾与梳理，还可以是对某个地区某一产业的成长和发展模式进行的回顾与梳理。当然，这种回顾性分析往往用于支撑其他场景，如规划自身的发展路径、预测未来的发展可能。回顾性分析往往需要放在全景式产业发展和技术发展的历史背景下去获取相关信息和进行判断，如技术路线分析。

（3）技术跟踪。跟踪性分析是对已经确定的对象和具体目标的信息的持续更新和关注，例如目标对象的专利地域布局情况，目标对象的最新研发动向，某一技术中申请人的实力消长情况、专利诉讼情况或新兴创新主体的进入情况。

（4）预警分析。预警分析主要体现为对某项技术或某类产品在项目立项、产品上市、海外出口等场景下的专利侵权风险的预警，还可以体现在技术引进、技术合作等场景中。预警分析有时是对具体风险专利的排查，有时则是对宏观风险点的排查，即宏观专利预警，如高风险区域、高风险技术类别、潜在竞争对手的识别；从更为宏观发展战略的角度来看，预警可以是对产业迭代升级、技术路线的路径选择的预警。

（5）预测未来。预测未来是专利信息分析所能起到的作用中，最被寄予厚望的一项，同时也是在实践中最难做好的工作。实际上，由于对未来的预测必不可少地会依赖于对过往历史数据的回顾，因此在预测性分析中，往往会有较大比例的回顾性分析。另外，预测性分析同样离不开现实条件的制约和视野的限制。站在预测的时间点，专利信息分析人员所能够掌握的影响技术或产业发展前景的信息的数量，以及专利信息分析团队自身的产业知识素养和判断力，也会对预测结论产生很大影响。

（6）规划参考。规划参考是能够把专利信息分析工作真正上升为产业或企业中重要决策工具的一项作用。从实践来看，专利信息分析在落实规划参考这项作用时主要体现在对产业或企业发展路径的规划上，规划中往往包含骨干企业和骨干人才的识别引进、提升和培育，关键技术和关键产品的识别、引进、提升和培育，以及产业发展模式的建议等内容；而这些规划工作中，又往往以专利布局规划作为落实的重要抓手和着力点。从这些宏观规划中抽离出来的单独专利布局规划也不断地被运用在各种宏观和微观场景中：宏观场景如企业实施海外战略、多元化战略的专利布局规划，微观场景如某项正在开发的技术或产品的专利布局规划。

鉴于专利信息分析的不同适用情形，专利信息分析关注的重点和方式也不同，其任务目标、分析重点和成果要求也有显著差别，可作出以下分类：从分析对象来说，专利信息分析可以分为针对特定产业、特定项目、特定技术、特定产品、特定地域、特定竞争对手的分析；从分析功能来说，专利信息分析可以分为专利挖掘分析、专利布局分析、专利预警分析、专利导航分析、专利分析评议等。

## 三、农业专利信息分析的方法分类概述

专利信息分析的基础是专利信息统计，常用的统计维度包括：时间维度、地域维度、法律维度、企业维度、人才维度、技术维度，其中，时间维度、地域维度、法律维度偏宏观分析，企业维度、人才维度、技术维度偏微观分析。时间维度，主要是分析申请量、公开量的趋势；地域维度，主要是分析专利在全球的国家分布或者是国内的省市分布；法律维度，主要是分析专利的有效性以及诉讼、运营情况；企业维度的分析以申请人排名为代表；人才维度的分析以发明人排名为代表；技术维度的分析以技术分布和专利技术方案解读为代表。

但专利信息分析不止于此。在完成专利信息统计后，还要对上述多个维度的专利信息进行加工、整合、关联和归纳，将个别的、看起来互不相关的专利信息转化为系统而完整的专利情报，再结合产业情报、技术情报、市场情报进行全面解析，提炼、挖掘出相关领域的产业、市场、专利和技术等方面的趋势格局、机遇优势、风险调整和策略举措等情报信息，为行为主体的竞争策略、研发创新、专利布局、风险防控和资产运营等提

供针对性的解决方案和情报支撑。

根据专利信息分析对象可分析的程度，通常将专利信息分析的方法分为定量分析、定性分析、拟定量分析等类型。定量分析是利用数理统计、科学计量等方法对专利文献及其相关信息进行加工整理和统计分析的一种分析方法，主要通过专利文献所特有的著录项目来识别相关文献，经过数据加工与分析后获得相关信息和情报。定性分析是先将专利文献信息的内部特征，如说明书、权利要求书的内容等，运用数据挖掘等手段进行归纳和整理，再运用专业技术进行解读和分析的一种分析方法。专利拟定量分析是将专利定量分析与定性分析相结合的一种分析方法。通常从数理统计入手，先进行全面、系统的技术分类和比较研究，再进行有针对性的量化分析。

数据的作用在于大数据整体反映出来的各种态势趋势、战略信息等，以及利用大数据将各种信息进行综合、关联后所可能展现出的情报信息。海量内容丰富的专利信息，恰恰为各种信息分析提供了绝佳的大数据样本。

在大量的专利信息集合面前，每一类专利信息中的每一项都可能成为观察这些信息集合的视角，也即构成数据分析维度，不同的信息项则形成了各自的数据分析维度。这些不同的分析维度彼此之间又相互关联、比较、对照等，就衍生出了无限的组合可能，以及与之相伴而生的一系列分析模式、分析方法和分析结果，也呈现出了各个位面和不同层次的情报内容。这些分析模式和分析方法至今也依然在不断丰富和发展中。

有学者从分析维度的角度出发，提出了“点”“线”“面”“立体”四个层次的专利信息分析方法。“点”分析主要是对专利文献上固有的单个著录项目，按有关指标分别进行统计分析的过程，是对专利信息的初步挖掘。“线”分析是对专利数量、专利权人、专利申请日等“点”情报按照时间、空间、分类等方面进行组配统计，或按照时间、空间、分类等进行再排序的过程。“面”分析是将“线”情报加以组合，即综合时间、空间、分类等方面的不同因素，得到各种相互联系的有关技术发展状况的“面”情报的过程。“立体”分析是将上述“面”情报加以组合，得到专利与其他各因素间联系的全面情报，即用透视的观点或角度进行专利分析，把隐藏的所有的要素都详细地表露出来，最终得出技术分析结果的过程。

从单一数据维度进行静态分析的方式是“点”分析，如技术构成分析、申请人构成分析。将不同维度的数据组合在一起同时进行分析，就随之产生了“面”分析，例如，从技术类别构成和申请人类型构成两个维度同时进行观察时，可以发现不同类型申请人在技术开发上的偏好或技术专长上的差异。从某种意义上讲，“面”分析是“点”分析的一种扩展，总体上依然属于静态分析。无论是“点”分析，还是“面”分析，实际上都属于对数据总体构成的数量统计和结构化解读。其中，与在某个点和面上的量的统计结果相比，对不同统计类别之间的数量差异和所占比例进行对照分析，也即对专利数据进行结构化分析和解读，往往更具有情报价值。

从时间角度对其他数据项的统计结果进行动态观察的方式是“面”分析，如申请量变化趋势、申请人数量变化趋势。“线”分析是一种动态分析模式。动态分析有助于观察到被总体统计数字掩盖掉的一些信息，而要发现这些被掩盖的信息，需要强调：在进行“线”分析时，往往不能仅依赖于单一的一条“线”，而要借助多条“线”之间的比较。例如，通过将不同技术类别申请量的变化趋势进行对照分析，可以发现不同时期研发热点和侧重点的转变。又如，通过不同类型申请人在不同时期的申请量比重，可以发现某项技术由实验室内进行的基础研究逐渐向产业落地的发展过程。

“立体”分析沿着一定的时间跨度，对某个时期内、某个位面的专利信息进行逐层扫描后再拼合在一起，构成了对这个时期更为丰富的情报解读。例如，以五年作为一个统计时间段，对近二十年的数据从技术类别构成和申请人类型构成两个维度进行连续的“面”分析和观察，可以发现：哪些技术正逐渐由实验室基础研发阶段走向企业生产，并不断进行应用扩展；哪些技术依然停留在实验室基础研发阶段；哪些技术的实验室基础研发和产业应用依然存在脱节的现象……在实际的专利信息分析中，动态分析和静态分析往往是结合在一起进行的。例如，当“面”分析和时间维度组合在一起时，就构成了“立体”分析。

专利信息分析并不是各种令人眼花缭乱的技术操作的叠加与堆砌，也并不以追求复杂的分析模式和手段为目的，专利信息分析方法和模式的选择仍然要以“好用、管用、适用”为原则。并且，当分析维度增加时，如何更有效地呈现这些多维度交织的统计分析数据，也是专利信息分析人员绕不开的一个问题。从某种意义上说，数据呈现的方式本身就体现着专利信息分析人员的思路、倾向和对分析结果的判断，如果不能以直接、鲜明的方式来呈现这种多维分析结果，那么在一堆杂乱无序的数据面前，也很难得出有价值的结论。运用好基础的“点”“线”“面”分析，把静态分析和动态分析有机地结合在一起，必然能够满足大多数专利分析的任务要求。需要注意的是，各种维度的叠加可能发掘出更多的在单一维度统计下所难以发现的信息内容。

## 四、农业专利信息分析的应用

在近几年的发展中，农业企业对专利信息分析的运用越来越重视，专利信息分析的应用场景不断拓展，其发挥的决策支撑作用也越来越大。当前，专利信息分析较为集中的应用场景包括技术创新辅助、专利风险预警防范、市场竞争支持、人才追踪评价等。基于不同的需求和分析切入点，将会衍生出众多专利信息分析的应用场景。

### （一）助力企业技术创新

专利制度是以公开换取保护的制度，根据专利申请对技术信息的披露，可以对该技术信息的全部内容有大致了解。虽然专利申请中的信息要在申请专利后 18 个月才公开，具有一定的滞后性，但是公开的滞后性主要影响的是技术信息的更新程度，从总体来看，专利申请中的信息仍是可以反映技术信息的。

技术信息是专利信息分析最基本的挖掘目标。通过对技术信息的挖掘，能够协助企业了解技术格局、创新热点以及技术研发路径等信息，直接支撑企业的技术创新研发。

1. 揭示技术竞争格局

企业在制定技术研发规划或进行产品研发立项前，需要清晰把握行业技术竞争格局，确保规划或立项目标明确、契合实际、切实可行。通过专利信息分析揭示技术竞争格局是助力企业技术创新的重要应用之一。

2. 揭示技术创新热点

除把握行业技术竞争格局外，行业技术创新的热点信息也是企业研发立项决策的重要支撑信息之一，企业需要准确研判行业创新热点发展态势，寻找产业切入点。

3. 揭示技术研发路径

通过专利信息分析梳理技术研发路径、指明技术研发方向，是辅助企业进行技术创新最直接的途径，是专利信息分析的常见应用场景。

### （二）专利风险预警和防范

专利风险预警和防范是企业开展专利信息分析的基本应用场景之一。通过专利信息分析揭示潜在的专利风险，可以为企业开展技术规避设计、制定风险应对措施提供依据；通过专利信息分析确定竞争对手的专利并开展技术比对，可以帮助企业预判专利风险。

（三）支持市场竞争

从商业角度来说，专利不仅是一种无形资产，还是一种商业竞争工具。权利人保护和运用专利等的行为实际都与一定的商业目的相关联。梳理分析特定对象的专利行为可以揭示竞争对手的商业意图，为己方判断形势、制定策略提供依据。

1. 揭示企业专利布局策略

对专利布局的分析最能揭示创新主体在技术研发和专利保护方面的意图。

2. 揭示企业合作意图

通过专利信息分析可以解释企业合作意图。

（四）评估研发人员

寻找高水平人才的途径、评估人才的技术实力、评价人才的创新绩效是企业引进和培育创新人才的关键问题。实践证明，通过分析创新主体的专利发明人信息以及不同发明人之间的合作信息，既可以筛选出核心人员，又可以实现对团队合作水平以及合作架构质量的评价。可知，通过专利信息分析可以锁定核心研发人员、评价研发人员的贡献、评价科研团队的质量等。

## 第二节　农业专利信息分析流程及管理

### 一、农业专利信息分析的流程

农业专利信息分析的流程，主要涉及从专利信息分析项目筹备到专利信息分析报告完成的一系列阶段。实际工作中，就一些项目而言，在专利信息分析报告完成后，还会根据需要，依据报告内容和相关数据开展后续的培训、专利挖掘、布局规划等工作。

农业专利信息分析项目研究一般包括前期准备阶段、专利信息采集阶段、专利信息分析阶段、专利信息研究报告形成阶段，以及专利信息分析的应用。专利信息分析的应用主要包括专利信息的收集和利用、科技发展战略分析、专利战略的研究和运用、知识产权预警等，主要体现在以下几个方面：为科研项目管理部门制定科技发展战略提供信息支持；为综合性科研项目立项提供研发方向、方案规划等辅助决策信息；为专业性科研项目立项提供技术细节、技术方案设计等信息；对应用型科技项目，在立项阶段开展专利战略研究，提高科研成果的知识产权保护水平；为科技计划项目后评估中引入基于专利指标的专利成果评估方法。

农业专利信息分析流程的每个阶段中均包括具体工作任务分工和项目质量管理。具体工作任务分工在项目进行过程中通过明确工作目标来体现；项目质量管理通过每个阶段结束时的内部或外部评议和评审来体现，评议和评审结果也可作为阶段工作成果的总结。

## 二、农业专利信息分析的前期准备

在农业专利信息分析工作中，在正式与繁复的专利数据、专利文献打交道前，做好充分的前期准备工作是十分必要的。本节从完成专利信息分析所需的支撑资源角度出发，以期帮助农业专利信息分析工作人员梳理前期准备工作中的部分内容。当然，对于成熟的专利信息分析团队，这些准备工作已经成为规范的流程和操作，其中提到的一些内容如数据资源甚至已经成为日积月累形成的基础工作条件。

### （一）专利信息分析中的数据准备

专利信息分析中的数据资源泛指进行专利信息分析所需的一切数据和信息内容，其中既包含基础的专利文献数据，也包括专利文献的一些关联数据如引证、运用、诉讼数据和信息等，还包括在专利分析中可能运用到的各类产业数据、商业数据、政策信息、技术信息、产品信息等。

这些数据资源根据各自起到的作用，总体上可以分成两类：第一类是将融入分析报告的数据图表和分析结论中的数据资源；第二类是在分析过程中帮助树立全面的产业观、了解和熟悉分析对象、解读统计数据结果，或寻找分析切入点等各种起到辅助支撑作用的数据资源，其可能会在整个分析过程中以有形或无形的影响力发挥作用。有时，一些数据信息还会同时发挥上述两种作用。

对于第一类数据资源，可以在很多商业性专利数据库中得到。例如，当前的专利数据主要以各种公益性或商业性专利数据库提供的方式获取，不同的专利数据库所提供的专利数据的时间和地域范围、可检索入口和检索方式、数据著录项目、数据加工情况可能会有所不同。例如，有的专利数据库中已经对同族专利进行了标引，有的专利数据库还提供了申请人合并的加工和标引。此时，根据自身的条件和分析需要选择适宜的专利数据库即可。有时，还可能需要对从多个专利数据库获取到的数据进行拼接。

专利信息分析中的专利数据来源首先必须可靠。目前，市面上大多数专利数据库都宣称自己有来自世界上 100 多个国家和地区的专利数据，但不同专利数据库的数据来源却是不同的：有的通过各国家/地区专利局购买数据，有的通过知名的数据服务提供商购买数据，有的则通过网络技术手段从网上抓取专利数据。其中，最后一种数据来源是极其不可靠的，以这种方式获得的专利数据往往会缺失一些条目：其数据完整度与被抓取网站的网络信息防范技术手段息息相关，网站的防爬取机制如果足够优秀，则他人很难从中抓取到数据。选择的专利数据库中的数据最好来源于各国家/地区的专利数据官方提供单位，这样，专利数据库的数据与官方数据保持一致，即不易发生缺失现象。目前在我国，国家知识产权局的数据是最具权威性的，其数据同样涵盖了世界上 100 多个国家和地区的专利数据。国家知识产权局在全国各省市设立了 47 个地方专利信息服务中心，这些地方专利信息服务中心往往设在各省知识产权服务中心或专利信息服务中心，其有国家知识产权局为其下发的专利数据库，保证了数据来源的可靠性。

而对于第二类数据资源，可能需要依赖于各种资源渠道去收集，如证券分析报告、行业研究报告、上市公司年报、行业协会和企业的网站信息、地方政府的产业规划、科技或工信部门的产业支持目录、科技期刊中的技术综述等，甚至需要通过实地走访了解，如参加产业技术展会、调研一些代表性企业或研究机构。对于涉及商业用途的问题，可在专业的媒体网站上查找相应的案例信息，如“36 氪”网站、“彭博商业周刊”网站。如需调查竞争对手，可结合查找竞争对手的官方网站、公开的商业报表（年报）、媒体报道的商业活动和展览、行业调研报告中的信息来进行分析判断。

非专利信息形式多样、分布范围较广、不限于数据库，检索难度更大。除了在前期准备工作中应尽量去收集外，在分析过程中可能还需要结合初步的分析结果和所遇到的各种问题持续不断地进行补充。

（二）专利信息分析工具

专利信息分析中所用到的工具主要是各类数据处理、数据管理和图表制作工具。此外，一些商业数据库自身也提供了一些基本的数据处理和图表生成功能，这也可以算作技术工具的一部分。

其中，微软的很多软件在专利信息分析工作中使用频次很高。例如，Microsoft Excel 以其丰富的日常数据处理和图表制作功能成为很多分析项目中常用的工具之一，其数据透视表功能和一些基本函数更是为广大数据分析者所熟知。一些常见的数据分析都可以通过 Microsoft Excel 来有效地完成。但在待处理的数据量较大时，Microsoft Excel 的反应速度则不容乐观。此外，Microsoft Power BI 软件近年来也为大家所逐渐熟悉，在一些专业的专利分析团队中得到了越来越多的应用。

为了呈现更直观、更鲜明、更具冲击力的信息，各式各样的制图软件也被应用在专利信息分析中，如 Microsoft Visio、思维导图软件等。甚至一些在线的工具。

工欲善其事，必先利其器。选择合适的工具可以让工作事半功倍，尤其在大数据时代更是如此。以下是几款专利信息分析工具，在此作简要介绍。

Thomson Data Analyzer（以下简称 TDA）是一个具有强大分析功能的文本挖掘软件，可以对文本数据进行多角度的数据挖掘和可视化的全景分析。TDA 主要包括数据导入、数据清理、数据分析、生成报告等功能，其灵活的数据处理和多样的分析报告，加之与 Derwent 数据的无缝衔接，为发现竞争情报和技术情报、洞察科学技术的发展趋势、发现行业出现的新兴技术、寻找合作伙伴、确定研究战略和发展方向提供了强有力的支撑，从早期 TDA 作为技术秘密被美国政府限制使用就可看出其重要作用和价值。之后随着限制的解除，TDA 正在向不同领域延伸。

Hadoop 严格来说是一个大数据存储框架，是一个可以让用户轻松架构和使用的分布式计算平台，用户可在其中开发和运行处理海量数据的应用程序。Hadoop 具有高可靠性、高扩展性、高效性和高容错性等特点，能够轻松处理 PB 级别的数据（大数据技术处理的数据级别），是目前众多大数据服务商的基础平台。但是，Hadoop 部署与开发的复杂度限制了普通用户的使用，同时其实时处理效率也限制了自身的应用范围。

Spark 是类似 Hadoop、MapReduce（一种编程模型）的通用并行框架，拥有 Hadoop 和 MapReduce 所具有的优点，且可以将中间步骤通过内存处理，从而提高整体性能，尤其适合用来构建大型的、低延迟的数据分析应用程序，更有利于实现即席查询和实时统计分析。但与 Hadoop 类似，其部署与开发的复杂度也限制了普通用户的使用。

Pentaho BI（IT 服务器的一种）平台是一个以流程为中心的，面向解决方案的框架，较其他工具更接近于实际的应用。Pentaho BI 平台可以将一系列企业级商业智能产品、开源软件、API（应用程序接口）等组件集成起来、方便集成应用的开发，它的出现使得一系列的面向商务智能的独立产品能够集成在一起，构成一项项复杂的、完整的商务智能解决方案。作为一个集成框架，需要对其他各类工具有所了解，无疑提高了其使用门槛。

D3（Data-Driven Documents，数据驱动文档）是一个基于数据操作DOM的JavaScript库，这意味着只要有浏览器的地方就可以使用。D3能够提供大量线性图和条形图之外的复杂图表样式，如关联图、树形图、圆形集群和单词云等。需要强调的是，其核心并不是图形，而是将“数据可视化”抽象为数据与可视化元素的匹配，其在图形与数据之间搭建了一座桥梁，可以轻松实现图表互动与复杂图表的设计，是数据可视化和图形交互方面的重要工具。

Enterprise Charts（商业产品图表库，以下简称ECharts），是百度出品的商业级数据图表工具，与D3类似，是一个纯JavaScript库，可以流畅地运行在PC和移动设备上，兼容当前绝大部分浏览器。ECharts提供了直观、生动、可交互、可高度个性化定制的数据可视化图表，创新的拖拽重计算、数据视图、值域漫游等特性提升了用户体验，其支持12类图表，同时提供了标题，详情气泡、图例、值域、数据区域、时间轴、工具箱等7个可交互组件，支持多图表、组件的联动和混搭展现，是一款简单、易用、美观的图表工具。

Tableau Software是一款数据分析软件，其使用非常简单，通过数据的导入、结合数据操作，即可实现对数据进行分析并生成可视化的图表。在专利分析上，Tableau Software展示了三个非常好的优点。①强大的数据兼容性。Tableau Software不仅可以连接数百种不同的数据，还可以很简单地将来自不同数据库的关联数据合并到一起。不同的专利数据库所提供的信息各有所长，经过Tableau Software的整合后即可整合手中资源，发现新的专利分析方向。②简单且强大的分析功能。Tableau Software采用更加直观的手段处理可视化。③Tableau Software可以进行动态交互，直观展示。

当然，以上仅是示例性专利信息分析工具，还有很多优秀的工具有待农业专利信息分析人员去发现、了解和使用。

（三）专利信息分析与产业分析相结合

专利信息分析与产业分析相结合，是产业专利导航的基本思路：将专利信息分析与产业状况、发展趋势、政策环境、市场竞争等信息进行深度融合，明确产业的发展方向，找准区域产业的定位，找出一条优化产业创新资源配置的路径。

专利信息分析不是关起门来作封闭研究，专利信息分析的生命在于其与产业、技术发展之间的关联分析。在专利信息分析过程中，研究团队必须通过各种方式和可能与产业分析相结合，这些与产业相结合的方式，在这里则统一归纳为产业资源。产业专利导航以产业分析为暗线、以专利信息分析为明线，与分析相结合之后来指导产业发展，通过选择一条好的路径来优化资源配置，最终实现促进产业发展的目标。

产业分析主要通过产业链、供应链和价值链的呈现来直观了解产业的整体态势。通过对产业链态势的分析，进一步理解本区域的产业发展状况，为后续的区域产业政策提供参考建议。

根据其属性，可以将产业资源分类如下。

（1）产业平台。产业平台是指展会、行业会议、产业论坛、行业协会等能够提供与产业从业者进行接触和交流的各类有形或无形的平台。

（2）管理部门。管理部门是指与产业发展规划和管理有关的各级政府管理部门。有些同时具有类似职能的行业协会，也可以归入此类。管理部门对于一定时空范围的具体产业发展规划具有较大的影响力，掌握着较为丰富的信息资源，同时也有可能为研究团队接触其他产业资源提供联系渠道。

（3）技术机构。技术机构是指从事某一领域具体技术研发或产品生产的大专院校、研究机构或企业。有些技术机构本身可能就是专利信息分析的服务对象，有些可能是专利信息分析的合作单位。无论何种身份，与其进行接触有助于分析团队更为直接地了解和感知产业现状、技术前沿等信息。

（4）咨询专家。既包括专注于某一技术领域的技术专家，也包括熟悉产业态势、产业政策、产业规划等情况的产业专家。这些专家大都来自上述几类产业资源中。与这些专家建立起日常联系，有助于及时解决专利信息分析中遇到的各类与产业和技术有关的问题。

为了使专利信息分析的结果能够真正贴合产业需求，专利信息分析项目研究一开始就应该主动去联系和寻找可以使用的各类产业资源，至少在确定最终的研究框架、开始正式的专利数据检索前，已经通过上述各种产业资源初步完成了对产业的整体认知和了解。而在专利信息分析过程中，特别是在各个评审阶段，也需要不断地通过这些产业资源为专利信息分析团队提供持续的产业和技术信息指导，协助把控研究方向和质量。

专利信息分析是对产业分析部分的印证和补充。例如：通过专利信息分析，可以确定产业当前的技术研发热点，可以预测产业未来技术发展的趋势，可以针对区域产业发展现状及定位，给出专利布局的方向和建议。通过产业专利诉讼分析，可以判断专利侵权风险并提出应对方案。

### （四）专利信息分析中的团队管理

专利信息分析通常是由团队合作完成的，构建的团队类似一个项目组。团队人员的配置是否合理、专业，在很大程度上决定了专利信息分析工作的进展是否顺利以及研究成果质量的好坏。

首先，专利信息分析是一项专业性较强的工作，加入团队的人员应当具备相关的专利文献知识、产业技术知识背景，掌握基本的数据处理工具的使用方法，并具备一定的数据统计分析的研究技能。其次，为了便于管理和提高效率，参与主要分析工作的人员数量不宜过多，应当根据项目相关的技术领域、专利数据的量级、研究对象的特点及拟定的研究内容和研究深度，组建数量合理、专业高效的专利信息分析研究团队。

项目组一般由项目负责人、项目组长和若干项目研究人员组成。以下是项目团队成员的具体职责以及所需具备能力的部分建议。

（1）项目负责人负责专利信息分析项目的全面统筹、资源协调和总体管理，组织项目组与外部支撑资源的联系和对接。项目负责人需要具有较强的项目管理、设计、组织、协调和研究能力，以及较强的沟通能力和资源协调能力，一般由具有丰富项目管理经验的人员担任。

（2）项目组长在团队中主要起到领航员、协调员和推动者的作用，具体负责：专利信息分析项目过程管理、人员管理和质量管理，并配合和协助项目负责人协调各方资源；拟定研究框架，确定研究内容，明确和统一具体的研究思路和做法；明确团队成员的具体分工，制订工作计划、阶段任务及验收要求，督导项目进度，组织必要的业务培训、业务研讨和内外部评审工作，全方位地推进项目研究；审核各任务节点的完成情况和成果质量，并负责项目研究报告的统稿工作。

项目组长自身应当具备较强的综合研究能力，良好的组织能力、管理能力和沟通协调能力，一般由具有丰富的专利信息分析实践经验的人员担任。项目组长自身的研究思路要清晰明确，其自身业务能力和水平对于把控专利信息分析的方向和总体质量至关重要。尤其在对各类信息和数据的敏感性、广阔的产业视野等方面，要求项目组长要有较高的水平，能够带领团队及时解决专利信息分析过程中遇到的各类突发问题和疑难问题，并引导团队成员发掘和发现统计数据后的价值情报。

（3）项目研究人员是团队的中流砥柱。项目研究人员的工作包括：根据项目具体分工情况，独立或与其他团队成员配合完成专利信息分析各阶段、各项具体任务，按时交付阶段研究成果并做好各阶段的成果管理，并与团队中的其他成员做好信息、数据、阶段成果的对接和沟通交流；根据项目需要，参加与合作单位、咨询专家等的具体对接和研讨交流等工作环节；根据需要，参与各阶段成果的对内和对外汇报工作，并参与报告完成后的成果应用及推广工作。

根据具体分工情况，不同的项目研究人员可以有不同侧重的项目角色定位。例如，有的可能会侧重于配合项目组长做好各方的协调和沟通工作，有的可能会侧重于信息收集、专利文献检索和数据处理，有的可能会侧重于图表制作和报告修订，有的则可能会侧重于数据分析和报告撰写。当然，各个项目研究人员的角色定位在不同阶段也可能会作出动态调整。

虽然在具体研究中各项目研究人员的分工和工作任务有不同的侧重点，但在具体操作上，通常会将某个技术分支的整个研究流程交由一个成员负责，这是考虑到专利信息分析从开始的技术分解到最终的报告撰写，是一项体系性和连续性较强的工作，如果对不同项目研究人员的能力要求过于割裂，可能会导致不同子任务之间、前后阶段之间的沟通对接上出现问题。据此，每个成员都应该尽量成为一名“全能型选手”。一般来说，项目研究人员需要具备以下三个方面的能力。

1）全面的研究能力。一般要求每位项目研究人员应该具备独立完成一项分析子任务的全流程的能力，这些能力主要包括基本的技术素养，良好的信息收集和文献检索能力、数据处理与分析能力、图表制作能力、文字表达能力以及沟通能力和团队协作精神。

2）较强的学习能力。在专利信息分析过程中，分析人员也即研究人员的介入过程，同时也是其自身所掌握信息的介入和融合过程，由此可知，分析人员自身的知识结构对分析结果是有较大影响的。这里的学习能力，在工作中更多体现为一种对多方信息的吸收、转化、融合和运用能力。

在具体工作中，一个专利信息分析项目所涉及的具体产业和具体技术内容，对于大多数项目研究人员的可能是全新的领域，而要真正能在专利分析报告中解答产业和研究对象所关注的问题并提出措施建议等，势必要求项目研究人员对这些领域有一定的了解。虽然这方面的信息可以通过咨询专家、合作单位等外部支撑资源获取，但如果这种了解仅仅停留在所收集的信息层面，而不能内化为项目研究人员自身对这个产业或技术领域的整体认识，则这些信息很难在分析过程中被项目研究人员自觉地与专利统计数据融合在一起并形成整体判断。综上，要获得一份高水准的专利信息分析报告，在很大程度上离不开具有较强学习能力的团队成员的合作和努力。

3）一定的检索能力和试错精神。虽然本书旨在给农业领域知识产权从业人员一份可以参考的专利信息分析实务流程，但就实际情况而言，对于每个专利分析对象，在如何具体选择和运用本书所述操作方法，以及如何在不同的产业、技术、政策和时代语境下去解读具体数据时，仍会存在千差万别的可能性。基于此，专利信息分析研究人员的能力不应该止于对现有分析示例的临摹和照搬，而应该能够结合具体问题进行具体分析，灵活地选择和组合具体的信息项、分析项和分析方法。

在这种选择和组合过程中，往往只有在不断地尝试不同的分析角度、不同的数据维度，或不同的数据呈现方式后，才有可能找出直通真相的方法和路径。对于这个过程，就小的方面而言，就是至少去尝试用更多元的信息、更多维的视角，组合既有的分析方式去更科学地解释数据现象；就大的方面而言，可能还要作出一些分析方法的创新。无论大小，均无定式，专利信息分析人员在该过程中所取得的工作成果凭借的是对数据的敏感度和对真相的执着追求，这就是一位优秀的专利信息分析人员所应具备的探索能力和试错精神。

当然，要求专利信息分析人员具备这种探索能力的倡导并不是空中楼阁，而是建立在前面几种能力基础之上来对专利信息分析人员提出的更高程度上的要求。可以说，一位优秀的专利信息分析人员应该熟悉现有成熟的分析规范和分析方法、具有独立的分析能力但又不拘泥于已有的分析模式，乐于在探索和尝试中寻找隐藏于数据背后的真相。

## 三、农业专利信息分析项目的管理

专利信息分析项目的管理主要包括过程管理、质量管理、成果管理等内容。

### （一）专利信息分析项目的过程管理

专利信息分析项目的过程管理，主要是：依据专利信息分析任务计划书，将整个专利信息分析按照时间进度进行划分，提出阶段性的任务目标和要求，并按照专利信息分析一般的流程规范，落实对上述任务的实施；同时，对实施过程中操作的规范性和进度进行定期检查以保证专利信息分析能够按照进度完成、符合基本的操作规范，并通过操作的规范性来保证基本的研究质量。

### （二）专利信息分析项目的质量管理

质量是支撑项目成果的基石。项目的质量管理就是在一定条件下，为保证项目产出成果质量所进行的一系列管理活动的总称，具体包括两个方面：一是项目管理工作的质量管理；二是项目实施产出物的质量管理。任何项目产出成果的质量都是依靠相应的管理工作来保证的。

专利信息分析项目的质量管理，主要是在实施过程管理的基础上，进一步对各阶段的有形产出成果提出具体的质量要求，如在一些重要节点设置质量指标，进行质量检查和控制。

质量的要求包括三类，即规范性要求、目标性要求、整体质量要求。

第一类是规范性要求。例如，检索的查全率和查准率、数据的真实性、图表的规范性、报告的规范性等。这些要求是必须达标的，否则无法确保专利信息分析的质量。

第二类是目标性要求。这些目标主要体现在任务计划书中或是客户提出的预期目标中，可以是一些待解决的产业问题、研发问题、决策问题等。专利信息分析项目是否能够结题应以是否达到这些目标性要求为准。对这些目标性要求不仅需要考核其最终提出的解决方案，而且需要考核支撑这些解决方案的数据是否翔实，分析过程是否可靠。对这种目标性要求的考核，一般采取各种内外部评审方式进行。

第三类是整体质量要求。这主要是在结题阶段对构成专利分析成果的各个有机组成部分进行整体质量验收时提出的要求，以避免部分内容中存在的瑕疵影响整个报告的质量，具体可以包括数据的可信性、报告的完备性、前后内容的一致性、结论的科学性等。

项目质量合格既意味着项目成果质量等级达到了预期的质量要求，也意味着最终交付的成果符合相应的质量规范要求。

### （三）专利信息分析项目的成果管理

项目的成果是指项目中所设定的执行指标的实际完成量，即“量”的累积。在项目管理中，对交付成果的关注是贯穿于项目始终的。完成全部交付成果，就意味着覆盖了全部的项目范围，所有的项目活动、项目资源都是基于有效完成交付成果，所以交付成果在很大程度上反映了项目目标的要求。专利信息分析项目的成果管理中所涉及的成果，既包含阶段性成果，也包含最终成果，可以是涉及专利信息分析过程中产生的各种可查的有形成果以及与这些成果有关的评审内容。这些成果可以是行业技术分解表，技术调查报告，产业调查报告，研究框架，任务计划书，检索过程记录，检索评估记录，专利分析数据标引规范，原始及标引后的专利数据集，专利分析基本图表，中期报告各子稿、合稿和汇报内容，结题报告各子稿、合稿和汇报内容等。

科学、规范的成果管理，有助于完整、有序地保存专利信息分析中各种有用的数据和成果资料，这为项目组在后期的完善、调整或进一步深入研究的过程中随时调用提供了便利，也为全面质量管理提供了依据，还为项目组开展后续研究提供了部分可参考或借鉴的基础资料或素材。

成果管理的要求主要包括：①规范化，即项目组内部对成果就保存的形式、内容格式、命名规则提出明确的要求，以便统一成果管理的规范；②责任化，即对各类成果管理落实具体责任人和管理责任，以避免责任不清晰导致的管理无序化；③全面化，即提前对可能留存的必要成果内容预先列出管理清单，根据清单内容，实时地完成各阶段的成果管理；④定期归类归档，主要按照内容特点和阶段特点对成果进行分类整理和归集以便后续查找和使用，避免成果散失；⑤系统化，即对于需要长期、持续开展专利分析工作的团队，还有必要制定系统化的成果管理制度和手段，使得成果的收集、管理、运用，甚至是保密工作都能够持续有序高效运行。

## 第三节　农业专利信息分析流程之行业研究

从所属层次来看，行业研究介于宏观经济研究与企业微观经济研究之间，在经济学上可以称为中观层次研究。行业研究报告是极其讲究目的性的一种报告。根据行业研究的受众不同，各个报告的细分研究方向也不同。就目前市场上的报告来看，行业研究报告大致可分为以下两类。

第一类是券商型行业研究报告，受众群体多为中小型投资者。报告中关注的重点往往是与这个行业相关的个股信息，同时会对行业的大致情况进行简单的分析和阐述，其优点是信息高度凝练，阅读人员可以快速了解一个行业的大致现状，缺点是由于券商本身也是市场的参与者，客观性难以得到保证。从客观角度来看，券商的研究报告中涉及宏观经济预测的内容相对可靠，行业研究次之，上市公司报告位列最后。

第二类是咨询机构编制的行业研究报告，受众群体多为行业内企业、投资公司及计划进入该行业的创新主体。对于创新主体来说，他们需要一份专业的行业研究报告来进行判断，以此确定该行业是否具有进入的价值。对于行业内存在的企业来说，他们需要行业研究报告来对行业未来的走势进行判断，了解竞争对手，以此制定相关的战略规划，判定公司未来的业务方向。

行业研究是专利信息分析流程第一个环节，贯穿了专利信息分析项目的整个过程。专利信息分析以分析专利数据为主线，结合其他行业、技术数据，通过信息资源关联整合梳理，以期获得对企业有价值的专利情报。

## 一、行业研究的作用及内容

### （一）行业研究的作用

行业研究报告是通过有目的、有计划地以各种方式渠道收集、整理数据资料并对其进行深入分析，围绕行业调研目标作出结论和战略性建议，所最终形成的，一份含有价值性信息的报告。对于同一项技术，从不同的视角出发往往得到不同的信息。从信息的来源来看，信息有技术信息、市场信息、法律信息等；从信息数据的发布渠道来看，信息数据的发布主体有政府部门、行业联盟、企业以及各类第三方数据平台。代表官方的政府部门往往更加重视一项技术的功能；从学术角度来看，技术的内涵和外延等概念性内容是其重点关注所在；市场则更加注重技术所能带来的成本降低或者客户体验感提升的效果。从任一渠道获取的任一方面的信息，都可以为专利信息分析提供有力补充。

一般来说，在专利信息分析实务中，行业研究的价值主要在于能够辅助了解行业/技术的构成或者分布，有利于全面适当地进行技术分解、检索和筛选与行业相关的专利。

通过进行行业研究、行业调查，可以了解并熟悉行业的国内外现状、行业内主要技术的细分及分布状况。行业研究的作用是从宏观的视角了解一项技术的来龙去脉，避免在进行技术分解及专利检索的过程中出现常识性错误。为了便于进行技术分解，通过行业研究、行业调查可以区分重点/热点技术与普通技术；经过区分后，可以为后续深入分解重点/热点技术、适当分解普通技术，使专利信息分析人员将精力和时间更多地集中在重点/热点技术上提供便利，从而挖掘出有价值的情报。

在检索专利文献的过程中，能够灵活使用各种分类号是区别专业的专利检索人员和非专业的社会公众的关键特征。但是，在专利信息分析过程中，并非所有待分析的技术主题都能够匹配到比较准确的分类号。例如，谷物种植、薯类种植、油料种植、豆类种植、棉花种植、蔬菜种植等，对于农业领域技术人员而言是非常熟悉的行业名词，但在各种专利分类体系中可能并没有具体的对应技术分类，即一对一的分类号。基于此，必须先通过行业研究获得以上技术主题的具体技术细分，再将类似的技术主题细分为具体的下位分类号，从而提取检索要素、选择相应的检索策略、确定噪声数据的来源以及外文专利数据检索要素等。

总之，行业研究可以辅助专利信息分析人员实现行业技术语言与专利技术语言的转换，从而提升专利检索的查全、查准率。

（二）行业研究的内容

行业研究主要是调查研究行业发展的国内外现状，其可以收集梳理的内容主要包括：行业相关政策信息、技术信息和市场信息。

行业相关政策的获取渠道包括国家统计局官方网站、地方统计局官方网站、工业和信息化部官方网站、国家发展和改革委员会官方网站、行业协会、企业网站、行业新闻等。通过梳理行业政策，可以了解行业发展的宏观环境。

关于技术信息的调研，进行调查的目的是找到行业内的关键技术，可以通过与行业内的专家直接沟通获取，也可以通过查询技术综述文章、行业标准、学位论文以及相关的书籍等方式获取。在一个行业中，最前沿的技术、技术研发新动向以及研发重点/热点往往掌握在行业内的技术专家手中，而并不予以公开发表或者申请专利。能够从公开的期刊、论文以及书籍中获取的各类技术文章，往往是近一段时间甚至近几年的技术研究重点/热点，并不能够代表行业内技术最新的研发方向。通过与行业内的技术专家进行沟通，往往会有关于从行业的宏观、中观以及微观各个角度观察所得的新发现。

关于市场信息的调研，调研内容主要包括：经济数据、法律维权数据和企业并购信息。对于经济数据的收集整理，主要以上市公司年报、证券公司行业研究报告、行业协会年报等作为可采信的数据来源；对于法律维权数据的收集整理，以专利无效宣告、专利侵权诉讼案例为主；企业并购信息，包括企业的子公司、母公司、合资公司等相关信息。

综上所述，通过行业相关政策信息、技术信息以及市场信息等方面的调查研究，整理得到的技术情报可以总结为：国内外行业政策现状、国内外行业技术发展现状分析、行业关键技术细分与布局。

## 二、行业研究的方式方法

一般来说，行业研究可以收集整理的信息主要包括国内外相关行业政策信息、重点/热点技术信息和综合经济信息等不同的信息类型。行业研究的方式方法包括查阅官方网站、期刊、论文及相关书籍、与行业协会/

企业展开调研交流、与技术/行业专家进行座谈交流等。按照需要收集整理的不同类型的信息，分别介绍上述行业研究的方式方法的适用情况。

（一）国内外相关行业政策信息

行业政策通常由政府性机构制定和发布，其来源渠道以各大政府机构的官方网站为主。此类信息的特点是公开透明、易于查找和浏览。

（1）国内相关行业政策信息来源。我国行业政策信息来源主要有国务院，国家发展和改革委员会、教育部、民政部、司法部、工业和信息化部、农业农村部、商务部、国家税务总局、财政部、国家统计局、国家市场监督管理总局和海关总署等部门。例如，中国政府网可以查询：国家宏观经济数据，如GDP（国内生产总值）、CPI（消费者物价指数）、总人口数据；社会消费品零售总额、粮食产品、PPI（生产价格指数）、各地区行政规划、各地财政收支等，分为月度、季度和年度数据。国家统计局可以查询国家、国际年鉴数据，包括年度、季度统计数据，并且涵盖所有统计数据指标。

此外，各省市数据开放平台可以查询各城市开放数据，例如，山东公共数据开放网、青岛市公共数据开放网、贵阳市政府数据开放平台、成都市公共数据开放平台、合肥市政府数据开放平台、广东省政府数据开放平台等。一些政府机构、高校以及国际组织等也会发布宏观经济查询数据，例如，高校财经数据库、香港特区政府统计处、联合国统计司、世界经合组织、欧盟统计局、国际货币基金组织等。

（2）国外相关行业政策信息来源。每个国家或地区的经济发展模式不同，并非所有国家或地区都有相应的行业政策。我国外交部的官方网站上列出了对世界主要国家和组织的介绍，从中可以获取每个国家或地区的基本情况，包括人口、面积、行政区划、经济、资源、对外贸易等信息。

例如，可以通过每个国家或地区的官方网站查询相关行业政策。这种查询方式比较直接。对于一些行业政策，如法国工业2.0、德国工业4.0、日本工业4.0等，国内已经有较多的网站予以转载，完全可以通过国内的网站自行研究分析。只有当调查研究的技术主题是近期较为热门的技术时，登录国外相关网站查询才是更高效的，获取到的信息才更有价值。

此外，还可以通过一些网站查询相关数据信息。例如：世界银行的公开数据库，包括健康、农业、公共部门、人口分布、外债、教育、环境、气候变化、能源等各种公开数据；世界数据图册，包括世界和地区统计资料、各国数据、地图、排名等，包含全球国家公开的数据。

（二）技术信息

对技术信息进行调查研究的主要方式方法包括与技术/行业专家进行沟通与访谈，与行业协会/企业的调研、座谈交流，通过互联网、图书、期刊纸媒查阅资料，查询技术标准等。

（1）与技术/行业专家进行沟通与访谈。首先，需要明确如何寻找或定位技术/行业专家，以及如何与技术/行业专家展开有效沟通。如果待分析研究的技术主题有对应的行业/企业协会，那么可以与相关的行业协会/企业联系，展开调研、访谈，获取一手的技术信息。行业协会/企业推荐的技术/行业专家，其优点在于获得的技术信息权威、指导性强。除此之外，也可以通过自行联系的方式，与技术/行业专家进行沟通交流。沟通交流的方式可以是以实地访谈或者电话、邮件的方式对高校或者科研院所展开调研，通过与行业内的科研工作者沟通交流后，了解并掌握两至三名相关的技术/行业专家的情况。参与访谈的专家最好拥有海外交流背景，或者近期参加过与技术相关的国际会议，对专利信息分析的技术能够提供方向性指导和专业性建议。

其次，考虑到访谈机会难得、交流时间有限的情况，在与技术/行业专家进行沟通前需要做好相关准备工作：提前了解并熟悉相关技术/行业，提前给技术/行业专家发送技术问题清单；根据事先准备好的技术问题清单与技术/行业专家进行沟通；沟通结束后及时就该清单上的问题答复进行归纳整理与总结，并将答案与结论反馈给技术/行业专家。从应用技术的特点而言，通常专利信息分析人员设计的调研问卷应当至少包含以下问题。

1）该项技术的起源，即该项技术的概念是如何产生的，源于何时、何地。

2）该项项术的应用方向，即未来该项技术可以延伸通往哪些方向。

3）该项技术应用推广的产业链问题，即如何实现该项技术从基础研究向产业化推进。

值得注意的是，由于技术/行业专家的观点往往比专利信息分析的结果更具说服力，因此可以在专利分析报告的结论与建议部分中适当予以引用，这样做具有较强的说服力，并且能够获得技术人员、研发人员类读者的共鸣。

（2）与行业协会/企业的调研、座谈交流。行业协会属于社会组织，归口管理部门为民政部社会组织管理局。2003 年，民政部社会组织管理局建成中国社会组织政务服务平台，通过该平台可以在线查询各行业协会的信息。实地调研、座谈交流是行业研究比较重要的技术手段。通过实地调研、座谈，可以与行业发展的实际参与人员面对面进行深入、有效的互动与沟通，真实了解目前国内外行业发展现状和需求以及行业发展的重要、关键、核心技术等。

行业不同，需要选择的调研对象也不尽相同，可以根据行业发展的具体情况来作选择，最好选择行业龙头企业或者优势企业，从而提高调研效率。

调研问卷是实地调研、座谈的重要补充手段，可以以较少的时间和成本获取更多的行业相关技术信息，具有针对性强、成本较低的优点。在采用调研问卷作为调研手段时，为了克服调研问卷回收率低的缺陷，可以通过相关行业协会的协助与支持，提高企业参与调研问卷的积极性。此外，调研问卷要根据调研目的、调研对象的不同来制作有针对性的版本，内容一般包括对专利信息分析的认识情况，技术研发过程中存在的困难，在市场竞争中面临的专利壁垒，希望了解的专利信息，以及企业可以提供的行业相关情况、行业相关政策、行业标准、行业年报等。在后期整理汇总调研问卷的答复情况时，可以根据具体情况进一步与相关企业建立沟通联系。

（3）通过互联网等方式查阅资料。阅读相关资料是了解行业技术最简单、快捷的形式，通过阅读与技术相关的资料，可系统了解技术的来龙去脉、国内外发展历程、现状和未来发展趋势，了解行业技术各个技术分支的发展情况、国内外的龙头企业以及相关技术产品在国内外的布局情况、市场占有率等。查阅资料的方式简单易行、资料量大、获取有价值信息的效率高。

（4）查询技术标准。技术标准是从事科研、设计、工艺、检验等技术工作以及在商品流通中应共同遵守的技术依据，是大量存在的、具有重要意义和广泛影响的标准。技术标准是根据不同时期的科学技术水平和实践经验，针对具有普遍性和重复出现的技术问题提出的最佳解决方案，其对象既可以是物质（如产品、材料、工具），也可以是非物质（如概念、程序、方法、符号）。技术标准一般分为基础标准，产品标准，方法标准和安全、卫生、环境保护标准等。行业的各项标准涉及技术的方方面面，各个标准所涉及的技术领域、技术特点以及应用场景各不相同。现阶段，高科技企业之间的竞争已由产品竞争转变成为技术专利竞争，又上升为技术专利标准竞争。

按照标准化活动的范围进行分类，可以将标准划分为：国际标准、区域标准、国家标准、行业标准、地方标准、团体标准、企业标准。

对于国际标准的定义，不同国家可能有不同的界定。根据ISO/IEC指南2中对“国际标准”的定义，国际标准是由国际标准化组织或国际标准组织正式表决的并且可公开发布的标准。我国采用的“国际标准”，是指国际标准化组织（ISO）、国际电工委员会（IEC）和国际电信联盟（ITU）制定的标准，以及ISO确认并公布的其他国际组织制定的标准。

区域标准是由区域标准组织通过并公开发布的标准，在区域范围内适用。影响力较大的三大欧洲标准组织——欧洲标准化委员会（CEN）、欧洲电工标准化委员会（CENELEC）和欧洲电信标准学会（ETSI）制定并发布欧洲标准。泛美标准委员会（COPANT）制定并发布泛美地区（主要指中、北美洲地区）标准。非洲标准化组织（ARSO）发布非洲地区标准。

国家标准是由国家标准化机构通过并公开发布的标准，在国家自身范围内适用。这里的国家标准化机构是指国家层面上的、国家承认的标准机构，如中国国家标准化管理委员会（SAC）、英国标准学会（BSI）、德国标准化学会（DIN）、美国国家标准学会（ANSI）、日本工业标准调查会（JISC）、俄罗斯联邦技术法规和计量局（GO STR）、沙特阿拉伯标准计量质量局（SASO）等。

行业标准是由行业机构通过并公开发布的标准，在某个国家的行业范围内适用。在我国，行业标准是由国务院有关行政主管部门组织制定的标准。

地方标准是在国家的某个地区通过并公开发布的标准，在国家的某个地区范围内适用。在我国，地方标准是由省、自治区、直辖市标准化行政主管部门和经其批准的设区的市、州、盟标准化行政主管部门制定并发布的标准。

团体标准是由某个国家的团体标准化组织通过并公开发布的标准。在我国，团体标准化组织可以是学会、协会、商会、联合会、产业技术联盟等社会团体。团体标准一般在发布该标准的团体范围内适用，但一些具有影响力的社会团体所制定的团体标准也可能在某个专业领域的更大范围内适用，如电气和电子工程师学会（IEEE）、美国试验与材料协会（ASTM）、万维网联盟（W3C）等制定的团体标准。

企业标准是为了在企业内建立最佳秩序，实现企业的经营方针和战略目标，在总结经验成果的基础上，按照企业规定的程序，由企业自己制定并批准发布的各类标准。企业标准是企业的规范性文件，需要遵照规定的程序编制、审批和发布。不过，企业标准的制定程序属于企业自身管理权限的范围，根据企业自身实际情况由企业自主规定。

关于技术/行业标准的检索平台，常用的查询平台有：ISO 官方网站（查询国际标准）、SAC 官方网站、国家标准信息查询网、中国标准服务网、国家标准全文公开系统等，以及一些其他的商业网站。这些网站免费提供标准的检索和查询服务，但是全文浏览和下载服务通常因涉及版权问题而需要付费。简言之，不同的标准查询平台各有特色，即使采用相同的检索关键词，得到的标准检索结果也不相同，但有部分交集。基于此特点，在实际操作中，需要根据行业特点，综合考虑所采用的标准检索平台。

常用的期刊、学术论文、电子书籍等资料的国内外检索平台有百度学术、中国知网、维普、超星发现、万方数据知识服务平台、中国科技论文在线、中国学术会议在线、谷歌学术、读秀、Open Access Library（OALib）、BASE（比勒菲尔德学术搜索引擎）、BioMed Central、Highwire 电子期刊等，这些检索平台是专利信息分析人员所熟知的。常用的文库类检索平台有百度文库、爱学术、道客巴巴、豆丁网、Library Genesis 等，此类文库通常是付费检索，能够检索到由网络用户上传的各种类型的文档资料。从资料来源看，期刊、论文、标准性文件和电子书籍类属于正规出版物，可靠性高，而文库类资料属于非正规出版物，类型多样，可以作为参考：这两类检索平台互为补充，从信息收集的全面性考虑，均可以采用。

### （三）综合经济信息

综合经济信息是多维度的综合信息。在专利信息分析过程中，综合经济信息主要介绍经济类数据、涉诉专利数据和企业并购信息等三方面信息的收集整理。

#### 1. 经济类数据

在专利信息分析报告中，经济类数据主要包括行业经济数据与企业经济数据。行业经济数据包括行业规模、产业链、生命周期，以及行业细分领域与竞争格局，如细分市场规模、行业集中度、主要竞争对手等。获取行业经济数据，在有数据库可以使用的前提下，利用数据库是最方便快捷的方式。例如，国内数据库首选 Wind（万德）数据库，也有其他一些数据库如 Choice 数据库、同花顺 iFind 数据库、大智慧等。国外数据库如 Bloomberg（彭博）数据库、Eikon 数据库、Capital IQ（标普智汇）数据库等，数据都非常全面，还可以使用 Microsoft Excel 快速导出数据。除此之外，也有一些专门针对某些行业的数据库，如欧睿数据库 Euromonitor Passport、尼尔森 Nielsen 等。当然，上述数据库的缺点就是价格昂贵，使用方法需要学习。

获取行业经济数据，如部分宏观数据，还有一个来源即官方机构发布的数据，如根据国家统计局及各省统计机构，从中可以找到一些宏观经济数据、人口数据、贸易数据等。如果是国别比较，可以根据一些国际组织机构发布的数据查询，如世界卫生组织、联合国等。官方机构会发布一些统计报告，也可以作为参考。从官方机构下载的数据，数据量庞大，没有经过整理与归纳，此外还有指标解读问题，后期还需要进行数据加工。

从官方机构无法查找到的专业领域数据，可以查询该行业相关协会发布的数据，一些专业性行业协会也会定期公布行业数据，如中国汽车工业协会、中国钢铁工业协会、中国电力企业联合会。一些行业协会会出版付费行业年鉴/报告，可以根据项目需求购买。

获取企业经济数据，可以考虑咨询机构及第三方研究机构发布的研究报告。MBB（麦肯锡 McKinsey、贝恩 Bain、波士顿 BCG）、有关会计师事务所的咨询部门以及尼尔森、埃森哲等会发布一些行业研究报告，通过搜索引擎能够从网络上下载下来，但由于是免费的报告，因此行业的信息可能并不详尽，或者数据比较老旧。另外，一些专业机构如房地产咨询五大行（仲量联行 JLL、世邦魏理士 CBRE、戴德梁行 DTZ、第一太平戴维斯 Savills、高力国际 Colliers）的市场研究报告也可以作为参考。国内机构如艾瑞咨询 iResearch，会定期出版一些互联网数据相关报告。国内这类研究机构不少，但报告质量参差不齐，有些报告的发布并非是为了提供数据，而是某些企业的营销手段，需要对相关信息的可信度进行分辨。

获取企业经济数据，还可以考虑券商报告。其主要是卖方研究报告，可以从数据库中获取，如果没有数据查询权限，通过搜索引擎也能查找到一些历史报告。一些网站也支持部分免费查看或者报告下载，如发现报告、行行查、乐晴智库、并购家、股票报告网等。

对企业经济数据进行研究，一般包括两方面：财务数据与经营数据。经营数据包括企业的产品、顾客、供应商、营销渠道等。此外，可能还需要了解企业的发展历史、商业模式、股权结构、并购案例等。可以使用的信息获取渠道，包括企业的官方网站、财务报告、财经网站等。

（1）企业的官方网站。有时可能会忽略企业的官方网站，实际上企业的官方网站非常重要。如哔哩哔哩官方网站，点击进入“投资者关系”可以获取关于企业的很多信息，包括公司简介、管理层、近期大事件、财报、有哪些分析师正在研究以及联系方式等。

（2）财务报告。财务数据主要从年度报告、半年报、季报中获取，有些企业的官方网站并没有及时更新，也可以从巨潮资讯网站上下载。当然，财务报告并不仅仅是财务数据，其文字部分也有很多重要信息，特别是年报，通过仔细阅读能对公司和行业有初步的了解。

（3）财经网站。此外，想快速浏览了解企业各方面的信息如公司简介、股东结构、财务概览等时，建议使用一些财经网站。例如，国内的雪球，国外的 Google Finance、Yahoo Finance、英为财情等这些网站的功能都差不多，且信息很多是免费的。

2. 涉诉专利数据

复审程序可以反映权利方（申请人）对于专利权产生的积极努力；无效宣告请求审查程序可以反映利害关系人（如被诉侵权人）对于专利权的挑战；侵权程序可以反映专利权人对于专利排他权的积极落实；行政诉讼程序则反映了当事人对复审、无效宣告请求审查程序结论所提出的进一步主张。这些涉诉程序产生的驱动力在于相关当事人对于专利权价值的肯定，无疑可以反映相关当事人主体对于专利权价值的判断，进而构成了对专利权价值的反映。一般来说，由于涉诉专利通常都可以认为是有价值的专利，因此，涉诉专利数据的商业性查询渠道较为丰富。从满足专利信息分析的需求来看，常用数据库推荐北大法宝、律商网、万律等。企业涉诉信息及案件情况，可以查询中国裁判文书网、中国执行信息公开网等。

3. 企业并购信息

常用的企业并购信息的检索平台是 Crunchbase 数据库，可以技术名称作为检索入口，也可以公司名称作为检索入口。国内的天眼查、企查查、启信宝、国家企业信用信息公示系统、企业预警通、爱企查等数据库可以公司名称作为检索入口，查询公司的工商信息（包含股东构成、历次变更情况、高管人员、注册资本、经营范围、涉诉风险、招投标信息、对外投资、招聘信息、财务数据、企业性质等）子公司、母公司等基本信息，但是无法查询与某一项技术有关的所有企业并购信息。

综合经济信息的数据来源以商业数据库为主，再结合一些国内外行业协会发布的经济数据，基本能够满足专利信息分析的需求。对于经济类数据，通常可以从行业协会或者企业官方网站上获得。对于涉诉专利数据，由于信息的价值较高，因此得到了各大商业数据库的青睐。虽然从整体来看，不同技术领域的涉诉专利数据量不同，但是就获取信息的难易程度而言，借助于各大商业数据库可以更好满足专利信息分析的需求。对于企业并购数据，在新兴热门技术领域，中小微企业被收购的可能性较大，国内相应的商业数据库的检索手段还不健全，需要借助国外的商业数据库来进行查询。

## 三、行业研究报告

行业研究报告是专利信息分析成果的展示。

### （一）行业研究报告的框架结构

专利信息分析的行业不同、技术领域不同，行业研究的内容也各有不同。通过整理行业研究成果形成研究综述，各行业可根据自身特点选择报告中所要呈现的重点与亮点。一般来说，行业研究报告的框架结构主要由以下几个部分构成。

1. 行业概述

该部分主要介绍行业中重点/核心技术的起源、发展历史和目前国内外现状。在该部分中，应当明确当前的行业技术分类情况、行业研发热点方向、国内外重要创新主体及其排名情况等内容。

2. 行业发展国内外相关政策

在国内外的相关行业政策方面，根据行业的不同特点，既要关注行业宏观政策，也要关注近期行业政策的调整变化情况。在分析专利申请、授权、有效等数量变化趋势时，这部分内容可以帮助分析专利数量变化趋势出现拐点的原因，也可以帮助分析专利技术的主要原创国家/地区和主要目标市场国家/地区。

3. 行业发展现状

结合专利信息分析的目的，主要分析国内外行业发展现状，明确当前市场的主流产品与技术，行业内对于产品或者技术的期待改进之处，行业整体的市场产值以及年均增速等经济指标，行业内重点企业的相关经济数据，如头部企业信息、国内外企业数量、中小企业的并购信息等。在分析重要、核心专利申请人时，可以辅助确定国内外重要申请人，并且将专利申请人的技术产品、专利申请量、市场销售额等数据结合进行分析。其他商业信息如涉诉专利数据，有助于筛选出潜在的高价值专利、重要专利、核心专利等。

4. 行业发展重点、热点技术

根据项目前期调研、专家访谈交流和资料查询等结果，梳理出行业未来发展主要集中的重点技术、热点技术。在综合考虑专利分类方法的基础上，对重点、热点技术进行合理的分解，分析市场中创新主体所关注的技术热点和难点，对相关技术重点进行多上维度上的专利信息分析，为专利信息利用提供工作指引、为行业政策研究提供有效参考、为行业技术创新提供有效支撑。

（二）行业研究报告的分类

行业研究报告可以分为行业技术调查报告和行业现状调查报告，或者两者合并为一份行业研究报告。

1. 行业技术调查报告

行业技术调查报告可以为专利信息分析报告提供相应的基础材料。行业技术调查报告可以提供行业的发展历程、现状和发展趋势。关于国内外专利现状分析，行业技术调查报告中关于国内外行业政策、行业现状等的内容都是对专利的发展趋势、地域分布、申请人分布情况、技术构成和技术活跃度等方面所得结论进行验证的重要依据；关于重要申请人的分析，主要针对的是主要申请人的专利布局情况进行，而行业技术调查报告中关于主要研究主题的分析则是对确定主要申请人进行验证的重要依据；关于重要技术分支的分析，行业技术调查报告针对研发主体关注的技术热点与难点是确定重要技术分支的重要依据，此外对重要技术分支的发展路线、未来发展方向的判断，也需要参考该行业的发展历程、现状和趋势。

行业技术调查报告一般包括行业技术的概念，技术发展过程、现状和发展趋势，产业链的组成、行业分类标准，行业政策等情况。介绍整个行业发展过程中不同时期、不同地区对该行业所制定的各种政策，行业中的研发主体及其关注的技术热点和难点，是行业技术调查报告的核心所在。只有明确了行业发展的关键技术及其分支，才能为后续的专利检索以及技术分解提供技术支撑。

2. 行业现状调查报告

行业现状调查报告的作用在于使专利信息分析项目组掌握待分析行业的发展历程、国内外市场规模以及行业发展现状、产业链关系、市场主体分布情况、行业政策以及行业所面临的市场需求和未来发展方向等情况。

行业现状调查报告一般包括以下内容。①行业的发展历史与现状。主要介绍行业的一些基本概念和起源、在国民经济中的地位等。②行业的国内外市场格局。根据行业特点选择所要调查的市场区域，一般而言，中国、美国、日本、韩国、欧洲是主要的目标市场国家或地区。③国内外龙头企业概况。主要介绍各龙头企业的发展历程、技术特点、主要产品与技术及其研发方向、企业并购情况等。④行业发展的市场需求。这是行业现状调查报告的核心所在。只有明确了行业发展的现状与需求情况，才能明确市场的主流产品与技术及其发展趋势，从而定位能够满足市场需求的行业关键与核心技术及相关技术分支。

## 第四节　农业专利信息分析之技术分解

技术主题检索是一个复杂工程。要解决复杂工程，一种有效的工具就是使用模块化思想，将复杂工程切割、划分为简单的模块。技术主题检索，尤其是检索对象的确定、具体检索范围的划分，就可以用到模块化思想。

模块化检索之于专利文献检索，一种有效的技术手段便是技术分解。技术分解是将行业技术与专利文献分布进行匹配关联的关键环节，在整个专利信息分析中具有纲领性的作用。技术分解的结果是要得到一个明确的技术分解表。技术分解表是一个有层次结构的表格。制作准确的技术分解表是了解行业现状、检索专利文献以及处理检索结果的关键步骤，其不仅可以帮助专利信息分析人员在专利检索和分析前了解行业发展和技术发展状况，还可以帮助专利信息分析人员准确地了解行业各技术分支的布局情况，使其熟悉掌握技术主题从宏观到微观的现状。

### 一、技术分解综述

#### （一）技术分解的相关概念

技术分解是指对待研究的技术主题按照技术构成、产品类别、产品结构、工艺流程步骤、产业链等方面进行归类划分，从而找到待研究的技术主题与专利文献分布的映射关系。技术分解需要根据待研究的技术主题进行，既要方便专利信息分析人员进行专利检索，又要能够得到行业从业人员的认可。技术分解表是对待研究的技术主题进行深入细化分解的结果，其实质是专利检索分析的纲领性文件，可以看成是专利检索的路线图、研究框架或者计划规划，其所记载的内容是将要付诸检索和分析的技术分支，既是专利文献检索的基础，又是数据标引、除杂、整理的指南。只有通过技术分解表，才能够清晰地划定技术主题检索的范围。

技术分解既不等同于专利分类，又与行业技术分类有一定的区别。其结构形式和IPC分类表中所采用的大类、小类、大组和小组等划分方式类似，一般采用一级、二级、三级和四级技术分支的划分结构，根据专利信息分析的实际需求和行业的具体特点，将待分析的技术主题细分出不同层级的技术分支。当然，根据技术的特点和需求还可以继续将各技术分支划分为细分分支。在一级和二级技术分支上应当涵盖该技术领域的主要技术，在三级和四级技术分支上应当突出关键技术。

一般情况下，可以按照技术特征、工艺流程步骤、产品结构或产品用途、产业链等角度进行技术分解。例如：当产品类型单一，无法划分出不同的产品类型时，可以考虑从产业链角度入手，根据其技术输出的全流程，进行关键技术环节的技术划分；当针对某一特定领域的产品进行专利技术分解时，可以从产品的技术构成角度入手，分析产品的技术驱动因素，全方位、多角度、逐层分解该产品研发所涉及的各项技术构成；当所要分析的技术主题定义清晰时，可以尝试从产品类型角度入手，进行层层分解，以最终分解到具体的产品结构为目标，划分出边界清晰的技术分支。

（二）技术分解的作用

技术分解是一种可以与行业的实际情况相结合，与需求方进行沟通的辅助工具。一般来说，行业内通常有其惯用的技术分类体系或方法，分析需求往往只涉及其中一种或几种技术分支。如果技术分解可以尊重行业分类的惯例，将需求方关注的技术边界予以界定，并融入到专利分析体系中，就可以基于技术分解更清晰、明确地与需求方沟通成果物，更好地满足用户的需求。

技术分解有助于界定专利信息分析的范围边界，准确反映技术主题的整体情况。技术分解是根据行业特点来对技术主题作进一步细化分类的。通过技术分解，可以确定专利信息分析的范围边界，了解该行业内技术主题下的主要技术构成、技术分支情况、产业结构情况等。

技术分解有助于辅助提取专利检索要素，便于开展专利检索。技术分解是将待研究的技术主题进一步分解细化的过程。从整体的技术主题到细化为不同层级的技术分支，针对更为细化的技术分支提取检索要素，如分类号、关键词等，从而便于构建检索式，更方便、有效且全面、准确地检索到相关专利文献。

技术分解有助于辅助开展针对检索结果的数据清理与数据标引。细化技术分解是对技术体系的梳理，基于技术分解的结果可以有针对性地对检索到的专利文献数据进行数据清理、标引和重新归类。

技术分解有助于在实际操作中梳理分析关键点，便于聚焦研究的重点，确保专利信息分析项目的质量。在进行专利信息分析时，需要根据实际需求，对整个技术主题进行技术分解，细分出各层级的技术分支，从而揭示其发展现状、未来趋势、创新主体等信息，为企业研发或对是否进入新的技术领域进行评估、提供决策参考。

技术分解有助于开展数据分析和报告撰写。边界清晰的技术分解在数据清洗和技术标引中能够提高数据分析和处理的效率，是构建专利信息分析报告框架的重要依据。

（三）技术分解的依据与原则

技术分解的依据与原则包括：技术分解表一般按照尊重行业习惯的分类方式制作，通过分解能够尽量减少技术分支之间的交叉重合，聚焦关键技术，分解后方便专利信息检索，检索完成后需要专利文献数量适中，具体如下。

（1）需要尊重行业分类习惯，满足行业通过专利信息分析可以清晰获取情报的需求。

（2）明确各个技术分支的边界，尽量避免和减少不同技术分支之间交叉、重合的情况发生。

（3）在技术分支上完整地体现出关键技术点。

（4）技术分支的构成要尽量方便专利技术检索要素的提取、总结，能够将检索要素表达为比较恰当的关键词与分类号，从而便于后续开展检索。

（5）技术分支的划分应当使粒度基本保持一致，每个技术分支下的专利文献数量适中、相对均衡，便于针对每个技术分支进行分析；如果某一个技术分支下的专利文献过于集中、数量过于庞大，则应当对该技术分支作进一步细分，或者重新调整技术分解的方法。

技术分解并非简单地依据行业分类习惯或 IPC 分类表，需要专利信息分析人员进行大量的专利阅读、标注、归纳、调整和验证，其往往是多种分类方式相结合、共同作用的产物。技术分解是专利信息分析大厦的基石，如果技术分解的粒度太粗，则其所展示的技术分类中往往大多属于成熟技术，很难从中发现新技术、专利布局机会点位、潜在的市场机会等，投入大量精力制作的技术分解及其统计分析，难以发挥其效用。基于此，在面临多种分解方法时，专利信息分析人员可以利用上述原则进行适当取舍，从而获得符合项目需求的、合适的技术分解表。

## 二、技术分解的步骤

一般而言，技术分解包括以下几个步骤。

### （一）了解技术的特点和明确项目的具体需求

通过查阅期刊、论文、书籍等资料或者网络搜索，学习、了解行业发展国内外概况和行业内重点、关键技术发展概况，通过产业调研了解产业痛点。

具体地说，在对某一技术主题进行技术分解时，首先需要了解：该技术主题的基本情况；该技术主题在整个行业内所处的位置是属于产业的上游、中游还是下游，以及所包括的主要内容；项目研究所要解决的技术问题；项目研究的实际、根本需求，或者最重要的需求；项目的关注点。其次，在这个过程中还需要进行大量的文献调研、阅读、理解，并对关键技术进行初步筛选、阅读，可以通过以下两种方法提高效率。

1. 针对检索结果中的专利文献进行语义聚类分析

随着大数据技术的成熟与发展，许多辅助专利信息分析的平台与工具随之涌现，并针对技术分解智能化提出了很多新的解决方案。借助检索结果中检索到的专利文献进行语义聚类分析，可以实现技术智能分组并进行动态调整。通过相关专利文献进行语义聚类分析来了解技术的基本情况和发展动态有很多优点：快速、高效地了解技术的分布特点，提高技术分解的效率和质量。无论待分析的专利文献的样本数量有多少，检索的技术边界是否清晰，都可以先通过语义聚类分析对技术分支进行初步分类。通过智能化手段对技术主题进行自动多级分组，对于快速判断检索结果是否全面、准确，理解技术脉络和厘清技术热点都十分有效。

2. 借助网络资源中的各种非专利文献资料

非专利文献也是了解技术分解中关键技术的重要途径和辅助手段，包括网络资源中关于技术主题的综述性文章、产业概况、学术学位论文、行业标准、国家标准、国际标准等各种资料。同时，随着互联网、搜索引擎、专业社区以及自媒体的快速发展和成熟，越来越多关于技术、行业、产业、企业的专业性文章开始出现在互联网、智能终端上。这些资料对于技术分解表的构建以及后续的专利信息分析是非常有帮助的。通过对这些资料的搜集、整理和阅读、理解，可以了解技术发展的国内外概况和产业发展动态，具体可以搜集行业分类信息、技术分类信息、标准相关信息、产品及主要龙头企业等相关信息等。这些信息有助于认识整体的技术和产业概况，快速了解产业链和技术链，了解产业痛点和技术难点、热点，对于后续进一步的技术分解有指导意义。

（二）技术分解的初步分类、评估与评价

针对项目的技术主题，经过初步检索和数据去噪、筛选，确定技术边界、细化技术框架，对技术进行初步分解，通过与技术/行业专家进行交流、访谈，从而针对初步构建的技术分解表进行评估与评价。

了解到技术在国内外的发展基本情况以及技术发展动向之后，需要从项目需求出发，结合与技术专家、研究人员的调研与访谈交流，对产业链进行技术模块分解，确定技术分支的技术边界，对技术相关的重要申请人进行初步检索，并针对检索到的文献进行阅读、了解、熟悉、总结，用于开拓思路。将技术主题在宏观或中观层面参照技术方向、产品类别、产品结构组成及材料、产业链、产品或技术应用场景、技术效果等分类方向进行逐级分解后，确定技术主题的边界，进而确定专利检索要素、数据清理原则和技术标引指南，科学评估各分支专利文献体量。

专利信息分析从技术分解开始。技术分解的合适与否，不只会影响专利信息分析的方向，更会影响分析的效率以及成果物的质量。在初步完成技术主题的分解后，可以参照分解方式是否符合行业分类习惯，技术分支之间是否存在技术交叉，是否聚焦关注了与技术主题相关的关键技术，技术分支是否方便提取检索要素从而便于开展检索，经过初步检索后获得的专利文献数量是否合适，各技术分支下的专利文献数量是否相对均衡……这样的标准来对技术分解表进行评估与评价。

1. 经过技术分解、初步检索后，锁定的专利文献的数量需要相对适中，便于后续的数据标引与处理及专利分析工作

从微观层面来看，高质量的专利技术分析需要技术专家、研发人员等的参与。当单个技术分支下的人均分析专利数量在数百篇到数千篇这样的范畴时，数据清理及数据标引的效率和准确率可以得到保证，技术的梳理、归纳和总结也会更为顺畅。如果专利文献的数量太多，则会带来分析上的准确性问题。基于此，技术分解表应该关注锁定的技术文献数量是否适宜。

2. 技术分解表的构建需要方便专利文献检索

技术分解表界定项目研究的边界范围，如果技术体系内的边界不清晰，则会导致后续分析过程中的工作效率和质量发生问题：一方面，数据

标引的难度会提高和人工成本与时间成本会增加；另一方面，会导致最后得出的分析结论不够准确。基于此，确定的各技术分支的边界应当尽可能清晰，方便后续检索，并且有些技术领域还要同时考虑方便专利文献和非专利文献的检索。

3. 技术分解表需要重点突出，与行业认可相一致

专利信息分析是一种咨询服务，需求是所有项目分析工作的起点，结论与建议是项目分析工作的终点。技术分解表不仅是分析研究的框架目录结构，还是与需求方进行沟通的纽带和桥梁。任何项目分析工作都很难做到面面俱到，技术分解表应该将重点聚焦于需求所关注的问题、分析内容应重点突出，切忌在所有关注点上平均用力。在技术分解表中，各技术分支之间的层级关系以及同级之间的关系应当符合行业分类习惯，并得到需求方的认可与确认。

（三）持续对技术分解表进行细化调整并优化

针对已经构建完成的技术分解表，需要通过线上/线下的调研访谈、深入检索，广泛征集专家、技术人员的意见，并对专利文献进行初步人工标引，基于结果对技术分解表中的各级技术分支进行持续调整与优化，聚焦项目研究的重点；在技术分解评价的基础上选取技术热点、重点，对初步构建的技术分解表进行细化调整、不断优化，使其符合行业分类习惯和便于检索及数据处理、数据标引的需要，也用于能够进一步聚焦项目研究的重点。通常，通过以下方法对技术分解表进行调整。

1. 根据行业研究现状的总结情况以及市场中的企业等创新主体所关注的技术热点、重点对技术分解表进行调整

由于在初步进行技术分解时不一定能够对行业以及相关企业展开充分的调研，因此在构建技术分解表的初稿后，应当对其进行行业研究，与行业/产业专家和企业技术专家进行线上/线下的沟通访谈，收集专家对技术分解表的反馈意见，并根据反馈意见调整优化技术分支或重新定义技术分支，以使技术分解表更符合行业分类习惯和实际情况。值得注意的是，通过对行业和企业的调查、进行访谈等得到的反馈情况，更能使技术分解表突显出创新主体所关注的热点技术分支，从而使专利分析的重点更为突出，引导作用更为有效。

2. 根据检索到的专利文献总量及其分布特点对技术分解表进行调整优化

在初步完成技术分解后，一般情况下会根据初步构建的技术分解表进

行专利文献的检索。但是，当针对技术主题下的某一技术分支进行检索时，可能存在该技术分支涵盖的专利文献数量偏多或偏少的情况，极端情况例如，某一技术分支下涵盖的专利文献数量有几十万篇，而另一技术分支下涵盖的专利文献数量只有几篇，这样会影响对该技术分支进行专利信息分析的精准度。基于此，当根据分解后的技术分支完成检索后，还应根据各技术分支的检索结果——专利文献的数量和分布情况进行适当调整或者进行技术分支的拆分或者组合。例如，经过初步检索后，如果某一技术分支下的专利文献数量过多，则可以考虑将该技术分支继续细分，进一步细分出下一级技术分支或调整同一级的技术分支，重新定义该技术分支的边界范围。通过调整优化后，使得该技术分支下覆盖的专利文献数量适中。

3. 根据数据清理的难易程度和数据标引过程的反馈情况对技术分解表进行调整优化

在对检索结果进行数据清理的过程中，可能会遇到难以对已初步构建的技术分解表中的一些技术分支数据进行清理的问题。这时，还应对这些技术分支重新进行拆分或组合，以保证数据清理结果的准确性。

4. 根据研究过程中的初步结论对技术分解表进行优化调整

在根据初步构建的技术分解表完成数据检索、数据处理后，可以对其结果进行初步作图，并尝试获得初步的分析结论。这时，部分图表中可能会反映出一些不符合行业发展实际趋势或行业发展实际情况的问题。例如，某一技术分支的发展趋势与行业现实的发展情况明显不符，其行业现实发展的情况是行业相关的技术分支专利申请量逐年上升，并保持一定的增长速度，而图表给出的结果是某些技术分支下的专利申请量逐年下降或中间出现低谷。出现这种情况的原因很有可能是之前构建的技术分解表不合适导致出现的数据错误。发现这样的问题后，应当分析根据技术分解表检索到的专利文献数据，并根据行业的实际情况对技术分解表重新进行相应的调整、优化。

（四）对构建完成的最终版本的技术分解表进行层级规范、术语规范、定义描述

根据已经构建完成并经过优化的技术分解表，针对关键技术分支更进一步地进行层级分类与规范的细化，撰写技术分解表和技术术语定义表，并使用规范性表达，便于项目后续工作的开展及回溯调整。

在技术分解过程中对技术分支进行逐级分解时，可以重点参考各级技

术分支技术主题的基本情况和发展路线。首先，将最上位的技术分支分解为较为下位的技术分支，然后，对较为下位的技术分支作进一步分解，将其分解为更为详细、具体、明确的下位技术分支，直到其能够与分析方法相匹配。

1. 技术分解表

应充分了解技术主题的概况和发展动向，在此基础上对技术主题进行逐级分解后会形成技术分解表。技术分解表从不同层级显示了该技术主题的主要内容和框架结构。在制作技术分解表过程中应特别注意其在格式、层级、逻辑和内容方面的规范性。常见的技术分解表可以用表格、思维导图和图谱等方式呈现。其中，用表格表达技术分解是一种最为常见的方式。

2. 技术术语定义表

一般来说，由于同一技术术语在不同的行业背景下具有不同的含义，或者不同的专利信息分析人员对同一技术术语的理解不同，又或者业界对某一技术分支尚未形成统一的定义，因此如果不对技术分解表内各技术分支中的技术术语进行定义，就无法准确确定该技术分支的边界。此外，鉴于技术术语的不确定性，可能导致同级技术分支之间存在概念、范畴、数据重合的情况，从而影响技术分解的精确程度，导致分析结论不够准确。基于此，在技术分解表构建完成后，还需要对技术分解表中的各技术分支进行定义描述，用于帮助专利信息分析人员明确各技术分支的边界范围。进行定义描述可以从该技术分支需要包含的内容和需要排除的内容两个方面展开，以便后续进行数据处理、数据去噪、数据标引等工作。

技术分解表会受到行业相关的技术成熟度、技术与产品的交叉关系、产业链各环节的关键节点等各种因素的影响。一般来说，一级和二级技术分支主要受产业、行业分类习惯影响较大，三级及以上的技术分支与产品技术链、价值链和核心关键技术密切相关。例如，在进行技术分解时，一个较为直接的分解思路是，先以产品为最基本的技术主题，再考虑产品的零部件、材料、控制方法、应用场景等，确认是否有必要分解出其他技术主题。

## 三、技术分解的方法

### （一）技术分类标准

技术分解是专利信息分析工作的起点与基础，在进行技术分解时应首先参考专利相关分类体系来进行技术分类、分级工作。为了与行业技术标准和分类相一致，技术分解一般也应参考行业内技术分类惯例，同时补充参考教科书或文献综述、期刊、论文、书籍等方面的内容。

1. 行业分类标准和体系

行业分类是指从事国民经济中同性质的生产或其他经济社会的经营单位或者个体的组织结构体系的详细划分，如“农业、林业、渔业”“制造业”等。行业在发展过程中会形成自身独有的标准和规范。

通常情况下，从使用者角度可以将行业分类标准分为两种。

一种为管理型行业分类标准。管理型行业分类体系面向各级政府部门、行业协会，其目的在于正确反映国民经济内部的结构和发展状况，并为国家宏观管理、各级政府部门和行业协会的经济管理以及科研、教学、新闻宣传、信息服务咨询等提供统一的行业分类，便于展开宏观统计工作与国家之间的比较。例如，联合国经济和社会事务部统计司于2008年发布《所有经济活动的国际标准行业分类》（修订本第4版），该行业标准首先将国民经济行业划分为不同门类，再对每个门类划分大类、中类、小类。该分类法又称为标准产业分类法，是指为统一国民经济统计口径而由权威部门制定和颁布的一种产业分类方法。国家统计局发布的《国民经济行业分类》（GB/T 4754—2017）、《战略性新兴产业分类（2018）》、《高技术产业（制造业）分类（2017）》和《高技术产业（服务业）分类（2018）》，中国证监会颁布的《中国上市公司分类指引》等，均属于管理型行业分类标准。

另一种为投资型行业分类标准，为满足金融组织对准确、完整、标准的行业定义的需要而设计，目的在于为投资者的投资分析、业绩评价、资产配置或指数跟踪提供服务。力求反映不同行业的不同投资价值。典型代表包括：全球行业分类标准（GICS）、行业分类基准（ICB）、证监会行业分类、中信证券行业分类标准、申万行业分类标准及Wind（万德）行业分类标准等。

在进行技术分解时参考行业分类标准，是为了在专利信息分析中结合行业分类思维，以使分析结论更容易被行业、企业所认可和接受，并且根据行业分类标准确定的技术分解更能符合行业发展态势及现状。

技术分解与行业分类相结合的方法如下。

（1）可以从项目需求分析角度出发，借鉴行业通用分类标准，对所属行业的技术分支采用逐级划分的方法。例如，参照最新版《国民经济行业分类》中的分类体系与方法来进行技术分解。

（2）知识产权密集型产业的专利统计分析可以参考《知识产权（专利）密集型产业统计分类（2019）》。该分类规定的知识产权（专利）密集型产业是指发明专利密集度、规模达到规定的标准，依靠知识产权参与市场竞争，符合创新发展导向的产业集合。知识产权（专利）密集型产业的范围包括信息通信技术制造业，信息通信技术服务业，新装备制造业，新材料制造业，医药医疗产业，环保产业，研发、设计和技术服务业等七大类。该分类依据《国民经济行业分类》（GB/T 4754—2017），对其中符合知识产权（专利）密集型产业特征的有关活动进行的再分类。

同时，参照行业分类需要注意以下事项。①结合产业实际进行实时调整。行业标准可能落后于产业发展，在技术分解过程中需要咨询行业的技术专家和产业专家不断进行优化调整。②关注行业分类对专利检索和数据处理、数据去噪、数据标引的影响。与行业分类相关的技术分解主要运用在宏观产业类专利分析中，如区域布局类、产业规划类专利导航等，分类视角较为上位，需要关注分类结果下的专利检索和数据处理、数据去噪、数据标引等方面的工作量是否合适。③尊重行业习惯。很多行业分类是经过长期、大量的经验积累而沉淀下来的，虽然与专利分类体系可能有所不同，但更能为本行业从业人员所广泛接受，这样的分类体系和标准更易于沟通交流。

2. 学科分类标准和体系

学科分类的角度更为中观、较为细化，分类体系更新迭代较为迅速，是对行业分类和专利分类的一种有益补充，特别是对于产业化程度不高的基础技术和发展迅速的前沿技术来说。技术分解与学科分类相结合的方法如下。

（1）基础技术的初级分解可以参考《中华人民共和国学科分类与代码国家标准》（GB/T 13745—2009）。该标准是我国关于学科分类的国家推荐标准，规定了学科分类原则、学科分类依据、编码方法以及学科的分类体系和代码，通常按照学科门类、学科大类（一级学科）、专业（二级学科）三个层次来设置，适用于国家宏观管理和科技统计。

该标准主要依据学科的研究对象、本质属性或特征、研究方法、派生来源，学科研究的目的和目标等 5 个方面进行划分，共设 5 个门类。5 个门类分别是：A 自然科学，B 农业科学，C 医药科学，D 工程与技术科学，E 人文与社会科学。在这 5 个门类下又分为 3 个层级：62 个一级学科或学科群、672 个二级学科或学科群、2 382 个三级学科。对应学科专业所使用的教科书会基于上述分类对学科进行专业的技术分解，并对某学科现有知识和成果进行综合归纳和系统阐述，在对材料的筛选、概念的解释和不同技术分支或学派的介绍上具有全面、系统和准确的特征。对较为基础的技术主题的专利信息分析，该分类具有一定的参考意义。

（2）前沿技术可以重点参考学术学位论文等非专利文献。学术分类主要关注非专利期刊文献，特别是一些高质量的技术综述类学术文章。在某一技术主题的专利分类和行业分类均不明确的情况下，非专利文献中的技术综述具有非常好的借鉴和参考价值。

3. 专利分类标准和体系

如果技术分解主要基于专利分类体系，则更加方便检索式构建。目前，由于 CPC 体系的出现，USPC 和 ECLA/ICO 已经不再更新，因此在使用专利分类标准时，主要以 IPC、CPC 以及 FI/FT 为主。

总的来说，借助专利分类号进行分类有许多优点。一是其已归属现成的技术分类体系，稍作修改即可，技术分解效率高。二是基于专利分类的技术分解便于检索。特别是已有专利分类体系与行业内技术分类标准差别不大或基本一致的技术领域，技术分支与专利分类号一一对应，可以使专利检索和数据处理更加简单快捷。

（二）技术分解常见的分类方式

技术分解的核心工作是对待研究的技术主题进行拆解，服务于项目分析需求和分析方法。当前，专利信息分析的方法论不断完善，已经不是单纯只分析技术，还会结合产业、法律和市场因素，即技术分解不应局限于纯技术分解，还可以进行竞争对手分类、产品结构分解、产品应用分解等。技术分解大体上可以围绕产业链进行，围绕技术和产品、聚焦结构和功效。

每个项目分析的目的不同，技术分解的视角可能就有所不同。例如，可在宏观产业、中观企业、微观技术上聚焦发展趋势判断和竞争格局的问题，也可围绕企业运营需求聚焦技术类、产品类、应用类、效果类等类别的知识产权保护和运用问题。

每个项目分析的视角不同，技术分解的方法也有所不同，此时可以根据项目分析的需求选择多重分类。例如，功效矩阵图的制作，需要将技术、产品类分解与效果类分解相结合。通常，技术分解可以从解决问题、工艺流程、技术组件、材料构成、标准协议等方面入手，产品分解更多聚焦于产品模块、产品组件、工艺流程、材料等，应用类分解则更关注对象和协议。

综上所述，项目分析的目的不同，分析方法也就不同，其中的各种分类方法可以自由组合。在进行技术分解时，不同层级的技术分支可根据项目分析的需求，采用不同的分类方法组合搭配的方式。

1. 依据产业链进行技术分解

对产业的技术分解通常按照产业链进行分类，从产业链的上、中、下游的重要节点入手，依据产业链的构成细分各技术分支。这种分类方法适于宏观角度上的分析，即对所要研究的产业、技术或产品进行宏观分析，较多用于一级技术分支的分解。

2. 依据技术进行技术分解

依据技术进行技术分解是基于技术创新驱动要素，解构技术构成和细化关键核心技术的一种专利技术分解，其侧重于技术链的解构，适用于技术更新较快的技术领域。

3. 依据产品进行技术分解

依据产品进行技术分解是基于产品制造链和价值链进行的技术分解。通常，依据产品的特点，可以选择产品的原材料制备、产品的加工、产品的零部件、产品的类型和产品的应用中的一种或多种方式进行技术分解。例如，依据产品的类型以及产品的结构进行技术分解，可以得到较为直观的技术分解表。

4. 依据结构和功效进行技术分解

机械领域的技术分解多侧重于结构与功效。

### （三）技术分解中的常见问题

技术分解中的常见问题包括以下内容。

1. 技术分解没有与行业实际不相符

由于专利信息分析面向企业或其他创新主体，因此技术分解应当与本行业分类标准基本一致，技术分支情况应符合行业内技术人员的认知。如果技术分解与本行业分类标准严重不一致，则行业内的技术信息分析将脱离行业实际情况，从而导致专利信息分析报告不能起到为创新主体提供参考的作用。

2. 技术分解与需求不匹配

技术分解是整个专利信息分析研究的框架，与后续的专利信息分析方法密不可分，共同影响着研究方向和结论。专利信息分析是一种咨询服务；一种好的咨询服务，其研究模式并不是一成不变的，而是分层次进行的，并且和需求密切相关。

在宏观上，专利信息分析可以用于国家、地区等区域的产业布局分析，研究创新资源的科学分配。在中观上，专利信息分析可以用于为产业园区的发展规划提供参考，从产业链发现创新趋势和竞争格局，招商引资，科学地遴选企业，促进园区可持续发展。在微观上，专利信息分析可以帮助企业研判竞争对手，聚焦产品创新和技术趋势。不同的层次角度有着不同的技术分解侧重，技术分解过程中应该综合考虑项目分析的目的和客户需求，并基于后续的分析方法，科学调整技术分解的逻辑架构和体系架构。偏宏观分析时，技术分解不能分得太细；服务企业时，需要聚焦技术热点、厘清技术脉络、体现技术路线上的差异。

3. 技术分解与分析效能不挂钩

对待分析的技术主题，如果技术分解不够恰当，技术边界模糊或者分得太细，则可能导致某一技术分支下的专利文献量过多或过少，无法对该技术分支进行分析。例如，某一技术分支下检索到的专利文献数量仅有几个，则后续就无法开展信息分析。

为了构建准确、有效的技术分解表，在技术分解前需要广泛阅读产业、行业报告，充分了解国内外技术背景。在对技术主题进行初步分类后，应积极咨询行业专家、技术专家、行业内研发人员等，获取对技术分解的反馈意见；同时，对技术分解开展初步检索，根据检索结果和咨询意见调整技术分解的思路，对分支进行拆分或组合、持续优化，以保证技术分解的科学性、准确性和全面性，从而为后续的检索、数据处理、数据标引等工作奠定基础。

## 四、不同技术领域的技术分解

技术分解的难点在于技术主题、技术领域的多样性和复杂性，但是如果技术领域相同或者相近，那么在技术分解的过程中可以相互借鉴、参考、结合运用。

### （一）机械领域

机械领域涉及诸多传统装置，种类繁多，如农业机械。机械领域发展历史悠久，一些技术已较为成熟，相关专利文献量大，这是因为其与生产和生活密切相关、分布范围较广。机械领域属于传统行业，近期倾向于智能化、自动化的发展方向，技术的融合创新越来越多。总体来说，机械领域技术可读性强、预见性强，技术主题主要以产品结构类为主，辅以功能应用。在进行技术分解时，需要紧扣项目的需求聚焦重点，同时多关注产业信息。

（二）农业领域

农业领域包含种植业、畜牧业、食品业、渔业、农化和农业生物技术等行业，可以考虑从产业链角度出发进行技术分解，从专利角度出发分析产业链开发状况，直观了解某一技术主题目前在技术创新领域的技术热点、技术空白、技术进步、行业发展等状况。一般来说，产业链可大致分为上游、中游与下游三个环节：上游主要为种质资源培育，涉及选育种行业、资源开发行业；中游主要为加工提取；下游主要为相关产品，如药品、食品、农产品、农药等的研发。

（三）电学领域

电学领域按照涉及的技术领域可以划分为通信、电子、集成电路、计算机、互联网、大数据、人工智能、机电控制等行业。电学领域技术涵盖比较广，既有产品结构，又有工艺流程，还涉及计算机、通信等，技术复杂度高且更新速度快，专利技术性强且信息量大，技术分解难度大。传统的技术分解方法对企业产品类的分析研究有借鉴意义，但对工艺、程序、通信、半导体等技术更新速度快的领域在实际操作中不太适用。综上，在电学领域技术分解过程中需要多参考学科分类、行业分类以及产业分类等综合类信息，其中，产业调研、企业调研及与专家与技术人员进行访谈与沟通交流更为重要，且不能忽视标准分类在接口、通信、信息传输等技术分支上的重要参考意义。

（四）生物、化学及医药领域

生物、化学及医药领域属于实验科学，新技术发展迅速，技术效果可预见性弱。该领域的专利文献技术复杂且全文信息更加重要，对非专利文献也需要重点关注，核心专利、高价值专利等涉及技术热点、重点的专利多需人工标引和统计。在技术分解过程中，分类号和关键词通常不太适用，不能正确地揭示特定文献的技术主题或技术改进方向，容易导致专利信息分析的利用结果出现偏差，建议多参考教科书和学术论文。该领域专利信息分析项目的体量通常不大，多聚焦在某些具体技术或产品的专利预警和运用保护上。该领域的技术和效果类分解比较常见，难点在于由于技术发展迅速，需要分析还未被进行专利分类的技术，因此，技术调研应更多地聚焦项目需求，用专利视角表达产业中未被进行专利分类的技术问题。

# 第五节　农业专利信息分析方法

常用的农业专利信息分析方法主要包括专利文献著录项目统计分析、专利文献技术标引统计分析、专利文献权利标引项统计分析、基于专利评价指标的分析方法、基于诉讼专利的分析方法等。

## 一、专利文献著录项目统计分析

专利文献的著录项目包含了与专利相关的技术、法律、市场等信息。针对专利文献著录项目的分析是专利分析的基础工作，属于宏观分析的统计范畴，通常包括专利申请趋势分析、专利有效量变化态势分析、专利申请类型占比分析、专利申请途径占比分析、专利申请国省分布分析、专利申请人排名、发明人排名，以及专利法律状态分布分析等。通过对专利文献的著录项目进行统计分析，可以获取某一技术分支专利申请数量的发展趋势、专利申请数量的排名以及在某个整体中专利申请绝对数量的占比情况等，从而可以得出所研究技术领域或者技术分支中专利申请的整体布局情况。

由于专利文献著录项目统计分析并未对检索结果中的专利文献进行数据处理或者技术标引，只是针对所研究的技术领域的专利文献从整体的角度、按照不同的维度进行的，因此无法对各技术分支进行深入的分析研究，所得出的画像也只是对所研究的技术领域整体情况的宏观概述。但通过进行专利文献著录项目统计分析，也为专利信息分析工作的后续深入分析奠定了基础：一方面，根据著录项目的统计结果，可以快速获取行业整体的专利数量量级、专利布局特点、国内外占比情况及各自发展趋势，国内的重要申请人、发明人及其在该技术领域的布局情况等，为后续进行深入研究分析提供参考数据；另一方面，作为专利信息分析的开篇内容，相当于完成了对国内外行业/产业现状的调研，可供专利信息分析人员了解行业/产业的整体情况，为后续根据需求进行点和线的分析提供支撑。

此外，对于专利文献著录项目统计分析，其维度选择很重要，较多的统计维度可以获得更多的情报信息。一般来说，对著录项目从单一维度逐渐转向多个维度进行统计分析，从而使得专利信息分析逐渐深入进行。

由至少一个共同优先权联系起来的一组专利文献，被称为一个专利族。同一专利族中的每件专利文献被称为专利族成员，同一专利族中的每件专利互为同族专利，同一专利族中最早获得优先权的专利文献被称为基本专利。

世界知识产权组织《工业产权信息与文献手册》将专利族分为六种：简单专利族、复杂专利族、扩展专利族、本国专利族、内部专利族和人工专利族。

（1）简单专利族。简单专利族是指在同一个专利族中，专利族成员以共同的一个或几个专利申请为优先权所构成的专利族。

（2）复杂专利族。复杂专利族是指在同一个专利族中，专利族成员至少以一个共同的专利申请为优先权所构成的专利族。

（3）扩展专利族。扩展专利族是指在同一个专利族中，每个专利族成员与该组中的至少一个其他专利族成员至少共同以一个专利申请为优先权所构成的专利族。

（4）本国专利族。本国专利族是指在同一个专利族中，每个专利族成员均为同一国家的专利文献所构成的专利族，这些专利文献属于同一原始申请的增补专利、继续申请、部分继续申请、分案申请等，但不包括同一专利申请在不同审批阶段出版的专利文献。

（5）内部专利族。内部专利族是指仅由一个专利机构在不同审批程序中对同一原始申请出版的一组专利文献所构成的专利族。

（6）人工专利族。人工专利族也称智能专利族、非常规专利族，是指内容基本相同，但并不是以共同的一个或几个专利申请为优先权，而是根据专利文献的技术内容进行人工归类，组成一组由不同国家出版的专利文献所构成的专利族，但实际上在这些专利文献之间没有任何优先权联系。

在进行专利文献著录项目统计分析时，首先需要对专利数量统计的单位进行约定：通常将一组具有共同优先权的多篇专利文献，记作一“项”同族专利申请，用于表达一“项”专利技术；将这组专利其中的任意一篇称为一“件”专利申请，一“件”专利申请表明一份在特定地域的专利权。总的来说，用“项”对专利文献进行的统计，是针对技术进行的统计，而用“件”对专利文献进行的统计，是针对权利的数量进行的统计。

在进行专利信息分析时，一般以“项”作为统计单位，以便更准确地统计不同技术的数量。但并非所有场景都不使用“件”作为统计口径，同族专利进入不同国家或地区时均被单独计数。对于目标市场专利申请数量则是以“件”为单位来进行统计分析的，以便清晰地体现出市场创新主体进行专利布局的意愿和能力。

（一）专利申请量分析

专利申请量分析是指统计所研究技术领域的专利申请总量在一定时间范围内的变化趋势，了解专利申请量的增长速度、增长趋势，以及将不同年份的专利申请量进行对比分析，从而能够将专利技术数量的变化趋势划分为低速或高速增长、低速或高速下跌、低水平或高水平的平稳发展、波动增长或下跌等不同情况，进而根据经济学模型，如产业发展的S形曲线理论，将所研究技术领域的技术发展划分成不同的时期，判断技术当前所处的具体时期，预测技术未来发展走向。

进行专利申请量分析的目的是预测技术未来可能的发展趋势，据此需要深入地了解数据变化背后的具体情况，了解过去的数据情况及其产生原因，以及影响未来发展趋势的可能因素。由于专利申请数量被看作创新主体对其所处宏观或者微观市场环境的一种专利布局规划，因此在分析专利申请量变化的原因时，可以借助经济分析的理论模型，即从政策、经济、社会文化、科技、法律、环境等不同维度收集相关的重大事件和时间节点等信息，用于分析影响专利申请量变化的因素。

（二）专利地域分析

专利地域分析包括技术来源地分析、目标市场分析等。其中，技术来源地即首次申请的国家/地区，是指某项专利技术是由某一国家/地区的申请人首次提出的。首次申请的国家/地区的专利申请数量在一定程度上反映了该国家/地区专利技术的创新能力和活跃程度，常用于宏观分析中评估国家/地区的总体技术实力、相互之间的竞争地位和所处发展阶段等。

目标市场分析，即统计分析专利技术所布局的国家/地区，一般通过国/省字段进行统计处理，从而得出该专利申请意图在哪些国家/地区获得专利权，表明申请人将这些国家/地区选为相关技术/产品目标市场的意愿，反映出其市场容量和发展前景，同时在一定程度上反映了在特定国家/地区中同行竞争者的实力比对等情报信息。

1. 通过专利地域分析获取技术来源地

在进行专利信息分析时，如期望获取技术来源地，通常通过专利申请量的排名筛选出技术实力相对靠前的国家/地区。如果仅仅针对各个国家/地区的专利申请总量进行比较，则无法分辨出此项技术是在某个国家/地区因逐渐退出，所以申请量排名靠后，还是此项技术在某个国家/地区因刚刚兴起，所以申请量目前尚不高，导致无法识别出各个国家/地区技术实力的真实情况。

对于已经筛选出的技术实力相对靠前的国家/地区，可以根据技术发展的快慢不同，通过统计一段时间范围内如近五年、近十年其专利申请量变化的趋势，来分析评估其专利技术成果的产出高潮是已经过去还是正在进行，从而分析得出该技术最具发展潜力或发展势头正劲的国家/地区。除了统计年度专利申请量的绝对数量变化，还可以对专利申请数据进行换算处理。例如，通过计算各技术来源地专利申请量的年均增长率，来对标分析各地专利申请量的变化趋势：如果年均增长率大于零，则该技术来源地的专利申请量呈增长趋势；如果年均增长率小于零，则该技术来源地的专利申请量呈下降趋势，从而对各技术来源地的专利产出情况进行比对分析。

如果需要对某一国家/地区在全球的实力进行评估定位，则还需要借助其他与专利申请质量相关的评估指标，来更加准确地表征技术创新高度和科技研发实力。常用于评估专利技术重要性或评估专利价值的指标包括专利被引证次数、专利同族数量、多边申请数量、专利权稳定性、专利维持年限，以及是否有相关产品上市、出口其他国家/地区等。但需要注意的是，由于可用于评估专利申请质量的指标有很多种类，但是各指标不具有公认统一的定义，因此在进行专利信息分析时，应根据所分析的技术领域及专利数据的特点，选取合适的指标种类，并在报告中给出关于统一口径以及相关术语的约定。

2. 通过专利地域分析获取目标市场

在专利信息分析中，有时需要对目标市场所在国家/地区进行分析。通过专利申请量排名分析，筛选出全球最受重视的市场所在国家/地区，或者了解基于分析目的所特别选取的国家/地区在全球中的定位。由于仅仅对各个国家/地区的专利申请总量进行比较，既无法获取产业或技术在国内外市场中转移的轨迹，也无法识别出新兴市场，因此同样需要引入时间维度，即通过统计分析某一段时间范围内的专利申请量变化情况，对目标市场所在国家/地区的技术发展趋势变化进行分析。

### （三）专利申请人分析

专利申请人分析是专利信息分析中常用的分析手段。通过专利申请人分析，可以从市场主体或者研发主体的角度，识别和了解在同一行业中企业的竞争对手，或者寻求与技术或产品对标的目标企业。在专利文献著录项目统计分析中，由于尚未对专利文献进行数据标引，如通过人工阅读文献，将每一条专利文献标引为某一技术分支，或者标引该项技术取得的技术功效信息，因而还无法对某一专利申请人的技术特点、研发能力或者市场控制能力等进行深度的解读和阐述。这一阶段所开展的专利申请人分析通常指的是通过专利申请量排序、专利类型、申请变化趋势以及专利申请人之间的合作关系等的统计，对该技术领域不同专利申请人各自的基本情况和相互之间的联系进行初步分析，为后续选择重点研究的专利申请人以及围绕对重点专利申请人的深度研究提供基础的信息支撑。

1. 专利申请人排名分析

通过对专利申请人的专利申请量排名进行分析，可以从总体获知该技术领域中参与技术创新和/或技术竞争的市场主体，了解拥有较强专利成果研发实力的申请人，及时发现技术领域中最新出现的独角兽企业，还可以分析获知该技术领域中的专利申请人类型、不同专利申请人之间的合作申请，各种类型专利申请人在研发主体中的占比以及在总排名中的位置等。

一般而言，按照不同的类型可以将专利申请人分为企业、高校、科研机构及个人等四种类型。其中，由于高校和科研机构等非生产经营单位通常不具备独立、完整地参与行业市场竞争的能力，其研发成果偏向于技术前沿探索和基础理论研究，能在短期内直接应用于产业生产的概率一般较低，因此一般认为其专利申请涉及的技术成熟度总体偏低，距离产业化仍普遍有一定距离。

企业作为最直接的市场竞争主体，其专利申请量可以在一定程度上体现出其技术研发实力、对特定技术或产品的保护力度、技术或者产品布局的市场，在国内外市场中的技术、产品的定位等，可用于筛选出行业中具有较高技术创新水平和较强技术竞争能力的市场主体；结合国家、地区等信息，还可以从市场主体的角度对国家/地区的技术竞争实力进行比对分析。

2. 专利申请人申请趋势分析

通过对专利申请人的申请趋势进行分析，可以获知这些专利申请人从什么时间进入了该技术领域的研究，在哪些技术分支进行了布局，分别在哪些国家/地区进行了布局，现在是否还在持续进行研究与布局，是否已经逐渐退出该技术领域，从而帮助专利信息分析人员更准确地定位到该技术领域的重要专利申请人。

3. 专利申请人合作关系分析

除了对专利申请人各自的专利申请数量、专利申请的时间进程、专利申请所涉及的国家/地区、创新主体类型等进行比较分析以外，还可以对专利申请人彼此之间的关联关系进行分析，如合作关系：在哪些技术分支进行了合作、从什么时间开始合作、什么时间逐渐终止合作等。通过对某一技术领域中的专利合作申请进行分析，可以明确该技术领域中不同创新主体之间的合作关系。

专利申请人合作关系分析经常会用到共现分析方法。通过专利文献著录项目统计分析，可以发现专利申请主体之间存在的某种关联，其关联程度可用于共现频次测度。例如，两个专利申请人同时出现在同一个专利申请中，表明两个专利申请人存在合作关系：共同申请涉及的技术分支越多、共同出现的专利数量越多、共同出现的时间范围越长，说明合作强度越高，关联程度越大。对于专利申请中这一现象的分析，有助于更清楚地了解专利申请人在行业中的合作关系，可以用于寻找技术研发的合作伙伴以及探索实现创新的机制。一方面，可以对专利合作申请人之间的合作模式进行分析，例如，评估其合作模式是属于产学研结合的研发模式还是属于上下游合作的研发模式，或者是属于平台技术与特色技术的配合研发模式；另一方面，对市场中创新主体之间的合作关系进行分析，也有利于更准确地理解所研究领域的技术竞争格局和技术开发模式。

其中，对于产学研结合的分析包括两种情况。①已有合作关系分析。对于已经在技术上有紧密合作关系的创新主体：一方面，可以挖掘现有的与企业有密切合作关系的高校及科研机构，通过分析合作双方的技术优势、了解合作意图，来对未来技术发展作出判断，还可以对技术研究方向相似的创新主体提出合作建议；另一方面，通过分析企业与高校在各技术分支上与合作对象、研发团队的对应关系，可以梳理出企业在各技术分支与哪些高校的哪些研发团队进行了合作，从中也可以获知企业与高校合作的重点技术分支研发方向。②潜在合作关系分析。从商业角度出发，对有转让经历的专利进行统计分析，通过对专利所有者和专利受让人之间的转让经历进行分析，寻找有可能进行合作的创新主体。

（四）发明人分析

发明人并非直接参与竞争的市场主体，而是专利技术最根本的来源。对发明人进行统计分析的目的是了解市场主体对其所拥有的智力资源的管理和组织方式，或者通过统计分析，研究不同发明人所参与的不同技术的研发、参与的时间范围，以及发明人之间的合作与传承关系等，从中发掘可使用的、合适的智力资源。

1. 发明人贡献分析

关于重要发明人的识别，通过统计与专利相关的著录项目，筛选出所研究的技术领域或特定专利申请人中专利技术产出量较高的发明人，再参考发明专利的申请时间，确定其参与相关技术研发的时间范围，从而初步识别出较为重要的发明人，还可以结合多种专利著录项目信息构建自定义的分析模型，通过多个维度上的综合分析，更准确地识别出重要的发明人。

例如，发明人所参与的专利技术分支的数量、专利申请的数量、专利申请的时间范围跨度，决定了其对公司技术的贡献程度：一定时间范围内发明人的专利申请数量越多，参与的不同技术分支越多，其对公司的技术贡献程度也就越高；发明被引证的次数越多，说明该发明可能是该技术领域的基础专利或者重要专利，可知发明人的专利申请被引证的次数越多，说明发明人对该技术领域作出的贡献越大。一般来说，可以通过企业中发明人的专利申请数量和专利申请被引用次数来评估发明人对技术贡献程度的大小。

2. 发明人合作分析

发明创造是由发明人完成的，专利发明人是确定专利权权属的基础，通过检索分析发明人之间的专利合作申请，专利合作申请的数量及时间范围，能够清晰获知不同发明人之间的合作关系及专利申请人研发团队的组织模式等。

### （五）专利引证分析

与文献引用非常相似，专利引证是指在专利中，一件专利引用其他专利的情况。专利文献之间的引证是体现其技术间关联性的信息，包括：专利申请人在其专利申请的背景技术中引用的文献、审查员在审查过程中使用的对比文件、由第三方提出专利无效宣告请求时提交的证据文献。专利引证分为被引和施引两种情形。

专利引证分析是利用各种数学与统计学的方法及比较、归纳、抽象、概括等逻辑方法对专利发展趋势进行的评价及预测，专利引证分析方法是以前后专利之间的引用与被引用关系为基础，结合适当的方法，对专利间的相互引用现象和规律进行分析，以挖掘出某一企业或某一行业潜在趋势和规律的一种专利定量分析方法。利用专利引证分析，既可以方便地了解某行业的核心技术或某项技术的缺陷，又可以认识潜在的竞争对手及其核心技术、专利保护策略和研究方向等，还可以评估自身的专利策略是否完善，这样在遇到技术问题时，也可以寻求不同的解决方案。

专利引证分析有以下四个方面的作用。①可用于判断核心专利。一般来说，一件专利被在后的专利所引证的次数越多，代表该专利对后来技术发展的影响越大，其保护的技术范围可能具有相当的重要性及关键性，并处于核心位置，也即一般情况下，高被引专利可被认为是该技术领域的核心专利。②可用于发现核心人物。对发现的核心专利的发明人进行分析：如果该发明人拥有多项核心专利，或者其专利被引证的次数多，则可以证明该发明人在该技术领域内具有较强的影响力，甚至是掌握该技术领域的技术趋势。通过专利引证分析，可以判断出该行业的核心人物。③可用于获知技术发展趋势。专利引证通过后人引用前人的文献，已起到了知识传递的作用。通过多级知识传递、形成技术知识流，可把技术的产生、发展等一系列经历一一展现出来，而多级引证关系即恰好能将这些知识流动的过程体现出来，从而实现快速跟踪一项技术的发展历程，了解技术发展的来龙去脉。④可以用于识别竞争对手。专利引证分析能够帮助企业识别真正的竞争对手。一般来说，对某一技术的专利申请人所申请专利的数量进行排序，也可获知该技术领域的竞争对手，但是由于一种技术往往可细分为多种小技术环节，仅仅通过专利数量，可能找出一些并非与真正技术相符的公司，因此在识别竞争对手时，除了考查专利的数量，还应该通过专利引证分析来揭示技术竞争者之间的相关性，从而更准确地获知竞争对手。同时，还可获知竞争对手的技术特点及技术实力，以及判断竞争对手的专利布局情况。

## 二、专利文献技术标引项统计分析

专利文献技术标引是指根据不同的项目需求，对原始专利文献数据中的数据记录加入相应的标识，从而增加额外的数据项来进行特定检索、分析的过程。延伸到专利数据，就是将专利文献的主题内容、技术特征及其他对技术、产品有分析意义的信息进行提取、概括，并用关键字符、特殊符号来做标记的过程。专利文献技术标引一般可以分为专利信息标引和专利资产标引两种。专利信息标引通常针对专利文献中所包含的信息内容，如申请人、分类号、法律状态、技术主题、技术功效等进行分类整理，这种标引适用于技术层面上的检索和分析；专利资产标引主要从资产的角度出发，站位产品、市场、竞争等角度来考量专利，并加以标签化，这种标引适用于专利在商业、市场实践方面的分析需求。

1. 常用的专利文献技术标引方法

（1）人工标引。人工标引是指标引人员结合自身经验和对专利内容的理解，分析专利文献的内容后进行标引的方法。人工标引可以深度挖掘出专利文献中的技术信息和具有商业价值的信息，对专利分析、专利布局的工作效果有着直接影响。但是对于专利密集型行业，使用人工标引的方法很难达到理想的效果。标引海量的专利数据需要大量的专业人员，且因个人理解不同而难以保证标引结果的一致性。

（2）自动标引。自动标引是指借助计算机实现数据批量处理，自动完成专利快速标引的方法。这种标引方式只适用于宏观层面上的统计分析，对复杂的技术特征无法精确划分和定位，尤其是由新技术和新名词组合而成的技术特征。

（3）人机结合标引。人机结合标引是指基于计算机人工智能和大数据处理功能，结合标引人员自身的专业经验来进行专利标引的方法。此方法可以极大提高标引效率，并且可以适应分析的需求、调整人机参与的比例，是当下比较常用的一种标引方式。

2. 专利文献技术标引的维度类型

（1）基于技术功效设定标引维度。由于作出发明创造的目的是为了解决技术问题，实现某种技术效果，因而可以将同一领域的专利按照技术功效进行分类标引，以便迅速洞悉技术研发方向、技术热点和空白点。

（2）基于产品部件设定标引维度。在专利体量比较大的情况下，依据产品的各种部件进行分类，给对应的专利打上标签，有利于根据标签的指引一次性找到含有某一部件的所有专利，在提高专利管理效率的同时，也方便对某一部件进行技术升级改进。以农业机械领域的专利为例，可以对种植、播种、批量播种、收割、施肥、除草等不同应用机械对应的专利进行分类标引。

（3）基于专利实施及转化状况设定标引维度。从资产的角度出发，可以通过专利的实施、产业应用情况、转移转化结果对专利进行标引。以企业专利为例，从专利是否在使用中，是否发生过许可、转让或质押等维度对其进行标引，可以便于企业在专利库存中快速找出哪些是“收益发动机”，哪些是“沉睡的专利”，使企业了解并掌握专利的实施状况及价值，从而及时对不同状况的专利进行分级、分类管理和采取相应的维护措施。

（4）基于专利价值设定标引维度。基于专利价值大小的专利文献技术标引具有非常广泛的应用价值，无论是决定存量专利的淘汰与否，还是决定技术如何实施、是否进行技术转移等，均需要对专利的价值进行评价，实行分级管理、区别对待，并制定不同的管理策略。专利价值的评估因素有很多，包括商业价值层面的市场规模、市场导向程度、营业收益等，技术层面的专利有效性、可替代性、竞争性、权利要求范围等。

在实践中，专利文献技术标引的维度可以根据专利信息分析人员的实际需求进行设定。但是，为了提高标引效率，建议在标引前根据实际需求制定一套适合的标引维度和标引规则。

### （一）技术标引项分析

根据项目分析需求，通过人工或者批量的方式对专利文献逐篇进行技术标引，是专利信息分析中常用的一种分析手段。在技术标引项分析阶段，通过对技术标引之后的专利文献按照申请量、发展趋势、技术来源地、市场情况等维度进行比较分析，可以从数据中探索一些拐点、亮点。对专利文献进行技术标引项分析的目的是把握技术发展的趋势和方向、预测技术发展的动向，寻找可供借鉴的研发思路。通过统计技术标引项后各技术分支的发展趋势，定位所研究的技术生命周期的位置，对比分析不同重要技术持有人的研发思路和研发方向，明确技术路线图上的节点性技术，可以从不同的角度描绘出技术发展方向变迁的完整轨迹。

技术标引项分析意味着专利信息分析工作不只停留在描绘某个技术领域整体轮廓的宏观层面，不是像专利文献著录项目统计分析那样在技术分支上不加以区分，将专利文献集合视为一个整体，而是将检索结果中的专利文献分解成不同的组，通过对各个细分的技术分支进行统计、比较和分析，并引入著录项目标引项进行二维或多维的交叉分析，从而站在不同的维度对不同的技术分支进行横向比较或者沿着技术分支纵向深入挖掘。在这个过程中，对专利文献技术内容的阅读和分析会更加仔细。

技术标引项分析既会对不同技术分支的专利申请量进行横向比较，也会对每个技术分支的专利申请量随时间变化的趋势进行比较分析。这种横向比较与纵向比较相结合的分析方法，能够更直观地判断出各技术分支的发展轨迹和现实状况，从而更准确地对各技术分支当下的市场地位和发展趋势作出预测、评估，有利于分析人员发掘和选取用于后续进行微观分析与需要重点解读的技术分支。在进行趋势分析的时候，也可以将其他经济、市场、法律信息与专利技术信息相结合来进行综合分析。

### （二）技术功效分析

在一件专利文献中，专利文献所解决的技术问题、采用的技术手段、所达到的技术效果，被称为专利技术方案的三要素。其中：技术问题与技术效果代表了技术发展需求；技术手段与技术问题/效果相互对应，对应到专利信息分析中被称为技术与功效。

通过对专利文献的技术与功效进行数据标引、统计和分析，能够发掘出专利技术所能满足的市场需求，获取技术研发和市场竞争主体所关注的市场痛点，从而作为市场调研的补充信息为后续技术研发提供方向参考；通过对专利文献的技术与功效进行交叉分析，能够了解目前已有的针对不同市场需求的解决方案，辨明技术热点和技术空白点，从而为市场主体的技术研发提供情报参考。

技术功效分析通常以技术功效矩阵的方式进行，并采用综合性表格或气泡图的形式展示。在技术功效分析图的坐标系中，一个坐标轴代表具体的技术分支，另一个坐标轴代表技术功效。技术功效分析图中的每一个数据点代表为了解决某一技术问题而采用某一技术手段的相关专利文献的数量。如果专利文献数量较多，则表示其对应为了解决某一技术问题而采用的某一技术手段是该技术领域中的研发重点或者技术热点；如果专利文献数量较少甚至为零，则需要进一步结合分析，进而推断其可能是技术空白点或技术难点。

完成技术功效分析图之后，不仅可以分辨出可能是研发重点或研发热点的技术分支，还可以对这些细分的技术分支进行更深入的分析。例如，分析这些技术分支的专利文献申请年份的变化趋势，以及所涉及的主要申请人、法律状态等，从而获得更为详细的技术情报。在获得我国申请人尚未有专利布局的技术空白点后，可以对技术空白点中的国外申请人的其他相关专利作进一步研究，从而对该技术进行深度分析。

（三）技术生命周期分析

技术生命周期分析是指根据专利统计数据，绘制出技术发展路线的曲线，帮助企业确定当前技术所处的发展阶段、预测技术未来发展的方向，从而对技术的管理进行评估与判断。对技术生命周期的研究、探索、分析、预测是专利信息分析中最常用的方法之一。通过分析专利技术所处的发展阶段，可以了解相关技术领域的现状、推测技术未来的发展方向。

一般来说，在理论上，技术生命周期的阶段包括技术萌芽期、技术成长期、技术成熟期和技术衰退期，各个阶段的具体特点如下。

1. 技术萌芽期阶段

技术没有特定的针对市场，进入该技术领域的企业的投入意愿较低，仅有少数企业愿意参与技术研发，并且可能来自不同的领域或行业，专利申请人、专利申请的数量都较少。这一时期的专利大多数属于原理性的基础发明专利，在这一阶段可能会产生具有重要影响的发明专利，专利的重要性等级相对较高。

2. 技术成长期阶段

随着一项技术的不断发展，该技术领域的国内外市场不断扩大，技术发展前景明朗，技术吸引力凸显，加入到该技术领域的企业数量逐渐增多，各家企业开始在国内外专注的市场进行专利布局，在该技术领域的不同技术分支上的专利申请数量急剧上升，专利申请的技术集中度降低。

3. 技术成熟期阶段

由于国内外市场有限，因此进入到该技术领域的企业的数量增长速度趋缓。在这一阶段，技术发展已经相对成熟，只有少数企业继续从事相关研究，该技术领域的不同技术分支的发展相对集中，各技术分支下专利申请量的增长速度变慢并趋于稳定。

4. 技术衰退期阶段

当一项技术老化、落后，或者已经出现更为先进的替代技术时，企业在该项技术上的收益减少，选择退出市场的企业数量增多。此时，该技术领域的专利数量不再增加，每年的专利申请数量和进入企业数量都呈现出负增长趋势。

（四）专利技术持有人分析

专利技术持有人主要包括技术的来源方与技术的受让方，可以通过对专利申请人或专利权人进行统计获知。通过对技术持有人和各个技术分支的交叉分析，可以锁定具有所需技术分支的专利技术持有人。专利技术持有人分析包括两方面：一是对各技术分支之间的技术持有人情况进行对比分析；二是以特定重要技术持有人为研究对象进行深入解读。其中，针对特定重要技术持有人的分析，包括如何选取研究对象以及如何开展相关研究。

1. 不同技术分支的专利申请人分析

具体地说，对不同技术分支的专利申请人进行分析，较为常见是将不同的技术分支视为彼此独立的专利分析子领域，分别统计专利申请人的排名，针对各自的排名独立地进行解读和分析。但对于技术关联度较高的各个技术分支，也可以横向比较各技术分支之间专利申请人的特点。

2. 不同专利申请人的技术特点对比分析

通过技术标引项进行专利申请人分析时，通常采用的方法是选取部分主要专利申请人，并就其在各个技术分支拥有的专利技术的布局情况进行比较分析。分析时主要侧重于对各个专利申请人在专利技术布局上的区别进行对比分析，尤其应当结合各个专利申请人的市场地位和既往技术积累导致其技术布局特点产生的原因进行分析，并进一步地通过动静结合的专利态势分析，基于技术布局特点来对未来发展的可能性进行预测与评估。

3. 特定申请人的特定技术分析

在进行专利技术持有人分析时，由于除了可以按照技术分支对专利申请量、专利有效量等进行分析比较以外，还可以按照专利申请人拥有的具体技术和产品所对应的专利技术成果进行分析，因此可以整理获得以专利技术为代表的技术链情况。对技术持有人的集中度和活跃度进行分析。可用于辅助判断所研究技术领域的不同技术分支的市场竞争现状，以及进入该技术领域时可能面临的困难和问题，还可以进一步对特定技术分支所处的技术生命周期和技术成熟度进行解读。

4. 技术持有人的合作分析

很多专利技术是技术创新人员多方合作的共同成果。在技术分工越来越细化的今天，共同合作取得创新成果是很常见的模式。鉴于某些技术的复杂性，专利存在着拥有多个申请主体、多个权利人的情形。合作申请是专利申请的一种常见形式，共同申请的专利是技术持有人之间合作打造创新成果的直接体现。对于专利申请中这一现象的分析，有助于更清楚地了解产业、行业间的合作关系、寻找技术研发的合作伙伴以及探索实现自主创新的机制模式。

（五）技术路线图分析

技术路线图最早出现于美国的汽车行业，在世界范围内已经被广泛应用。到目前为止，国际上已经成立了两个专门的技术路线图研究中心，分别是位于美国的普渡大学的技术路线图研究中心与位于英国的剑桥大学的技术管理中心。技术路线图是常规专利信息分析的重要方法与内容，也是专利信息分析的亮点所在：相对于其他统计类的分析成果，其能够从更具体、更微观的层面凸显技术的变化轨迹；通过展示重要节点性专利文献的时间和技术分支定位以及基于技术关联性的专利文献之间的演化关联关系，便于更清晰、具体地描绘技术改进的细节，以更详尽的方式讲述技术的发展历史。结合以专利数量分析为主的统计分析成果，辅以技术路线图分析，能够更准确地预测技术的未来发展趋势与方向。

在专利信息分析过程中，技术路线图既可以针对一类技术，也可以针对一类产品；既可以单独对技术演进历史进行描述，也可以按照技术来源地、专利申请人来源、申请人类型等进行对比分析。其中，对重点专利的筛选是一项必要进行的工作。

重点专利是个相对概念，不同使用者基于不同目的对重要专利的判断标准具有差异。即使判断标准相同，鉴于方法和指标上的差异，重要专利的筛选结果也会存在显著的不同。一般认为，重要专利是指较为独特的、能有效阻止他人非法使用的专利。通常影响专利重要性的因素包括技术因素、市场因素、法律因素等多种因素。技术领域不同，每种因素的影响程度也有所不同，关于筛选重点专利的参考指标，提供以下思路用于参考。

（1）公认的、重要的具有节点性的技术。某一专利技术是为了制造某个技术领域的某种产品所必须使用的技术，且是该领域中公认的重点或前沿技术。

（2）针对重要技术首次申请的专利。针对行业内公认的一些重要技术所提出的首次专利申请，应当具备以下特征之一：涉及新的技术领域或者扩展了原有的技术领域，对于同一专利申请人来说，其某件专利相对之前的专利出现了新的主分类号或副分类号；权利要求保护范围较大并获得授权；主要专利申请人或发明人的最新专利申请。

（3）引证次数。通常一件专利被其他专利所引用的频次可以表示该专利的重要程度。如果引用该专利的次数越高，则说明该专利的重要性程度越高。引用次数包括被引次数和自引次数。

（4）同族专利数量。通常一件专利的同族专利数量可以表示该专利的重要程度。同族专利越多，说明该专利的重要性程度越高。

（5）专利维持有效的时间。通常一件专利或其同族专利的法律状态维持有效的时间可以表示该专利的重要程度。维持有效的时间越长，说明该专利的重要程度越高。

（6）专利保护范围大小。通常以专利权利要求为依据来判断权利要求保护范围的大小。

（7）涉诉或经过无效宣告程序确认有效的专利。

## 三、专利文献权利标引项统计分析

专利文献著录项目统计分析，主要是对专利申请文件所代表的创新实力和布局意图的整体情况加以呈现，为后续分别从技术角度和权利角度对专利文献进行更加深入的分析提供切入点。从技术角度对技术标引项进行统计分析的侧重点在于不同专利技术的数量、来源、比例等信息，尝试辨识出专利技术的研发走向。从权利角度对权利标引项进行统计分析的侧重点在于针对具体专利文献的权利要求保护范围及其可能产生的影响进行深度解读。既可以对专利权的保护类型、权利归属、法律状态、寿命等相关著录项目进行统计分析，以便从整体上了解该专利权在行业分布的密度和强度以及掌握在哪些主体手中等总体信息，也可以对专利权权利要求的数量等进行统计或对权利要求保护范围作出人工判断，从而对专利权的行业影响力、产品控制力或者侵犯该专利权的风险进行有针对性的解读。

### （一）专利权权利分布分析

专利权权利分布分析是指以专利权的类别和法律状态为基础，结合其他标引项进行统计分析。其作为一种分析方法，仍然是通过数量统计来从宏观层面了解专利权的整体情况的，与其他分析方法的区别则在于以权利分布为视角来对分析数据进行选择、对分析结果进行解读。

按照类型的不同，可以将专利权分为发明、实用新型和外观设计专利权三种，三种权利在客体内容、发明高度、保护强度等方面有所差异。通常认为，发明专利权相对于实用新型专利权来说：经过了实质审查，权利的稳定性更有保障；保护期限更长，在保护力度方面更具优势。通过对发明和实用新型专利申请类型的分析，可以知晓相关领域或者产品的技术和专利权的保护特点和强度。

按照法律状态的不同，可以将专利申请分为有效、失效和审中。其中，权利失效又可以按照原因的不同，进一步细分为因驳回或者撤回（主动撤回或视为撤回）而未能获得专利授权的无权状态，以及授权后未缴费放弃、主动申请放弃、专利权到期、在无效宣告程序中被全部无效等丧失专利权的权利失效状态。根据专利申请有效和审中的数量，可以看出该技术领域现有或潜在的权利密度，也可以根据权利失效的理由对该技术领域的专利运营维护策略等进行解读与剖析。

在分析专利权权利类别和专利申请法律状态的基础上，还可以结合专利权的国家/地区、权利人、技术分支、维持年限等标引项进行交叉综合分析，从而获得专利权的地区或技术分布偏好、控制力强弱和专利布局等中观分析结论。

### （二）专利侵权风险评估

从广义上讲，专利侵权风险评估是企业在进入到某一特定技术领域之前，对目前该技术领域内的专利申请状况、专利申请技术密集的程度、核心专利的持有人及产品对专利技术的依赖程度等进行评定，从而大概了解进入到该技术领域的专利侵权风险性。从狭义上讲，专利侵权风险评估是针对特定的产品，在具体产品的研发、生产、销售过程中，根据企业必须有针对性地对相关专利进行调研，锁定有可能关联的专利，并评价自有产品的专利侵权风险性。

专利权的排他属性赋予了专利持有人在权利要求的保护范围内实施市场垄断的权利，也导致专利持有人的竞争对象在进入相同范围时存在被诉侵权的风险。当从权利风险的视角出发进行专利信息分析时，目的之一就是通过专利信息分析对专利排他权可能造成的被诉侵权风险进行评估判断，从而获知可作为市场策略调整的重要参考信息。

专利权为特定的权利人所持有，保护权利要求书所记载的技术方案，通常对应于权利人投放到市场上的某种产品或技术，具有地域性。基于专利权的上述特点，在进行专利信息分析时，根据地区、技术、产品、持有人的不同，可以从权利能控制的地区所覆盖的技术或产品，以及权利持有人的角度出发，对权利标引项进行进一步分析，从而获知不同地区或技术领域的专利权覆盖密度和侵权风险大小，评估研发或生产特定产品于当前或今后可能存在的侵权风险，或者筛查今后可能与之发生冲突的权利主体等。

（三）专利管理学习

从技术角度进行专利信息分析可以获取可供借鉴的研发思路、方向，从权利角度进行专利信息分析则可以获取可供借鉴的专利管理经验。

1. 专利权的获取

一般来说，采用单一专利权对产品或技术进行保护较为少见且效果不佳，通常会通过多项专利权组成的专利包从专利权所要保护的技术主题、要保护的范围层次、不同应用场景等不同的维度出发，为研发成果构建出立体、多维保护网络，从而尽可能地降低竞争者通过交叉许可等的方式进入到专利权人依托专利权所能控制的市场范围内的可能性。在完善专利布局、加强多重保护的过程中，可以通过梳理竞争对手或竞争产品的专利申请撰写特点和制度运用方式，学习其申请策略，为构建自身的权利网络获取可供借鉴的思路与方法。

2. 权利风险的应对

通过对专利侵权诉讼、“337 调查”等主张专利权的案例以及专利侵权反诉、无效诉讼、绕道设计、现有技术抗辩、“Bolar 例外”等规避专利权的案例进行分析，梳理权利对抗事件的起承转合、双方的行动、产生的结果，积累利用专利权遏制竞争对手、利用规则有效回避专利权运用受阻的成功经验和失败教训。

## 四、基于专利评价指标的分析方法

基于专利评价指标的分析方法，是结合专利申请的技术价值、经济价值及受重视程度三个维度进行评价，制作各个维度的对比分析图表并进行解读，从而得到有价值的结论的方法。从评价主体的类型来看，该方法主要包括以下三种。

基于专利评价指标的重要专利挖掘方法。可以将人工智能和机器学习领域中较为成熟的数学算法应用到重要专利挖掘方法中，利用数学算法降低主观因素对专利价值排序的影响。在专利文献量较大的时候可以使用这种方法，快速挖掘出重要专利。挖掘重要专利能够迅速获知整体的技术发展脉络，分析关键技术分支，横向对比各创新主体的技术布局特点与方向。

基于专利评价指标的重要国家/地区专利状况分析。可以选取单一维度或多个维度的评价指标进行统计分析。重要国家/地区专利状况分析能够获得宏观上该国家/地区的专利情报，例如，重要国家/地区的专利布局情况能够具体地反映该国家/地区的专利布局意识、专利质量，重要国家/地区在各个技术分支上的专利申请情况能够具体反映该国家/地区整体的技术布局重点和技术发展趋势。

基于专利评价指标的重要申请人专利状况分析。可以选取单一维度或多个维度的评价指标进行分析。重要申请人专利状况分析能够获得微观上特定市场主体的专利情报，例如，通过分析排名在前的重要申请人在各个技术分支上的专利申请情况，能够确定重要申请人的优势技术、劣势技术，从而比较各个重要申请人之间的技术研发重点、研发异同、研发热点、研发空白点。

### （一）重要、核心专利挖掘

基于专利评价指标确定重要、核心专利时，通常会选择被引频次、同族专利数量、权利要求数量等多个指标来进行筛选、评估。在专利文献量很大的情况下，一般可以先基于专利文献被引频次这一单一指标进行初步筛选，再进行人工阅读标题、摘要等进行进一步筛选，这种操作方法能够提高筛选效率。但是，如果仅考虑被引频次这一单一指标，可能会遗漏重要、核心专利。例如，对于近年来的专利申请，由于申请年份较晚，被引频次自然相对较低，因此使用以上方法进行初步筛选时就容易被遗漏。基于这种情况，往往需要使用多个指标对专利文献进行初步筛选，先对选定的多个指标进行分类、加权等操作，计算出一个专利评估价值，再在此基础上进行人工筛选。

一般来说，在专利信息分析工作中经常使用的重要、核心专利挖掘方法，可以依据人工参与的程度归为三大类：人工筛选法、半人工筛选法和批量筛选法。人工筛选法主要适用于专利文献量非常小的情况，此时通过人工阅读就可以挖掘出重要、核心专利；批量筛选法由于缺少人工的参与，因此筛选出的专利文献不一定是真正的重要、核心专利。基于此，在专利信息分析的实际操作中，半人工筛选法成为最常用的重点、核心专利筛选方法。一般专利信息分析方法中的半人工筛选法大多使用参数来进行筛选，具体是指先通过技术指标、市场指标等指标进行初步筛选，再结合人工阅读，筛选出重要、核心专利。但是这种方法在指标的选择和阈值的设置上，人工的干预程度仍然较高。为了使筛选结果更加客观、准确，建议在初步筛选时先采用批量筛选法，在开始的时候降低人工干预，实现指标间的自动挖掘，再使用人工筛选法。采用这一方法的复杂程度较高，但是在专利文献量很大，需要筛选结果更加客观的情况下，其所达到的效果较好。

一般而言，在初步筛选时先采用批量筛法挖掘重要、核心专利包括以下步骤：①选择一种数学算法进行建模。例如，先选取主成分分析法，通过协方差来发掘指标之间的因果关系，再将所有指标浓缩成若干个相互独立的新指标，从而实现对评价对象的重要程度排序。②选取评价指标。可以根据实际需要，从技术价值、经济价值、受重视程度等多个维度中选取多项评价指标。③将确定的多项评价指标设置为原始评价指标，通过数学算法模型进行分析，筛选出排名在前的重要、核心专利。

### （二）重要国家/地区专利状况分析

基于专利评价指标的重要国家/地区专利状况分析，可以采用以下两种方法：①选取不同的单一维度评价指标进行分析。例如，从 PCT 国际申请数量在全部专利中的占比，同族专利数量，专利维持期限，专利许可、诉讼、实施情况等维度进行对比分析。②选取多个维度的评价指标后，对评价指标之间的相关性进行分析。例如，选取授权专利被引频次与专利维持年限两个维度的评价指标，分析授权专利被引频次与维持年限之间的相关性及其相关程度等。

（三）重要申请人专利状况分析

基于专利评价指标的重要申请人专利状况分析，可以采用以下两种方法。其一，选取单一维度评价指标进行分析。例如，从专利布局的国家/地区，PCT 国际申请数量在全部申请中的占比，同族专利数量，专利许可、诉讼、实施情况等维度进行对比分析。其二，选取多个维度的评价指标后，将不同维度的评价指标置于坐标系中，通过比较其在坐标系中的位置差异，直观比对不同专利申请人的专利布局状况。例如：将授权有效专利的专利特征数量和权利要求数量分别作为横坐标与纵坐标，分析专利价值度；将专利申请量和专利状态分别作为横坐标与纵坐标，分析专利申请的技术成熟度和活跃度等。

## 五、基于诉讼专利的分析方法

对诉讼双方的诉讼过程及涉诉专利信息进行收集梳理的分析方法，有助于市场主体调整自身专利布局策略，但这种方法并不能对涉诉风险点进行预警，无法对市场主体的应诉过程及未来发展方向进行指导或提供参考。市场主体往往需要在发生专利诉讼前了解自身专利布局的热点与涉诉风险点所在，在诉讼发生后需要采用有效的专利分析方法进行应诉，以及从专利诉讼中挖掘技术市场争夺点。

基于诉讼专利的分析方法主要包括以下几种：①诉讼案件相关专利的分析方法。该方法适用于从多个维度对行业或市场主体的诉讼专利进行分析，从而使企业知识产权相关人员能够进行政策制定、确定投资规划等。②新兴技术领域下的诉讼风险分析方法。该方法适用于在专利诉讼发生前，根据过往涉诉专利情况对新兴技术领域下的涉诉风险点进行分析预警、排查，从而使企业知识产权相关人员能够对其有所了解，制定政策以作积极引导或及时调整自身技术或产品的国内外布局策略。③被诉方应诉中的专利分析方法。该方法适用于在专利诉讼过程中，被诉市场主体通过专利分析，有效获取更多的专利诉讼资源，供自身提起反诉或应诉，在专利战中有效维护自身利益。

（一）诉讼案件相关专利的分析方法

1. 涉诉市场主体的分析

通过对涉诉市场主体双方的专利诉讼情况进行梳理分析是经常使用的

一种分析方法，同时也可以对某一市场主体的全部诉讼专利进行梳理分析。但仅涉及涉诉主体的分析维度较为单一，无法全面、深入地挖掘涉诉主体的相关信息。

2. 涉诉技术领域的分析

当采用诉讼案件相关专利的分析方法对具体的技术领域进行分析时，通过选取不同的评价指标，能够从不同维度分析技术争端焦点和市场争夺焦点等。从对比对象的类型来看，该方法主要包含两种类型。①宏观分析，即针对具体技术领域的宏观分析。例如，选取某一行业在一定时间范围内所有的涉诉专利，对涉诉专利的技术领域、涉案专利权人或无效宣告请求人的地域等分布情况进行统计分析，有助于企业相关人员从宏观层面获知该行业或技术领域近期的技术争端焦点、市场争端焦点、涉诉风险高发的地区。②微观分析，即针对市场主体的微观分析。例如，选取企业所关注的市场主体及一段时间内该市场主体的涉诉专利，将无效宣告请求人和专利权人进行交叉对比分析，可以发现该市场主体的主要诉讼对象，获知市场主体间近期争夺的关键技术领域，为调整自身专利布局策略或选取合作伙伴、挖掘技术人才提供依据。

（二）新兴技术领域下的诉讼风险分析方法

在一些新兴技术领域，由于专利申请时间较短，至今还未有相关的专利诉讼发生，因此采用传统的专利分析方法较难进行诉讼分析或涉诉风险点分析。然而，由于技术发展往往是一个延续性过程，因此，针对新兴技术领域，可以从延续性着手，依据专利之间的引用关系，利用引证网络技术进行新兴技术的诉讼风险分析，针对新技术构建专利预警数据库，实现对涉诉风险点的预警。

（三）被诉方应诉中的专利分析方法

目前，专利纠纷逐渐呈现国际化特点，跨国专利诉讼包括以下特点：①对基于基本相同的技术方案获得的同族专利或者基于内在关联的技术方案获得的关联专利提起专利诉讼；②在不同国家或者地区提起专利诉讼；③针对相同或相关的民事主体提起专利诉讼。被诉方在应诉过程中，需要获取专利诉讼资源以提起反诉或应诉，维护自身的利益。然而，在传统的应诉方法中，专利诉讼资源主要是通过检索手段获取的有效专利。

在面对跨国专利诉讼时，企业还可以采用以下方法应对。①被诉方在应诉过程中，可以密切关注高校和科研院所的研究成果，借助高校和科研院所的有效专利，为自身产品保驾护航，积极应诉。②利用美国失效专利。美国相关专利制度规定。专利授权后，在发明专利的年费缴纳期满之日起的2年内，如果发现忘缴年费，专利权人可以"非故意的理由"提出请求书并补交年费或以"不可避免的理由"提出请求书并补交年费。美国专利商标局若接受其请求，则将可使专利权再生效。因此，在被诉方应诉过程中，可以利用美国专利法中比较宽松的专利恢复规定，获得一定的专利诉讼资源，提起反诉或应诉。

## 第六节　农业专利分析报告

在农业领域，撰写专利分析报告需要遵循一定的流程、方法、要求，以形成符合预期的高质量报告。

### 一、专利分析报告概述

撰写专利分析报告之前的流程一般会分为六个步骤：分析目标确定、分析数据检索获取、数据处理、数据标引与整理、描述分析、图表制作，最后才是专利分析报告的撰写。

专利分析报告是，针对特定的技术领域，在整理、分析、比较、总结一定时空范围内分散的专利信息、技术信息、市场信息、法律信息等的基础上，运用多种专利分析方法形成的具有技术情报价值的综合性论述研究报告，是研究成果的重要表现形式，是研究项目的重要成果物和项目验收的主要依据。

在撰写专利分析报告的每一个阶段，都需要充分发挥项目组所有成员的智慧。项目负责人在项目启动时，应制订科学合理的报告撰写计划，包括项目组各成员的分工、时间节点要求、阶段性成果物要求等，并对报告各章节可能用到的术语进行事先规范和统一约定，尽量使项目组各成员在撰写专利分析报告过程中使用的相关表述规范、统一，减少成稿后的统稿难度。参与撰写的项目组各成员在专利分析报告撰写过程中应与行业专家、技术专家和专利分析专家进行深入的交流，确保专利分析报告中使用的专利分析方法恰当，分析成果能对行业、产业及相关企业起到实际的指导与参考作用。

### 二、专利分析报告撰写概述

1. 专利分析报告撰写原则

撰写专利分析报告需要遵循以下四个原则。①规范性。专利分析报告中所使用的名词术语一定要规范、标准统一、前后一致，要与业内公认的术语一致。②重要性。专利分析报告一定要体现数据分析的重点，在各项数据分析中，应该重点选取关键指标，进行科学、专业的分析。此外，针对同类问题，其分析结果也应当按照问题重要性的高低来进行分级阐述。③谨慎性。专利分析报告的编制过程要谨慎，基础数据要真实、完整，分析过程要科学、合理，分析结果要可靠，内容要实事求是。④创新性。当今的科学技术发展日新月异，许多科学家也都提出了各种新的研究模型或者分析方法。专利分析报告需要适时地引入这些内容，一方面可以用实际结果来进行验证或改进，另一方面也可以让更多的人了解到全新的科研成果，使其得以应用推广。

2. 专利分析报告的撰写思路和布局

专利分析报告的撰写质量不仅体现了项目研究的质量，还反映了研究人员的思维能力。以下主要对专利分析报告的撰写思路和布局进行简要描述。

（1）以项目目标和项目需求为导向。专利分析是指通过一系列的专利分析方法与分析流程，解决项目需求方的特定问题。在专利分析报告撰写过程中，要始终坚持以项目目标和项目需求为导向的原则，并在分析过程的各个阶段用这个原则进行评估，避免分析项目因缺乏导向而漫无目的地进行，导致分析报告只有篇幅，但并不解决实际问题的情况发生。例如，如果项目需求方希望得到与该技术相关的产业转型升级及发展规划方向的决策参考，则在开展专利分析工作时应当重点对技术相关的产业链、上中下游的主流企业及其技术的国内外布局状况和市场状况进行深入比较与分析；如果项目需求方希望就某项关键技术通过专利分析工作获得技术创新、专利挖掘和布局方面的具体建议，则在专利分析过程中应重点关注某个技术领域的专利技术构成、各个技术分支的发展趋势方向、技术功效及竞争对手国内外专利布局情况等。

（2）保持分析过程思路清晰，专利分析报告布局合理。一般来说，一份行业专利分析报告需要满足两个方面的要求。①需要体现行业发展的特点。行业发展的特点包括报告所研究的行业在国内外发展的现状及特点，尤其是行业内各个市场主体的发展现状及其所具有的代表性特点。②需要体现专利分析的特点：通过专利分析方法对行业内各个市场主体应用专利的方法和策略进行剖析解读，从中获取具有代表性的专利技术信息和专利布局方法；结合该技术领域的特点和项目委托方的需求，选择恰当的专利分析维度，厘清分析思路和分析重点，综合使用专利申请趋势分析、区域分析、重点申请人分析、重点技术分析等多种专利分析方法。

专利分析报告布局合理是指在撰写专利分析报告时，应当根据行业特点合理安排内容的主要部分和次要部分，主要体现在各个章节的框架结构以及各个章节的分布排列方式方面上。例如，专利分析项目要突出分析方法，同时要深入分析通过这些分析方法可以最终获取的情报信息、根据这些情报信息指引行业市场主体进行创新和参与市场竞争的途径，提高市场主体的技术创新水平及专利创造、运用、管理的能力。

在撰写专利分析报告时，应当根据行业实际情况采用不同的布局方式，同时需要注意，专利分析报告的布局应当体现专利分析报告的结构层次关系以及专利分析报告各个章节的逻辑关系。除此之外，还应当体现出行业技术之间的结构关系以及数据样本之间的结构关系。例如，可以按照技术分解的方式科学、合理地组织专利分析报告的各个章节，也可以按照数据样本的方式将专利分析报告的各个章节划为全球分析或是目标区域市场分析等。

（3）专利分析报告的内容需描述准确，篇幅详略得当。报告内容的描述方法是指针对专利分析报告不同的分析对象和深度，采用不同方法和类型的文字组织形式进行描述。通常可以分为基于数据的事实性描述、技术性描述、综合分析和措施对策等。基于数据的事实性描述是指对客观事实采用数据等方式进行说明的文字组织方式。技术性描述是指采用技术术语对行业技术的发展状况进行客观描述的文字组织方式。综合分析是指利用专利分析方法获得的客观信息、产业政策、市场环境以及政治因素等多方面信息，对行业发展的变化趋势进行综合解读的文字组织方式。措施对策是指在通过上述分析后，为市场主体提供方向性指引的文字组织方式。专利分析是通过专利相关数据发现问题、分析问题并最终解决问题的过程，而要实现解决问题这个最终目的，一定基于准确描述事实所得出的客观结论。在专利分析报告撰写过程中，尤其在综合分析部分，应尽量避免主观臆断和没有依据的猜测等内容，尽量保证结论是在准确描述事实的前提下，通过客观分析得出的应对方案策略。

专利分析报告的篇幅详略得当是指在撰写专利分析报告时，应合理安排各个章节的文字描述的篇幅。对于具有重要意义、典型特点和反映行业特点的重点章节，应当进行详细分析和深入说明，使这些方面的内容阐述细致、详尽并通俗易懂。对于次要的章节内容，应当尽可能使用准确、简洁的描述方式将内容全面、客观地反映出来。

## 三、专利分析报告框架

专利分析报告框架是项目研究报告的基本骨架。从流程上来说，专利分析报告框架是撰写研究报告之前首先要与项目需求方进行确认的工作，通常在确定研究内容之后再对专利分析报告框架进行相应的设计、构建。从专利分析报告的内容来看，专利分析报告框架把项目研究报告所要阐述的内容，以简要的描述方式实现分层次、有重点、清楚、有序的罗列。一般而言，设计专利分析报告框架的目的和意义主要体现在以下三个方面。

1. 有助于掌握专利分析报告的总体思路

专利分析报告框架是项目研究报告的撰写基础，是对研究项目进行理性思考和理论建构的成果，体现了项目研究报告的总体思路。设计专利分析报告框架应从整体出发，检验每个章节的地位和作用，各部分内容是否均为专利分析报告整体所需要、比例是否恰当合理，各部分之间是否有逻辑上的紧密联系。通过这样的思考，有助于梳理总体研究思路、分清层次、明确研究重点，使项目研究报告的结构完整统一、逻辑清楚，以便更好地按照各部分的要求安排、组织和利用资源，推动研究工作不断深入。

2. 有助于及时调整和完善

在项目研究过程中，随着研究人员所掌握信息的增多和研究过程的不断深入，新的想法和观点经常会在其中产生，此时即需要增加研究内容或者站在新的维度上分析问题，对专利分析报告框架及时进行调整。由于专利分析报告框架是相对统一的有机整体，因此在对其中某一部分作补充和修改时，应充分考虑该部分对专利分析报告框架整体以及其他相关部分的影响，并对其他相关部分中的相应内容以及与其他相关部分之间的逻辑关系进行相适应的调整和完善。

3. 有助于研究任务分配

设计好专利分析报告框架，不仅有利于梳理研究思路、选择研究内容，还有助于研究任务的分配。项目研究需要多名项目组成员的共同参与，在各个环节通力配合、共同协作。各项研究任务之间的有效分配和协调是顺利完成项目研究以及保证项目研究质量的重要影响因素之一。在研究内容的选择和专利分析报告章节的撰写时，专利分析报告框架可以作为合理安排和分配项目组各成员研究任务的基础，同时项目组各成员可以根据自己的兴趣和特长承担相关的研究任务和专利分析报告章节撰写任务。

### （一）专利分析报告框架的构建思路

专利分析报告框架是针对专利分析内容进行梳理和组织，将需要在专利分析报告中呈现的内容使用简要的语言来实现分层次、有重点、清楚的罗列，从而构成专利分析报告的基本骨架。在专利分析报告框架构建过程中需要坚持的一个原则：应当紧密围绕项目委托方的需求展开，既要避免不考虑项目需求、仅仅是套模板的情况发生，也要避免“眉毛胡子一把抓”、不分主次，对核心的项目需求没有进行深入研究和分析的情况发生。

项目委托方的需求应当体现在专利分析报告框架目录中，方便阅读人员明确当前专利分析报告的研究重点、分析维度所在。在构建专利分析报告框架时，既要考虑项目委托方的研究需求，也要考虑选定主题的技术特点和发展状况，如技术分解结果和行业认知等，这些因素都应当体现在专利分析报告框架目录中。

构建专利分析报告框架的思路与开展项目研究的思路基本一致。在开展项目研究之前，初步形成的专利分析报告框架为项目研究提供了基本参考，使得后续研究工作按照既定的思路开展；在项目研究完成之后、撰写初稿之前，要根据项目的实际研究成果，对专利分析报告框架进行适当调整和修订，如对哪些内容需要重点论述、哪些内容需要进一步分下级目录撰写、哪些内容需要新加入分析项目等，既要保证专利分析报告框架的完整性和逻辑紧密性，又要保持专利分析报告框架的灵活性。

（二）专利分析报告框架的构成

一般而言，专利分析报告框架通常包括项目研究概况、项目分析内容、主要结论和建议以及附件等四个部分。

1. 项目研究概况

项目研究概况主要是为了说明项目研究的背景、意义和目的，行业内的技术与市场发展概况，以及项目的研究方法和数据基础等内容。一般可以根据实际情况自行调整。例如，项目研究概况的内容可以包括项目立题的背景、目的与意义，技术的国内外发展概况、国内外市场概况、国内外相关政策说明、产业和技术发展中面临的主要核心问题、项目研究方法、关键技术选取和数据说明等方面。

2. 项目分析内容

专利分析的具体内容通常包括技术定义、态势分析、技术分析、区域分布分析、重要申请人分析、重点专利分析和行业特色分析等几个部分。

（1）技术定义。无论研究对象是一个相对宽泛的技术领域还是某一项重点技术，都需要在分析报告中进行技术定义，以便明确研究对象，确定研究范畴、边界等。研究对象的边界定义通常要求相对明确、不可含糊不清，否则在进行专利文献检索和数据梳理时会造成混乱，导致不能获得准确的结果。

（2）态势分析。进行态势分析的主要目的是对当前选定的研究主题从多个维度进行总体状况分析，以得到当前所研究技术主题的整体轮廓认识，比较常见的有专利类型分析、法律状态分析、专利申请趋势分析、主要技术构成分析、区域分布分析、主要申请人分析等，一般基于专利检索结果的数据进行定量分析。此外，需要重点关注发展态势中的变化，并深入挖掘、重点解读发生这种变化的原因。

（3）技术分析。对专利技术进行分析和研究，可以得到技术分支的构成、各技术分支的发展现状、发展趋势等情报，为企业制定经营战略、专利战略、市场战略，确定研发目标方向等提供决策参考。专利技术分析通常包括技术构成分析、技术发展趋势分析、技术生命周期分析、技术功效矩阵分析、重要专利分析、重点产品专利分析等方面。

（4）区域分布分析。对于全球主要市场的专利布局情况进行分析，有助于企业了解全球各主要市场的专利风险大小。一般而言，专利分析项目均会选择对国内专利进行进一步的分析。除了国内市场之外，还可以根据行业的不同，对行业比较关注的国外市场或新兴市场进行专利分析。对于主要市场的分析，通常包括在该区域的专利布局分析、重点技术发展趋势分析、重要市场主体分析等方面。

（5）重要申请人分析。企业一般比较关心行业内存在的重要竞争对手以及所关注竞争对手的国内外专利布局状况，包括竞争对手的专利技术构成、专利技术的优劣势、在各技术分支上的专利技术发展趋势以及专利技术市场分布等方面的情况。重要申请人分析通常包括专利区域布局分析、重点技术和重点产品分析、研发团队分析、竞争对手分析等方面。

（6）重点专利分析。从众多专利中通过人工逐篇阅读或者建立筛选模型获得重点专利进行解读分析，旨在获取技术路线图等重要专利情报。一般来说，重点专利筛选的内部衡量指标包括专利同族数量、专利申请时间、专利申请人信息、发明人信息、法律状态、权利要求项数等，重点专利筛选的外部衡量指标包括技术先进性、技术应用范围、行业标准相关度、竞争对手相关度、技术领导者相关度及专利相关的产品市场销售情况等。

（7）行业特色分析。根据不同行业技术领域的特点，可开展行业特色分析。例如，智能高速列车专利分析会比较关注外观设计专利的状况，此时可以在行业特色分析部分增加对该行业外观设计专利的相应分析。

3. 主要结论和建议

在完成专利分析的各项内容后，需要根据专利分析结果给出主要结论，同时还应当为项目委托方给出具体的建议。需要注意的是，结论和建议应当符合分析项目的需求，是综合技术、市场、政策等信息后作出的提炼、总结，而不是对已有分析内容的简单罗列。针对政府机构或行业组织，结论和建议一般从管理者和引导者的角度出发，聚焦于政策决策的制定、产业发展的规划；针对企业或科研机构，结论和建议一般从应用者的角度出发，聚焦于技术创新的方向、可替代技术和规避技术方案的设计、专利技术的布局和突破、专利技术的应用转化、法律风险等。

4. 附件

附件部分的内容通常包括术语说明表和重要专利列表等。例如，对专利分析报告中申请人名称进行的统一约定、对重点技术中筛选出的重要专利的说明等。在有些情况下，当需要对行业内技术与市场的发展状况进行补充说明时，还可以将部分进一步反映行业内技术与市场的发展状况或各国家/地区行业政策的内容、技术标准和技术规范等收录在附录中。

## 四、专利分析报告的内容

需要注意的是，并不是所有的专利分析报告中都包含全部分析内容。专利分析报告中所包含的内容应该根据分析的目的和需求以及技术领域的特点进行设计。此外，各个分析维度之间并不是完全割裂、独立开来的，为了得到深入的分析结论，不同的分析维度之间可能会交叉进行。例如，在技术分析中，对于其中的某项关键技术，可以结合该技术分支下主要创新主体的专利布局来进行；在重要申请人分析中，可以结合该申请人在当前技术领域下主要的技术功效、技术研发趋势来进行。

### （一）项目研究概况

1. 项目研究背景

项目研究背景即提出问题的过程，阐述研究该项目的原因。其中，既可以介绍选定的技术主题的技术特点及现实应用情况，使阅读人员知晓当前研究的理论背景和现实需要，也可以介绍选定的技术主题在当前技术和产业方面的研究环境，即在什么样的国内外环境下开展了目前的研究。

2. 项目研究意义

项目研究意义应当基于研究背景的内容，从产业和技术角度阐明进行当前研究的重要性和必要性，描述进行项目研究的理论意义和现实意义，预期能够产生的价值和可以起到的推动作用。

3. 技术与产业的发展现状

在概括性地了解项目研究背景、理解项目研究意义的基础上，还需要对技术与产业的发展现状有客观、清楚的认识，而不能盲目分析。行业技术调查报告及行业现状调查报告为该部分的撰写提供了充足的基础材料：撰写技术与产业的发展现状，是在行业技术调查报告及行业现状调查报告基础上进行再提炼，其内容重点关注与分析目的密切相关的技术发展水平、技术动态、产业中的主要产品、主要市场主体的发展状况等，既不应当是数据或资料的简单罗列、堆砌，也不应当是对调查报告内容的重现，应当紧密围绕专利分析的目的及项目委托方的需求，有目的地进行选取、组织和描述，尤其要注意与分析报告的技术分解维度相呼应。

4. 项目研究方法

项目研究方法包含的内容比较广泛，是阅读人员在阅读项目研究成果之前，判断当前研究科学性、可信度、报告质量的一个重要参考。对于选定的技术主题或技术领域，在技术的角度上往往存在多种研究对象和路径，需要研究人员从中确定关键技术进行重点研究。对于关键技术，除了参考技术和产业上的宏观分析外，有时还需要参考技术分解的结果确定。在该部分中，需要说明技术分解的原则和方式方法、对于关键技术的选取和专利检索策略，以及符合当前技术领域特点的专利分析方法。

（1）技术分解。在对技术主题进行技术分解的过程中，应当说明进行技术分解的原则和方法，介绍技术分解的思路，以及进行技术分解所得到的最终结果，通常以技术分解表的形式体现。在该部分的撰写中，应当注意避免仅仅给出技术分解结果，对技术分解思路的阐述有助于增强阅读人员对分析报告科学性、可信性的认可。

（2）关键技术的选取。在对技术主题进行技术分解之后，鉴于选定的技术主题所涉及的范围、技术、业务往往非常广泛且复杂，在有限时间内无法全方位、无死角地开展分析工作，这就需要确定恰当的关键技术选取原则。关键技术的选取，一方面应当满足产业或项目委托方的需求，另一方面应当参考技术分解的结果。

（3）专利检索策略。一般来说，检索工作是专利分析研究的基础工作，专利分析报告中所有的分析都基于专利检索的结果，依据专利检索的结果进行数据处理以及各个维度的统计分析、预测、判断、评估等。并且，检索数据的质量直接影响专利分析报告的结论。在专利分析报告中，一般需要简要描述项目中专利检索工作使用的策略和方法，提取的主要检索要素，构建的检索式或者检索逻辑，尤其对于当前研究的技术主题来说具有鲜明特色的检索手段应当予以着重描述，可以提高阅读人员对专利分析报告的认可程度。

（4）专利分析方法。提炼概括专利分析报告中使用的主要分析方法，便于阅读人员了解专利分析的整体思路和目的。

5. 数据解释与说明

数据解释与说明部分主要对专利分析使用的数据进行整体介绍，包括专利检索所使用的数据源/数据库、检索的截止时间、检索的数据范围，例如：是仅检索了国内专利数据还是检索了国内外全部专利数据；专利各项指标的定义以及相关术语的规范性说明和统一约定，如同族专利、多边申请、法律状态定义、国内申请、主要申请人名称约定方法等。对需要以说明表形式详细列出的内容，可以放在分析报告的附件中。

（二）项目分析内容

项目分析内容部分是专利分析报告的重心。在这一部分中，研究人员要向阅读人员展示对研究对象从不同维度进行专利分析的思路和结果，从时空横纵向角度、点线面角度出发来对专利技术和产业进行阐述分析，使阅读人员了解当前技术领域的技术水平、发展趋势、产业布局、主要市场主体的技术动态和重点技术或者产品等，以有针对性地制定发展策略和路径。

项目分析目的和项目需求的不同，专利分析报告中选取的分析维度和方法往往也有所不同。但是，一般都需要在专利分析报告中对待分析的技术领域、关键技术、技术分支进行清晰的定义，以明确研究边界。在以技术构成的方式进行技术定义时，应注意在分析维度部分进行呼应，以达到分析报告的整体统一。

专利态势分析、技术构成分析、区域分布分析及重要申请人分析一般也是大部分专利分析报告中都会体现的研究内容。需要强调的是，在专利分析过程中，不应将这些分析内容作为固定的程序去执行，而应当根据分析的目的和需求，有选择性地选取分析维度，避免虽面面俱到但不深入。为达到深入分析的目的，应当尽可能地挖掘各项数据之间的关系、进行深入对比，使用多个维度结合、多个分析图表联合解读的方式，获得分析图表或数据背后对技术和产业来说有意义的结论。

例如，在态势分析中，除对技术整体趋势进行分析外，还可以进一步与技术构成、技术区域分布、重要申请人组合，多个维度、多角度地进行分析。在技术分析中，对整体的技术功效完成分析之后，可以对其中的重点功效结合其区域分布、重要申请人、技术发展脉络等进行综合性分析，一般可以得到更有价值的结论。在重要申请人分析中，除分析其专利技术之外，还可以结合其重点产品、合作伙伴或主要竞争者、产业链位置等进行进一步分析，以获得对重要申请人更为全面的认识。

（三）主要结论和建议

结论和建议部分是对分析内容的总结和概括，这既是专利分析的重点内容之一，也是检验专利分析成果是否满足项目需求方目的的标准之一。结论部分的撰写要把握重点突出的原则，即在已有分析成果的基础上，将最需要突出的内容提炼出来，这部分内容往往涉及技术总体发展特点、关键技术分支特点、区域分布特点、创新主体特点等。结论和建议应当紧紧围绕项目需求方的需求和痛点，解决其渴望解决的问题，给出最客观全面的结论，拿出最具实操性的建议方案，避免将结论写成已有分析内容的简单罗列，避免在建议中夸夸其谈、充斥“假大空”内容，而无法真正落地于项目需求的解决，或者泛泛而谈、给出不需要进行专利分析也能大概知晓的建议，以证明专利分析的意义和价值所在。

结论和建议的内容只有紧密围绕项目需求方的需求，在对选定的技术主题进行客观、深入分析的基础上，同时互相支撑、互相呼应，才能使得专利分析报告在整体上更为和谐、统一，进而为整个研究过程画上一个完美的句号。

最后，还需要强调的是，在撰写任何一份专利分析报告之前，都应当确认读者的身份、读者的需求即专利分析报告的目标。这样就可以先发制人、对读者所掌握的现有知识及其希望专利分析报告提供的内容有所预知。专利分析报告的成果和结论最终应能解决特定需求，如果需求不明确或者需求明确而研究成果不能切实解决需求，就会导致专利分析报告最终只是纸上谈兵，无法解决实际问题，所耗费的时间和精力终是“一场空”。

# 第五章　农业专利信息分析图表

在农业领域进行专利信息分析的过程中，分析结果的表达就是通过选择合适的图表，用来展示专利数据或专利信息，实现对海量复杂专利数据的深入分析，发现专利数据背后有价值、可供决策参考并加以利用的信息。专利信息分析图表不只是简单地将专利数据转化为相关的、具有一定意义的图表，还实现了专利信息更加有效、直观、快速的传递，提升了阅读人员的阅读效率，方便阅读人员进行观察和分析相应的专利数据。

图表是对数据的思考：复杂的数据通过图表呈现出来，可以引导阅读人员进行思考。图表是对数据背后信息的挖掘，而不仅仅是呈现数据的态势。制作图表是为了形成一个完整的项目分析报告，用于进行项目汇报。

## 第一节　农业专利信息分析图表概述

在农业各技术领域，专利信息分析的方法可以分为定量分析和定性分析两大类。定量分析主要是依靠统计学的方法，对专利文献固有的标引项目进行统计分析，取得专利发展趋势方面的情报。定性分析则是通过阅读专利，发现专利中未作标引的技术、市场、法律等信息，进行综合分析，取得技术动向、技术热点和空白点等情报。专利信息分析主要包括以下三个分析维度。

专利发展趋势分析，即对某一技术主题的所有专利进行分析，得出总体的态势。专利发展趋势分析的分析维度包括申请趋势、技术构成、国家/地区分布、申请人排名等。

专利技术分析，即针对特定技术主题或技术分支进行定量和定性分析。专利技术分析的分析维度包括技术功效、技术路线图、重点产品、重点技术等。

申请主体分析，即针对某个申请人进行定量和定性分析。申请主体分析的分析维度包括研发团队、实力比较、专利合作申请、专利诉讼、企业并购等。

专利信息分析图表旨在利用合理的设计方式分析并展示数据或信息，对复杂的数据进行深入的观察，发现数据背后的价值信息。其不仅仅是简单地将数据转化为图表，还实现了有效、直观、快速的信息传递，提升了阅读效率，方便观察和分析数据。

## 一、图表的类型

图表表现形式的选择取决于其意图表现的数据关系类型。为了使图表反映的信息更加突出、醒目，选用最恰当、最匹配表现形式是非常重要的。为了选择合适的图表表现形式来反映数据关系，首先需要了解图表具有哪些表现形式及这些表现形式适合表征的数据关系。

目前用于分析数据的图表种类繁多，常用的基本图形主要有以下几种：折线图、柱形图/条形图、饼图/圆环图、雷达图、面积图、散点图/气泡图、矩形树图、色阶图、力导向布局图、弦图、桑基图、进程图等。对上述基本图形所表达的数据关系进行大致分类，可分为时间序列类、比较类、份额类、流程类和关联类图形，每一种数据关系均对应一种或多种图表表现形式。将基本图形梳理明晰，在构建复杂的综合类图表时，就可以通过对这些基本图形进行变型或组合应用，获得目标可视化表现形式。

当需要表现占比关系时，通常选用环饼图和矩形树图。当需要对不同申请人、发明人、技术分支等之间进行比较时，可以考虑选用条形图、柱状图、数据列表、雷达图或散点图；如果计划表现的是排名，条形图和数据列表的表现形式会使所要展现的信息更醒目、突出。柱形图、折线图和面积图均可以表现时间序列关系，但如果着重于展示发展趋势，则优选折线图；如果着重于展示序列分布，则优选柱形图；如果着重于展示累积量的趋势，则优选面积图。而要表征研究对象之间的关系，尤其是在当前的大数据环境下，可能会需要使用力导图和弦图。除了上述定量表现形式外，还有一些用于定性分析的以产品或者技术主题为研究主体的表现形式，可以考虑与技术领域相关的实物图，如农业中的农机领域可以考虑使用农业机械的实物图等。

## 二、制图工具

专利信息分析图表的制图工具有多种类型，根据数据源数量的大小以及应用场景的不同，可以选择合适的软件工具进行操作。在数据处理、图表制作中，可使用的工具多种多样，不同类型图表的制作可以根据需求、难易程度和制作人员的熟悉程度对这些工具进行选择。对于常规的图表制作，考虑制图工具的普及程度，推荐使用 Excel、Word、PowerPoint 等办公软件制图。

## 三、图表制作的基本规范

专利信息分析的图表需要符合一定的规范，客观、准确地传递信息。图表中的字体、颜色、布局设置等都需要满足设计或出版的要求。一般来说，图表中的各元素应当遵循一些基本的规范化要求，以客观、准确地表达专利分析数据的内容。

### （一）图表要求信息完整

一般而言，完整的数据图表应当包括图号、标题、坐标轴（含标题、标签、刻度）、图例、必要文字注解、数据来源等，使读者清楚了解图表的含义。同时，在表现形式上还应注意以下几点。①图例等要素的标注位置适当。图例等要素的标注一般要位于坐标轴内，便于随时对照图例解读相应线条或柱形的含义。如果要位于坐标轴外，可置于图形上方，一般不置于坐标轴左边或下方，否则会与坐标轴标题等内容混在一起，不利于信息的解读。②信息不冗余。图表应当尽可能节约不必要的信息，避免使图面显得拥挤杂乱。例如，对于系列组图，图例和标题可以仅出现一次。③标签不宜倾斜。为节省图面的空间和出于读者阅读习惯的考虑，标题标签一般不应倾斜。如果标签过长，可考虑减少标签数量。如每隔 5 年显示年份标签，或者按规范简化表示，如将“2009 年”标记为“09 年”。④图表中的字体字号差别不宜过大。⑤图形背景填充不宜过杂。⑥Y 轴与 X 轴的比例适当（通常情况下，Y 轴的长度是 X 轴的 2/3 或 3/4）等。

除了一般性规范以外，对于折线图，还应特别注意以下几点。①折线尽量不超过 4 条。尽管折线图在展示多个指标的数据变化趋势方面有其他图形无法比拟的优势，但如果数据折线的交叉较为严重，就会造成图面的线条杂乱。此时应考虑：使用多个小幅组图，各个组图使用相同的坐标轴，图面大小保持一致，尽量按照一定规律排列。例如，按照折线变化的剧烈程度或数据大小等排列，便于读者快速阅读、对比组图之间的信息。②一般不使用虚线。虚线在图表中一般起到标识、辅助、假设等作用，如果不是为了表示数据预测值等特殊情况，则折线图一般应避免使用虚线。③线条粗细适中，图例可标注在曲线尾部。由于折线线条与背景网格线易产生视觉上的混淆，因此折线线条应粗细适中，既能显示趋势变化，又不易与网格线混淆。④对于多条折线，可将图例标注在曲线尾部，以便于读者直接明确各条折线所表示的指标。

除了一般性规范以外，对于柱形图/条形图，还应特别注意以下几点。①坐标轴一般从零开始。柱形图/条形图依靠柱形/条形的长度来表现数据，通过长短来反映数值大小。如果坐标轴不是以零为基线，则会直接改变柱形/条形的长度，带来视觉误导。②善用截断符。当各项指标数据均为正值且相差很小，导致柱形/条形的长度差别很难区分时，在不至于造成数据误读的情况下，也可采用在非零起点坐标轴上标注截断符，并在柱形/条形中空出一段以示提醒的做法。还有一种情况是当某一项指标的数据远大于其他指标，导致柱形/条形的长度差别很大时，可对代表该指标的柱形/条形进行截断。

（二）图表要求文字布局合理

专利信息分析图表中的文字信息包括图表标题、数据标签、坐标轴标签、图例和必要的注释。①图表标题通常是最重要的信息，用于说明本图表的主要内容。一般将图表标题放置于图形下方的居中位置以及表格上方的居中位置。②数据标签一般位于坐标轴内，并与要示例的区块、线条靠近，以便随时能对照解读相应序列的含义。一般数据标签不靠近坐标轴，否则容易与坐标的数据刻度、单位和标签重叠，产生混淆。③文字注释通常放置于想要突出显示的数据点旁边，包括数据拐点、数据异常值和其他任何值得注意的内容。④文字标签的方向通常水平放置在图表上，尽量避免采用旋转、垂直堆叠、斜放等复杂的表达方式，尽量简洁、明了。

（三）图表要求色彩使用规范

在专利信息分析图表制作过程中，色彩的使用首先要服从数据信息传递的要求。一般要求在设计过程中，遵循以下规范要求。①避免使用过多的颜色种类。在实际的应用中，通常会看到一张专利信息分析图表中充斥着大量的颜色种类，不利于信息的筛选和挖掘。一般建议高亮重要数据不超过6种，剩下的可以选择饱和度较低的颜色，或考虑增加图形数量来予以完整表示。②同类信息一般使用同一颜色或同一色系，不用类型的数据避免使用同一色系或连续色，这样便于信息的区分。在不滥用色彩的情况下，颜色可以突出焦点区域，使得阅读人员通过不同的颜色可以迅速捕捉到图表要表达的重点、关键信息。

除此之外还应当注意：专利信息分析图表中的字体种类不宜过多；字

体、字号不宜差别太大，加粗等变化可以用于表示强调的重要程度，但不宜过于杂乱；图表和文字背景的填充以简洁为主。

专利信息分析图表对信息传达的准确性要求高于对一般图表的要求，图表表现形式要始终服务于信息内容。错误的图表会歪曲事实、带来误导，制作专利信息分析图表时应当遵循一些基本规范、客观传达内容，不能一味求新求变，统计数据分析类图表更是如此。

## 第二节　农业专利信息分析图表制作流程

### 一、专利数据的整理

专利信息分析图表是将专利数据进行表达的一个阶段，对加工处理后的专利数据需要进行作图用于向读者传达，对呈现出来的相关的图表需要进行持续打磨，以方便后续进行表达和信息传递。专利信息分析图表的准备工作围绕着如何呈现图表、实现信息传递展开，主要可进行以下三个方面的准备。

#### （一）研究分析专利数据的特点

制作专利信息分析图表之前需要研究分析待表达的专利数据的特点。对于定量类型的专利数据，要进一步研究专利不同的数量之间的关系，数量关系包括大小、多少、高低、快慢以及结构组成等。专利数据的关系不同，使用的图表也不尽相同。例如，对于排序类专利数据，通常使用条形图或者柱形图表达即可；对于专利类型的结构组成，通常使用饼图或者圆环形图表达更为直观。在确定适用的图表表现形式的过程中，利用常规形式可以满足要求的情况下，还可以结合特殊的应用场景尝试新的探索。例如：多技术分支的专利数据组成和份额，可以尝试使用多层饼图或者圆环形图形式表达；多个申请人的同一专利质量指标状况随年度发展比较，可以使用雷达图形式表达，通过各个指标所构建的不规则闭环图形全面地展示各专利申请人的质量指标比较。对于定性类型的专利数据，一般是专利信息的比较，通常更适合使用表格、进程图、关系类图表、实物图等。

#### （二）针对专利信息分析的具体需求选择图表表现形式

在制作专利信息分析图表之前，要明确分析需求，做到有的放矢。不同的需求对应不同的图表，在使用符合常规的做法的同时，可以根据具体分析需求进行拓展。确定图表表现形式，既要确定图表的具体样式，也要确定图表的具体表现内容。例如：对于申请人的分析，使用条形图可以表现专利数量的排名状况，即确定图表的具体样式；而对于具体用于比较的专利申请人数量，通常选择前10名或者前20名即可，但是为了探索排名靠后的申请人类型，还可以拓展到前30名甚至更多数量的申请人排名，具体数量可以根据需求确定，即确定图表的具体表现内容。

### （三）确定图表制作的工具

制图工具的选择决定了图表制作的难易程度。根据数据处理工具的特点、制图人员的熟悉程度及图形的特点来选择正确的制图工具，能够起到事半功倍的作用。制作专利信息分析图表的过程是一个承上启下的过程，通常与数据处理步骤相连接，而数据处理的工具一般也具有图表制作的功能。例如：使用Microsoft Excel进行数据处理和图表制作操作时，一般可以使用其内置的图表功能；使用商业性专利信息分析工具进行数据处理时，也可以使用其自带的图表功能模块实现图表制作。这些数据处理工具因数据可以互相导入而可以根据图形实现的难易程度进行选择。尤其是针对一些特殊图形，使用某些制图工具要较为容易实现时，可以将数据导入这些制图工具中快速实现图形制作。此外，对于制图工具的熟悉程度也是制图工具选择的一个重要考量因素，熟悉制图工具既可以节省大量制图时间，制图人员还可以发挥能动性，尝试使用其他图形挖掘更多信息，获取更多分析角度。

## 二、图表类型的选择

图表呈现是专利信息分析中挖掘信息的重要表达形式。经过精心构思和设计的图表能有效、直观、快速地传递其中的情报信息；反之，如果图表的构思和设计出现问题，就会造成信息表达的混乱。基于此，有必要遵循一定的原则和方法来对图表进行选择，让图表真正清楚、完整地表达并传递信息。图表类型的选择应当遵循以下原则。

### （一）图表表现形式合适，突出要表达的主题

图表的主题是图表类型的选择首先必须考虑的因素之一。图表仅仅是信息传递的一种形式，图表的选择与使用最终是为信息所要表达的内容服务，信息所要反映、传达的内容决定了图表类型的选择。在选择和使用图表时，要注意图表并不是对文字内容的简单重现，而是要起到能够体现出数据信息深层的含义，对所要传递的信息起到很好的说明或证实的作用，或者能够对需要重点表达的信息加以突出和强调。偏离信息内容的图表只会弱化制图人员想要表达的主题，甚至给人以错综复杂、不知所云的感觉。

例如：当需要反映各技术分支的专利布局状况时，各技术分支的占比是常规的表现形式，选择饼状图、圆环图就能直观地展现各技术分支专利申请量的份额占比；当需要反映各技术分支的专利申请趋势时，通常使用折线图就可以清晰地反映出该技术分支在一段时期内的专利申请量变化趋势——增长、平缓或者下降，此时使用饼图便无法表达这种数据的发展趋势。

以相同的数据为基础，可以构建出多种不同类型的图表；而不同类型的图表也存在各自的特点，表现效果也各不相同。在某种图表中，有些重要信息虽然已经展现出来，但并不十分突出，甚至在解读过程中容易使人产生错觉；而换一种图表，可能就一目了然了。由此可知，图表类型的选择必须确保能够突出制图人员想要表达的内容。

### （二）图表包含的信息量适度，并且能够聚焦重点

专利信息分析图表制作的过程是对情报信息的体现。在专利信息分析过程中，经数据挖掘所得到的很多信息，其互相之间也存在关联。图表因受限于其制作的复杂程度、信息呈现的直观性等，并不适宜集成过多的信息，其所蕴涵的内容应当是适当的。一方面，过于简单的图表，虽然非常清晰，但由于读者能够从中获得的信息过少，因此对图表的解读会缺乏一定的深度和广度。另一方面，如果图表包含的信息量过大，使制作过程过于复杂、繁琐，则有可能出现图表层次过多且图形过于复杂的情况，最终导致图表设计杂乱无章，反而不利于图表的信息传递。尤其是在专利信息分析后期，需要通过图表的形式对结论进行说明时，如果试图在一张图表中反映多个问题，则也可能会导致重点不突出，不能体现专利信息分析所得出的有效的结论。

### （三）以图表的表达清楚、直观为优先，同时兼顾美观

生动形象的图表能吸引读者的注意力，美观的图表能够增强信息表达的可读性。但是，制作图表的目的是需要其能够直观、完整地传递信息，有满足这一要求后，才有必要进一步考虑其美观因素。相对于复杂、冗长的文字表述，图表的优点在于其能够清楚、直观地传递信息，令人一目了然，在较短时间内快速获知信息内容。为了能够充分突现出图表的优越性，还应当注重图表的布局和绘制等美观方面，使其给人以更强烈的视觉冲击，不至于乏味。

图表类型的选择需要根据使用场景确定。专利信息分析中的常规分析报告一般具有固定的体例，在相同体例中通常使用同一种表现形式，以使报告的行文格式规范。但是，在对专利信息分析的结论进行说明讲解时，

图表的表现形式应具有多样性。如果出现多个图表，则应灵活运用，尽量使用不同类型的图表表现形式。图表的解读也要体现出行文的变化，避免单调、重复，给人造成视觉疲劳。此外，还应当考虑图表色彩的选取和搭配问题。通常，整个图表的色彩应当尽量保持和谐一致。只有在不同颜色代表着不同的序列或具有不同的意义时，才可以使用多种不同的颜色。一般利用浅色系颜色来显示一般数据，亮色或者暗色等深色系颜色来着重显示重要的或想要突出表达的某一个特定的数据。当需要达到数据对比的效果时，对比序列的色差可大一些，尤其是相邻对比序列的图形之间，需要对其设置明确的边界，否则往往难以形成对比效果。需要注意的是，如果想要相同颜色的不同序列在图表中看起来相差无几，则需要保证这些序列的背景色也一致。当然，在设置图表颜色时，还需要考虑分析报告的排版印刷问题。如果是彩色印刷，则图表可以选择可以更深、明亮、鲜艳的颜色，也可以加入立体效果。但如果是普通的黑白印刷，则过深或鲜艳的色彩反而会导致图形或文字的显示不清晰，立体效果也不明显，此时可以采用不同形状的填充以显示数据对比效果。

（四）使用图表组合表达，注意图表之间内在关联

由于单个图表所表达的内容是有限的，往往难以涵盖某个主题所涉及的所有信息，因而在分析过程中，有时需要设计一系列图表，通过多个图表的组合来反映一个主题的整体及各个方面的信息。

例如，当需要全面反映某行业专利申请人的情况，可设计以下一系列的图表：各类申请人历年的专利申请数量分析图、专利申请人类型的比例份额图、各类专利申请人在各技术分支的逐年分布情况表、前10位专利申请人专利申请量排名表、前10位专利申请人专利申请量占总申请量的历年比例图等。以上单个图表均只能反映该行业专利申请人某个或几个方面的信息，且上述信息比较独立，很难设计出能够包含以上所有信息的单个图表。通过以上一系列图表的组合使用，可获得某行业专利申请人完整、详细的情况。

当然，图表的组合使用应当注意以下问题。①注意图表之间的逻辑性。多个图表组合时的排列应当按照一定的逻辑顺序，例如，由局部分析扩展到整体分析，或者从整体分析聚焦到局部分析，形成一定的分析层次，以避免出现分析上的紊乱。②注意图表之间的合理性。除非必要，组合使用的图表数量不宜过多。多个图表的结合必然造成各个图表中多种信息的交叉结合，过多的信息将给图表的解读带来不利影响。③注意图表设

计的简洁性。除非必要，应尽量避免相同的信息在不同图表内重复出现。重复的信息将对图表中的其他信息产生干扰，给图表的解读带来困难，也可能会导致图表中的重点信息不能突出显示出来。

## 三、常用的图表类型

针对常用的图表类型以其所能展示的内容为线索，在专利信息分析时可以依据分析的内容选择合适的图表类型。

### （一）态势分析类图表

态势分析类图表主要展示的是数据的状态和形式，适用于展现专利大数据的趋势和状态。如果想要观察专利数据随时间的变化趋势，则主要以时间序列进行设计，如专利申请量发展趋势图；如果想观察当前的排名形式和状态，则主要按数量进行排序，如专利申请人排名图等；如果想观察不同数据的占比和构成，则主要通过数量和比例表现数据整体与部分的关系、部分数据之间的比较关系，如技术分支的占比图、有构成关系的区域占比图等。

### （二）技术分析类图表

在专利信息分析中，由于专利是技术的承载体，因此需要深入地对技术进行定量或者定性分析：对技术进行拆解后，通过定量的申请量、授权量、有效专利量、公开专利量，结合具体的技术分支或者申请主体，在细分领域下挖掘布局的特点、追踪技术的热点、找到申请主体技术的风险；结合定性分析，挖掘重要专利，归纳技术发展路线，尝试确定未来技术走势。简单的折线图、柱形图、饼图难以完成上述分析，需要引入矩阵气泡图、散点图、雷达图等图表联合进行挖掘。

### （三）专利申请主体分析类图表

专利信息分析历经近20年的发展，目前已经成为承载多种信息的综合分析方法，除了要进行单纯的专利信息分析外，还需要引入市场和产业以及经济等相关信息，需要结合上述因素对申请主体进行全面的剖析。常规的分析主要涉及申请主体之间的关联、申请主体的产业相关事件与专利数据之间的关系以及事件的进程。

需要注意的是，仅仅了解图表与数据关系的对应是不够的。同样的专利信息分析内容，可以对应多种图表类型，读者需要明确各项专利信息分析内容的侧重点和需要考虑的技术细节，在图表制作过程中可以多进行各种尝试，以获得最适合的图表类型。

## 第三节　农业专利信息分析图表制作方法

专利信息分析图表应该主题清晰、形式规范、信息准确、设计美观，起到能够充分传递情报信息的作用。良好的图形表达能够在读者与信息之间架起一条直观生动的桥梁。

### 一、图表制作步骤

对于专利信息分析而言，数据和信息的准确性始终是第一位的，图表的形式和内容要服务于信息，不能脱离数据、任意发挥。以下是图表的制作步骤。

（一）采集、准备数据

准确、完整的数据是专利信息图表制作的基础，专利信息分析的数据来源于每一篇专利文献的著录项目，或者专利数据库中收录的专利数据字段。采集专利数据字段需要在明确分析需求的基础上，通过检索系统实施检索，并以一定的数据格式导出，如 txt 文本或者表格格式。不同的检索系统，其数据字段、检索算符、检索策略等有所不同，但常规的检索方法基本相同。

（二）处理检索结果的数据

检索结果的数据处理包括两个步骤：数据去重和补全，数据项的规范。数据去重即去掉重复的数据项，如对于享有共同优先权的多件专利，通过优先权号去重为一件专利；数据补全即补全缺失的专利文献数据字段，如对缺失公开号等数据项的专利文献，通过查找原始专利文献来补全数据字段。在数据完整的基础上，还需进行数据项的规范梳理，主要包括对日期、公开号、申请人国别、申请人名称、发明人名称、国家/地区、关键词等相关内容的规范统一。

（三）确定专利信息分析的内容

基于采集并经过处理的数据，可根据事先明确的专利分析目的，确定专利信息分析的内容并选定专利信息分析的相关指标。例如，如果要研究特定技术领域的专利申请趋势，则需分析专利申请量随时间的变化情况等。

（四）选择需要制作的图表类型

在综合考虑项目需求、信息属性和展示媒介等因素的情况下，可基于数据关系、专利信息分析内容与图表的对应关系，选择合适的图表类型对需要传达的情报信息进行表达。

（五）制作图表

按照图表制作的难易程度以及与读者的交互性，专利信息分析图表可分为简单图表、静态图表，复杂图表、交互类图表、动态图表等五种类型。大多数常规的静态专利信息分析图表可以借助例如 Microsoft Excel、PowerPoint 制作而成，复杂的静态专利信息分析图表还需要借助 Adobe Illustrator 等辅助软件进行设计和美化。动态的交互式图表也越来越受到关注，Tableau Software、Processing、ECharts 和百度图说均能实现交互式图表设计。

在制作专利信息分析图表时，可以先从基本图表开始，使用常规分析工具、明确制图规范，练好基本功，再深入到示意性图表，使用 Tableau Software、ECharts 等信息设计结构图等掌握高阶本领。

（六）检查、修正、确认图表

为了向读者清楚、准确、完整地传达情报信息，避免信息不完整、数据有疏漏，图表制作的最后一个步骤是需要对已经制作完成的图表进行检查、修正、确认。图表检查包括图表内容信息的检查和数据的检查、校验，图表内容信息的检查包括横坐标与纵坐标、单位、图例是否完整等，数据的检查、校验包括常规数据的核对、异常数据的核实等。

## 二、图表表现形式的选择

确定专利信息分析图表表现形式是整个图表制作进程中至关重要的一步。针对专利态势、专利技术、申请主体等不同类型的专利信息，可以选择柱形图、折线图、饼图、弦图、矩形树图等不同类型的图表。通过归纳、提炼，分析不同专利信息的属性和不同图表类型适于表现的信息，找出专利信息与图表的内在联系和对应关系。

（一）专利信息分析信息与图表的对应

1. 从信息属性看专利信息与图表的对应

从信息属性来看，专利信息可分为数据信息和抽象信息两种。①数据信息包括申请量态势、申请人排名、技术构成等，描述的是变化趋势、份额构成。地理分布等统计数据，一般可用折线图、柱形图/条形图、面积图、饼图/圆环图、散点图/气泡图、矩阵表、矩形树图等常规性图示来表示。这类图多置于明确的直角坐标系或极坐标系中，比较注重制图规范。②抽象信息包括申请人合作、企业并购、技术领域分解等，描述的是关联关系、流程发展、层次布局等抽象概念，一般需要用进程图、泳道图、实物图、弦图、力导向布局图等示意性图示来表示，这类图多无明确的坐标系，比较注重结构布局。

2. 从数据关系看专利信息与图表的对应

从数据关系来看，可以将专利信息分为以下几种：①趋势类信息，如申请量态势等，表现的是数据随时间的变化情况；②比较类信息，如申请人排名等，表现的是一类数据与另一类数据之间的对比情况；③份额类信息，如技术构成等，表现的是整体数据与部分数据之间的关系；④关联类信息，如申请人合作申请等，表现的是不同数据之间的关联关系；⑤空间类信息，如申请量地域分布等，表现的是不同空间位置的数据差异；⑥流程类信息，如技术发展路线等，表现的是信息的递进、推移关系，通常按时间轴进行递进和推移；⑦层次类信息，如技术领域分解等，表现的是信息的上下、总分等层级关系。

以下对常见的图表类型及其适于表现的信息进行汇总分析，以便与数据关系进行对应。

（1）折线图：适于表现一个或多个指标的数据变化趋势，如申请量随时间的变化；数据点一般是连续的，在少量数据和大量数据情况下都可以使用；更强调趋势变化而不是数据点之间的差异。

（2）面积图：适于表现一个指标的数据变化趋势，同时可通过面积反映该指标的累计情况，同样数据点是连续的，在少量数据和大量数据情况下都可以使用，更强调趋势变化而不是数据点之间的差异；对于多个指标的数据变化趋势而言，前后面积色块的遮挡使面积图不如折线图有优势。此外，这种图有堆积变形，可反映多个指标的总量变化趋势和百分比构成情况。

（3）柱形图/条形图：适于表现多个指标的对比、排名等情况，如不同申请人的申请量排名等，以及一个指标的数据变化趋势；一般来说，数据点不宜过多，更强调数据点之间的差异而不是趋势；对于多个指标的数据变化趋势而言，要注意指标数量不宜过多，否则会导致多个柱形或条形不易分辨。这种图也有堆积变形，可反映多个指标的总量变化趋势和百分比构成情况。

（4）饼图/圆环图：适于表现部分指标与总体指标之间的关系；可反映多个指标的百分比构成情况，这一点与百分比堆积柱形图/条形图的用法类似。

（5）散点图：可在多维空间（如四个象限）内把相似的散点归类到一起，进行多维尺度分析，如发明人实力对比等；可表现一个指标随时间的变化趋势，这一点与折线图、面积图、柱形图/条形图的用法类似。

（6）矩形树图：适于表现多个层级下的数据关系，如不同层级技术分支下的申请量分析等；可用于分析单个层级下不同指标的对比情况，这一点与柱形图/条形图表现对比时的用法类似。

进程图、泳道图、实物图、弦图、力导向布局图等与数据关系的对应比较明确，此处不再详述。

（二）选择最合适的图表表现形式

对于数据信息图表化这一将信息图形化并传递给用户以视觉感知的过程而言，用户和信息是其中的关键所在，用户需求是可视化的中心，信息属性则是图表制作的基础。最优的图表设计是综合考虑用户对图表表达的需求、信息的具象抽象属性、数据的时空关系、信息图表化的展示媒介等因素的结果。

在用户需求方面，应当考虑用户是希望把握变化趋势还是判断关键节点，是希望研究数据细节还是体会直观感受，是希望了解极端情况还是一览全貌概况。例如：如果是展示较长时间段内的专利申请量变化趋势，则可以不标注具体数据点；如果是想突出申请量变化的关键年份，就应当标出具有明显变化的数据点。在信息属性方面，应当考虑信息是数据信息还是抽象概念，信息关系是时序性的还是空间性的。此外，信息图表化的展示媒介也很关键，如果是纸质出版物，就要注意使用黑白色印刷的图形的明暗对比是否便于读者分辨：如果是幻灯片，就可以提供更多动态效果，另外要注意远处的观众是否能看清细节；如果是网页，就可以提供更多交互，展示更多信息。

如果是用于表现多个指标的趋势变化，则优选折线图。在表现多个指标的趋势变化时，折线图中的每个指标用一根线条表示，在线条交叉不太严重的情况下，数据的交叉对比清晰可见。而对于柱形图来说，三个以上指标的趋势变化使得每个时间点上对应的并列图形过多，难以观察各个指标的走势和交叉对比。

如果是用于表现多个指标的对比，则优选柱形图/条形图。在表现多个指标的对比时，柱形图/条形图中分隔的柱条很容易被认为是离散的个体，不易产生误解。而用折线图表现时，连续不断的线条容易让人误解为是单个指标的走势，而不是多个指标的对比。

如果是用于表现多系列数据的构成比较，则优选堆积柱形图。在表现多系列数据的构成比较时，竖直堆积的柱形辅以连线，使读者很容易观察出每个指标的百分比变化。而在饼图中，读者对扇区角度的变化不如对柱形长度的变化敏感，视线需要在左右两个圆形来回跳跃，难以直观感受到每个指标的百分比变化。

# 第六章　农业专利检索资源

## 一、国内外专利局门户网站

各个国家或地区专利局门户网站会提供具有地区特色的专利检索方式，并且会及时更新常用的国内外专利局数据库。包括国家知识产权局数据库、美国专利商标局数据库、日本特许厅数据库、韩国知识产权局数据库、欧洲专利局数据库、世界知识产权组织数据库等。国内外专利局门户网站专利检索数据库的基本情况见表6－1。

表6－1　国内外专利局门户网站专利检索数据库的基本情况

| 组织名称 | 网址 | 系统或网站名称 | 基本情况 |
| --- | --- | --- | --- |
| 国家知识产权局 | http：//www.cnipa.gov.cn/ | 专利检索及分析系统 | 数据收录范围：105个国家、地区和组织的专利数据，以及引文、同族、法律状态等数据信息<br>检索方式包括：常规检索、高级检索、导航检索、药物检索、命令行检索 |
| | | 中国专利公布公告 | 数据收录范围：中国专利公布公告信息<br>检索方式包括：高级查询、IPC分类查询、LOC分类查询、事务查询、专利公报查询 |
| | | 国家知识产权运营公共服务平台 | 主要用于支撑专利转移转化、收购托管、交易流转、质押融资、专利导航等，也可以进行专利检索（无须注册）<br>检索方式包括：普通检索、高级检索 |
| | | 中国及多国专利审查信息查询系统 | 可以查询多国专利，方便实用<br>多国发明专利审查信息包括国家知识产权局、欧洲专利局、日本特许厅、韩国特许厅、美国专利商标局受理的发明专利申请及审查信息 |

续表

| 组织名称 | 网址 | 系统或网站名称 | 基本情况 |
|---|---|---|---|
| 美国专利商标局 | https：//www.uspto.gov/ | 专利检索系统 | 数据收录范围：美国授权专利的全文文本、美国授权专利的全页PDF图像、美国公布专利文献的全文文本和图像文本<br>检索方式包括：快速检索、高级检索、专利号检索 |
| | | 专利申请信息检索系统 | 数据收录范围：美国专利的申请信息、审查案卷、继续申请、缴费信息<br>检索方式包括：号码查询 |
| | | 美国专利权转移数据库 | 数据收录范围：特定美国专利的权利转移情况<br>检索方式包括：快速检索、简单检索、高级检索 |
| 日本特许厅 | https：//www.jpo.go.jp/ | J-PlatPat | 数据收录范围：日本公布的专利文献信息<br>检索方式包括：号码检索、OPD检索、文本检索、分类号检索 |
| 韩国知识产权局 | https：//www.kipo.go.kr/ | Patent/Vtility model检索数据库 | 数据收录范围：韩国自1948年以来的发明、实用新型专利审定（授权）公告信息和韩国自1983年以来的发明、实用新型专利申请公开信息<br>检索方式包括：简单检索、高级检索 |
| | | KPA检索数据库 | 主要便于使用英文检索韩国的发明专利<br>数据收录范围：韩国自1973年以来的发明专利审定（授权）公告信息和韩国自1999年以来的发明专利申请公开信息<br>检索方式包括：简单检索、高级检索 |
| 欧洲专利局 | https：//www.epo.org/index.html | 专利检索数据库 | 数据收录范围：超过90个不同国家和地区公布的专利申请信息；欧洲专利局公布的所有专利申请；世界知识产权组织公布的所有专利申请。支持同族专利文献、专利引文文献和法律状态查询等<br>检索方式包括：智能检索、高级检索、分类检索 |
| | | 欧洲专利登记簿 | 数据收录范围：1978年以来欧洲专利局公布的欧洲专利申请以及指定欧洲的PCT国际申请的信息<br>检索方式包括：智能检索、高级检索 |

续表

| 组织名称 | 网址 | 系统或网站名称 | 基本情况 |
| --- | --- | --- | --- |
| 世界知识产权组织 | https：//www.wipo.int/portal/en/index.html | PATENTSCOPF数据库 | 数据收录范围：已公布的PCT国际申请在公布之日的全文内容、参与的国家和地区专利局的专利文献、非专利文献<br>检索方式包括：简单检索、高级检索、字段组合检索、跨语言检索 |
| 英国知识产权局 | https：//www.gov.uk/search-for-patent | 英国专利检索 | 专利检索范围包括：检索专利（Search for a patent）、检索专利期刊（Check the patents journal） |
| 加拿大知识产权办公室 | http：//www.opic.gc.ca/ | 加拿大专利网站 | 数据收录范围：主要为1978年8月15日以后的文摘数据，1920年1月1日以后的图形文件以及1869年1月1日以后的相关著录项目 |
| 德国专利商标局 | http：//www.dpma.de/ | 德国专利商标局网站 | 该网站可以查询德国专利商标局所有的数据库，也提供相关的法律状态信息和专利同族信息等 |
| 澳大利亚知识产权局 | https：//www.ipaustralia.gov.au/ | 澳大利亚知识产权局网站 | 澳大利亚知识产权局网站为社会公众提供专利数据检索系统和外观设计数据检索系统<br>数据检索系统分为快速检索、结构检索和高级检索：<br>（1）快速检索页面提供专利号或申请号、发明名称、申请人、发明人、申请日等12项检索项目，公众输入检索内容即可进行检索；<br>（2）结构检索页面为公众提供20项检索项目，涵盖项目较快速检索页面的检索项目更多，如优先权号等；<br>（3）高级检索页面提供28项检索项目，公众输入检索式，在高级检索页面进行检索<br>目前，澳大利亚专利类型包括标准专利与外观设计专利：标准专利类似我国的发明专利，标准专利的保护期限为20年；外观设计的保护期为5年，但可续展1次顺延至10年，自申请日起计算 |

续表

| 组织名称 | 网址 | 系统或网站名称 | 基本情况 |
| --- | --- | --- | --- |
| 印度国家信息中心 | http：//patinfo.nic.in/ | 印度国家信息中心专利检索网站 | 印度国家信息中心专利检索网站是以欧洲专利局出版的INPADOC-EPIDOS数据库为数据源，经加工整合而成的世界专利著录数据检索网站<br>INPADOC-EPIDOS数据库收录范围：全球65个国家、地区及5个国际组织，自1968年来公布的约3 000多万件专利文献的著录数据。数据库的内容每周都在增长和更新，目前每周增加约25 000条著录数据<br>检索方式：唯一字段检索、单一字段检索、组合字段检索、同族专利检索 |

备注：国家知识产权局门户网站专利检索系统提供的查询服务包括专利检索及分析系统、专利公布公告查询，还可查询多国专利审查信息。美国专利商标局的美国专利权转移数据库可查询特定美国专利的权利转移登记情况、某个发明人的权利转移情况、某公司拥有的专利权利状况等。日本特许厅门户网站可支持发明、实用新型、外观设计、商标、审判和上诉等信息的查询和下载。欧洲专利局除提供英语检索外，还提供德语和法语检索。世界知识产权组织门户网站可检索PCT国际申请及世界知识产权组织所收录的国家/地区的专利文献。

## 二、常用的地方知识产权平台

常用的地方知识产权平台见表6－2。

**表6－2　　常用的地方知识产权平台**

| 平台名称 | 网址 | 功能特点 | 专利检索方式 |
| --- | --- | --- | --- |
| 北京市知识产权公共信息服务平台 | https：//www.beijingip.cn/jopm_ww/website/index.do | 整合了专利、集成电路、商标、版权、林业新品种和农业新品种的检索分析服务，还提供专利政策法规、专利导航、专利代理服务、专利保护、专利价值评估、教育培训等业务 | 智能检索<br>表格检索<br>逻辑表达式检索<br>化学结构式检索<br>IPC检索<br>同义词检索<br>企业关联检索<br>国家代码检索 |
| 上海市知识产权信息服务平台 | https：//www.shanghaiip.cn/wasWeb/qt/index/ | 整合了专利检索、知识产权培训、知识产权运营、专利代理公共服务等功能 | 简单检索<br>表格检索<br>高级检索<br>外观分类检索<br>行业检索<br>中国法律状态检索 |

续表

| 平台名称 | 网址 | 功能特点 | 专利检索方式 |
| --- | --- | --- | --- |
| 江苏省知识产权大数据平台/江苏省知识产权公共服务平台 | https：//ip. jsipp. cn/ | 集成了知识产权大数据检索分析、知识产权综合服务、知识产权智慧管理和公共服务移动平台作为核心服务工具。具体内容包括大平台门户、大数据检索分析、综合服务、智慧管理、公共服务移动端，提供知识产权大数据一站式综合服务 | 表格检索<br>法律状态检索<br>许可信息检索<br>质押信息检索<br>转让信息检索<br>地理标志检索<br>期刊检索<br>服务机构检索<br>法律法规检索<br>政策检索<br>企业一键查询<br>产业分析<br>典型创新主体分析 |
| 粤港澳知识产权大数据综合服务平台/广东省知识产权公共信息综合服务平台 | https：//www. gpic. gd. cn/#/ | 收录了涵盖欧洲专利局、世界知识产权组织、中国、美国、日本、德国、非洲地区等 104 个国家、地区或组织的专利数据，总数超过 1.2 亿条。其中，中国发明、实用新型、外观专利涵盖了专利全生命周期数据以及运营、复审、无效、法院判例等补充数据 | 快捷检索<br>表格检索<br>法律信息检索<br>转移转让检索<br>实施许可检索<br>质押保全检索<br>无效/复审检索<br>专利判决检索 |

## 三、常用的商业专利检索网站

很多商业专利检索系统也具备专利数据检索、同族专利检索、引文检索等功能，支持多种数据检索方式，且能够进行数据处理，为后续分析提供了极大的方便。常用的商业专利检索网站及其基本信息见表 6－3。

**表 6－3　　常用的商业专利检索网站及其基本信息**

| 网站名称 | 网址 | 数据收录情况 | 检索方式 | 数据库特点 |
| --- | --- | --- | --- | --- |
| incoPat 科技创新情报平台 | https：//www. incopat. com/ | 全球 120 个国家/地区/组织的专利数据 | 简单检索<br>高级检索<br>AI 检索<br>批量检索<br>引证检索<br>法律检索<br>语义检索<br>扩展检索 | 提供 300 多个检索字段，可根据需求自行选择对单件专利文献或者对整个专利家族进行检索和数据处理；在机器翻译系统的支持下，可以用中英文同时查询和对照浏览全球专利 |

续表

| 网站名称 | 网址 | 数据收录情况 | 检索方式 | 数据库特点 |
| --- | --- | --- | --- | --- |
| Patentics | https：//www. patentics. com | 全球120多个国家/地区/组织的专利数据 | 流检索<br>N阶检索<br>表格检索<br>语义检索<br>指令检索<br>批量检索 | 提供130多个检索分析字段，对申请人、专利权人进行标准化处理，依托检索引擎和人工智能算法，提供语义检索功能，同时支持表格检索、指令检索、批量检索等 |
| 佰腾网专利检索系统 | https：//www. baiten. cn/ | 全球103个国家/组织的专利数据 | 简单检索<br>高级检索<br>法律检索<br>批量检索<br>分类号检索<br>表达式检索<br>图像检索 | 提供中国、美国、日本、韩国、欧洲专利局、世界知识产权组织的专利审查过程信息及法律状态查询 |
| 专利之星-专利检索系统 | https：//cprs. patentstar. com. cn/ | 全球100多个重要国家/地区/组织的专利数据，数据量超过1亿件，包括中国专利文献的完整信息，以及其他国家的著录、摘要、全文、引文和专利家族信息 | 智能检索<br>表格检索<br>专家检索<br>号单检索<br>分类检索 | 对于中国专利检索，提供申请号、申请日、申请人、范畴分类等在内的20个字段；表格内、表格数据之间均能有效进行比较复杂的逻辑运算，支持多种运算符<br>对于世界专利检索，它提供了13个检索字段，支持多个操作符，自动记录检索，可以在搜索结果中自由操作 |
| innojoy专利检索引擎 | www. innojoy. com | 收录了全球105个国家/地区/组织的专利数据，60多个国家/地区/组织的法律信息，45个国家/地区/组织的代码化全文，38国家/地区/组织的优质英文翻译 | 简单检索<br>表格检索<br>DPI检索<br>AI智能检索<br>Step检索<br>批量检索<br>表达式检索<br>逻辑检索<br>复审无效检索<br>法律检索<br>无效检索 | 提供趋势分析、申请人分析、发明人分析、技术分类分析等100多种分析模板；具备独有的美国增值数据、同族专利数据、引证数据等 |

续表

| 网站名称 | 网址 | 数据收录情况 | 检索方式 | 数据库特点 |
| --- | --- | --- | --- | --- |
| SooPAT专利搜索引擎 | www. soopat. com | 专利数据范围较为广泛，可实现国内外专利的下载 | 表格检索<br>IPC分类检索<br>专利引用检索<br>专利族检索 | 可进行专利号批量导出、专利页批量导出、专利全文批量打包下载功能，还可以查看专利法律状态（已授权、审中、实审等） |

## 四、国内外学术资料查询网站

### （一）国内常用的文献检索网站

1. 中国知网

网址：https：//www. cnki. net/。中国知网是国内查找学术文献最齐全的网站，其范围包括中外文文献、收录资源涵盖类型丰富，其内容权威、检索效果好、期刊类型较为综合、覆盖领域范围广，提供中国学术文献、外文文献、学位论文、报纸、会议、年鉴、工具书等各类资源的统一检索、统一导航、在线阅读和下载服务。

2. 万方数据知识服务平台

网址：https：//wanfangdata. com. cn/inde。万方数据知识服务平台收录数据包括学术期刊、学位论文、学术会议、中外标准、法律法规、科技成果、中外专利、地方志等。重点收录科技部论文统计源的核心期刊。其核心期刊比例高、收录文献质量高，为不定期更新。

3. 超星汇雅电子图书

网址：https：//www. sslibrary. com/。超星汇雅电子书数据库是全世界最大的中文电子书图书资源库，基本涵盖了1949年后中国所有的出版书籍，主要面向高校用户。

### （二）国外免费论文搜索引擎

1. OALib（开放存取图书馆）

网址：https：//oalib. com。OALib是一个学术论文存储量超过420万篇的网站，涵盖数学物理、化学材料、信息通讯、经济管理、医药卫生和人文社科等领域，文章均可免费下载；其一大特色在于支持页面快照，不出站就可直接浏览文章标题、作者、关键词、摘要等基本信息，大大缩短了时间成本，是一个较为高效的论文查找网站。

2. BASE（比勒菲尔德学术搜索引擎）

网址：https：//base-search. net/。BASE 是由德国比勒菲尔德大学图书馆开发的一个多学科的学术搜索引擎，提供对全球异构学术资源的集成检索服务。Base 整合了德国比勒菲尔德大学图书馆的图书馆目录和大约 11 128 个开放资源（超过 300 万个文档）的数据。

3. BioMed Central

网址：https：//www. biomedcentral. com/。BMC 拥有大约 300 种同行评审期刊的发展组合，分享科学、技术、工程和医学研究领域的发现。BMC 现已在生物医学领域的基础上拓展到物理科学、数学和工程学科领域，可在单一开放式访问平台上提供更广泛的学科领域查询。

4. Highwire

网址：https：//www. highwirepress. com/。Highwire Press 数据库是提供免费全文的、全球最大的学术文献出版商之一，其所收录的期刊囊括了生命科学、医学、物理学、社会科学等多个领域，具体收录电子期刊 882 种，文章总数已达 282 万篇。

5. IntechOpen

网址：https：//www. intechopen. com/。IntechOpen 提供的免费科技文献涵盖生物科技、计算机和信息科学、地球科学、电气与电子工程、材料科学、医学、技术等科学领域。

6. MinimanuScript

网址：http：//minimanuscript. com/。这是一个用户可以自由进行编辑、优化、评论并添入音频、视频、图片等更多相关文件的平台，属于维基类学术文献百科。在 MiniManuscript 上，能够看到其他读者在阅读某篇文献后所整理出来的框架，如该文献所使用的方法、研究的问题、提出的发现等。

7. SemanticScholar

网址：https：//www. semanticscholar. org/。该网站是一款由微软联合创始人 Paul Allen 自主研发的免费学术搜索引擎，其检索结果来自于期刊、学术会议资料或者学术机构的文献。另外，其直接提供图表预览，可以方便研究人员节约更多的筛选时间。

（三）生物科研网站

The Sequence Manipulation Suite 序列处理在线工具包，SMS。网址：bio-soft. net/sms/。SMS 包含近 50 个在线小工具，是 DNA 与蛋白序列分析

与格式化在线工具的集合。蛋白/DNA 序列过滤器可以从文本中移去非蛋白/非 DNA 的字符；限制位点概要工具通过输入一条 DNA 序列，可以对该序列中的限制酶切位点的位置、数量等进行分析。网站内还有一个非常好用的功能，即 Blast 引物序列：输入序列后，点击 Blast 按钮，进入 Blast 网页界面，继续点击 View report 按钮，即可查询引物所对应的基因名称以及物种，进而确认引物的特异性。

# 附　录

## 中国专利文献著录项目[1]

（国家知识产权局 2012 年 11 月 16 日发布
2012 年 12 月 16 日实施）

### 1　范围

本标准规定了中国专利文献著录项目的名称和相应的国际承认的（著录项目）数据识别代码［Internationally agreed Numbers for the Identification of（bibliographic）Data，英文缩略语为“INID 代码”］的标识及使用规则。

本标准适用于国家知识产权局以任何载体形式（包括纸载体、缩微胶片、磁带或软盘、光盘、联机数据库、计算机网络等）公布或公告的专利文献与信息。

### 2　规范性引用文件

下列文件对于本文件的应用是必不可少的。凡是注日期的引用文件，仅注日期的版本适用于本文件。凡是不注日期的引用文件，其最新版本（包括所有的修改单）适用于本文件。

ZC 0001—2001　专利申请人和专利权人（单位）代码标准

ZC 0006—2003　专利申请号

ZC 0007—2012　中国专利文献号

ZC 0008—2012　中国专利文献种类标识代码

ISO 639：1988　语种名称代码

WIPO ST. 2　采用公历标示日期的标准方法

---

[1] 中华人民共和国知识产权行业标准（ZC 0009—2012）。

WIPO ST.3　用双字母代码表示国家、其他实体及政府间组织的推荐标准
WIPO ST.9　关于专利及补充保护证书的著录数据的建议
WIPO ST.10/B　著录项目数据的设计
WIPO ST.10/C　著录项目数据的表示
WIPO ST.14　在专利文献中列入引证的参考文献的建议
WIPO ST.18　关于专利公报及其他专利公告期刊的建议
WIPO ST.34　用于著录项目数据交换的以电子形式记录申请号的建议
WIPO ST.50　与专利信息有关的修正、替换和增补文献出版指南
WIPO ST.80　关于工业品外观设计著录项目数据的建议

## 3　术语和定义

下列术语和定义适用于本标准。

### 3.1　专利申请

任何单位或者个人向国家知识产权局提交专利申请文件，要求对其发明创造授予专利权的请求，包括发明专利申请、实用新型专利申请和外观设计专利申请。

### 3.2　公布

发明专利申请经初步审查合格后，自申请日（或优先权日）起18个月期满时的公布或根据申请人的请求提前进行的公开公布。

### 3.3　公告

国家知识产权局定期以公报形式将各种决定及其他事务向公众发出的通告。

### 3.4　专利文献

各国家、地区、政府间知识产权组织在审批专利过程中按照法定程序产生的出版物，以及其他信息机构对上述出版物加工后的出版物。

### 3.5　单行本

国家知识产权局对公布的专利申请文件和公告的授权专利文件定期编辑出版而形成的出版物。

注1：单行本的种类包括：发明专利申请单行本、发明专利单行本、实用新型专利单行本及外观设计专利单行本。

注2：发明专利申请单行本、发明专利单行本以及实用新型专利单行本由扉页、权利要求书、说明书、说明书附图组成，实用新型应有说明书附图，其中扉页由著录项目、摘要、摘要附图组成。

注3：外观设计专利单行本由扉页、彩色外观设计图片或照片以及简要说明组成。

### 3.6　专利文献号

国家知识产权局按照法定程序，在专利申请公布和专利授权公告时给予的专利文献标识号码。

### 3.7　专利文献种类

国家知识产权局按照相关法律法规对发明、实用新型、外观设计专利申请在法定程序中予以公布或公告，由此产生的各种专利文献。

### 3.8　专利文献种类标识代码

国家知识产权局为标识不同种类的专利文献规定使用的字母编码，或者字母与数字的组合编码。

### 3.9　专利公报

国家知识产权局公开有关中国专利申请的审批状况及相关法律法规信息的定期出版物。

注1：专利公报的种类包括：发明专利公报、实用新型专利公报和外观设计专利公报。

注2：发明专利公报的内容包括：发明专利申请公布、发明专利权授予、保密发明专利和国防发明专利、发明专利事务和索引（申请公布索引、授权公告索引）等。

注3：实用新型专利公报的内容包括：实用新型专利权授予、保密实用新型专利和国防实用新型专利、实用新型专利事务和授权公告索引等。

注4：外观设计专利公报的内容包括：外观设计专利权的授予、外观设计专利事务和授权公告索引等。

### 3.10　著录项目数据

登载在单行本扉页或专利公报中与专利申请及专利授权有关的各种著录数据，包括文献标识数据、国内申请提交数据、优先权数据、公布或公告数据、分类数据等类型。由著录项目名称和著录项目内容组成。

### 3.11　INID 代码

专利文献著录项目的识别代码。Internationally agreed Numbers for the

Identification of（bibliographic）Data 的缩略语。

# 4 INID 代码的使用规则

## 4.1 INID 代码的指定

在本标准中，以“0”结尾的 INID 组别代码指定用于以下情形：

当国家代码/专利文献号/专利文献种类代码联用并同处一行时，使用专利文献标识的组别代码（10）；

当作为优先权基础的在先申请的申请号/申请日/申请受理国或组织联用并同处一行时，使用优先权数据组别代码（30）。

## 4.2 INID 代码在专利文献扉页及专利公报中的使用

在专利文献扉页和专利公报中登载的 INID 代码及其著录项目数据应一致。每期专利公报应登载 INID 代码及其著录项目数据。

## 4.3 专利文献中使用的著录项目名称及相应的 INID 代码

为明确专利文献著录项目的名称和相应 INID 代码的标识及使用规则，本标准附有如下 4 个附录予以规定。

附录 A：发明、实用新型专利文献著录项目名称及相应 INID 代码。

附录 B：发明、实用新型专利文献著录项目名称及相应 INID 代码的使用规则。

附录 C：外观设计专利文献著录项目名称及相应 INID 代码。

附录 D：外观设计专利文献著录项目名称及相应 INID 代码的使用规则。

# 5 INID 代码的印刷及显示格式

为保证 INID 代码的易读性，在印刷及数据显示格式中，INID 代码应以阿拉伯数字表示，直接标在相应的著录项目之前，并且置于圆括号内。

对于某些 INID 代码所表示的著录项目，未使用（例如，没有要求优先权）或由于其他原因未登载在专利文献扉页或专利公报中，则不必在专利文献扉页或专利公报中登载 INID 代码本身。

# 附 录 A

## (规范性附录)

## 发明、实用新型专利文献著录项目名称及相应 INID 代码

(10) 专利文献标识
(12) 专利文献名称
(15) 专利文献更正数据
(19) 公布或公告专利文献的国家机构名称
(21) 申请号
(22) 申请日
(30) 优先权数据
(43) 申请公布日
(45) 授权公告日
(48) 更正文献出版日
(51) 国际专利分类
(54) 发明或实用新型名称
(56) 对比文件
(57) 摘要
(62) 分案原申请数据
(66) 本国优先权数据
(71) 申请人
(72) 发明人
(73) 专利权人
(74) 专利代理机构及代理人
(83) 生物保藏信息
(85) PCT 国际申请进入国家阶段日
(86) PCT 国际申请的申请数据
(87) PCT 国际申请的公布数据

# 附　录　B

**（规范性附录）**

**发明、实用新型专利文献著录项目名称及相应 INID 代码的使用规则**

（10）专利文献标识

用于标识在法定程序中予以公布或公告的发明、实用新型专利文献。

专利文献标识由中国国家代码、专利文献号、专利文献种类标识代码联用表示。

不同专利文献使用不同的专利文献标识：发明专利申请单行本（含扉页更正、全文更正）的专利文献标识为申请公布号；发明专利单行本（含扉页更正、全文更正、宣告专利权部分无效）、实用新型专利单行本（含扉页更正、全文更正、宣告专利权部分无效）的专利文献标识为授权公告号。

示例 1：

（10）申请公布号 CN 100000001 A

示例 2：

（10）授权公告号 CN 100000001 B

示例 3：

（10）授权公告号 CN 200000001 U

（12）专利文献名称

用于标识在法定程序中予以公布或公告的发明、实用新型专利文献的名称，包括发明专利申请、发明专利申请（扉页更正）、发明专利申请（全文更正）、发明专利、发明专利（扉页更正）、发明专利（全文更正）、发明专利（宣告专利权部分无效）、实用新型专利、实用新型专利（扉页更正）、实用新型专利（全文更正）、实用新型专利（宣告专利权部分无效）。

示例 1：

（12）发明专利申请

示例 2：

（12）发明专利

示例 3：

（12）实用新型专利

(15) 专利文献更正数据

用于标识发明、实用新型单行本扉页或全文的更正数据。

更正数据包括更正版次和更正范围:

——更正版次,包括版次文字表达和更正类型代码:

- 版次文字表达,形式为“第 X 版”;
- 更正类型代码,表示错误的类型。更正类型代码包括以下内容:
  - Wn,其中 W 表示由于文献内容出现错误所做的更正,n 表示更正次数;
  - 被更正专利文献的专利文献种类标识代码,位于 Wn 后,并与 Wn 一起置于圆括号内;

——更正范围,用来表示更正的具体位置,包括 INID 代码、权利要求的序号、说明书的段号、说明书附图的编号。当权利要求书或说明书中出现大量文字错误,如,在说明书中多处出现某一词汇翻译或书写错误,为避免更正内容过于冗长,将更正范围表示为:文字错误。

示例 1:

(15) 专利文献更正数据
　　更正版次　第 2 版 (W2A8)
　　更正范围　INID (30) 优先权数据
　　在先更正文献 A9 2000. 01. 12

示例 2:

(15) 专利文献更正数据
　　更正版次　第 1 版 (W1A)
　　更正范围　说明书第 0012,0023
　　权利要求 1

示例 3:

(15) 专利文献更正数据
　　更正版次　第 1 版 (W1A)
　　更正范围　文字错误

(19) 公布或公告专利文献的国家机构名称

用于标识公布或公告发明、实用新型专利文献的国家机构名称及标志。

示例:

（19）中华人民共和国国家知识产权局

（21）申请号

用于标识发明、实用新型专利申请的申请号。

示例1：

（21）申请号 200410000001.4

示例2：

（21）申请号 200420000001.9

（22）申请日

用于标识发明、实用新型专利申请的日期。

示例：

（22）申请日 2004.10.05

（30）优先权数据

用于标识发明、实用新型的外国优先权数据，包括外国优先权的申请号、申请日、申请受理国或组织代码。

示例：

（30）优先权数据 10129010.1 2001.06.13 DE

（43）申请公布日

用于标识发明专利申请的公布日期。

示例：

（43）申请公布日 2004.09.22

（45）授权公告日

用于标识发明、实用新型专利申请被授予专利权的公告日期。对于发明专利（宣告专利权部分无效）和实用新型专利（宣告专利权部分无效）来说，用于标识授权公告日期，同时在“授权公告日”下列出“无效宣告决定日”。

示例1：
（45）授权公告日 2004.09.22
示例2：
（45）授权公告日 1999.07.21
　　　无效宣告决定日 2015.09.21

（48）更正文献出版日
用于标识发明、实用新型专利文献扉页或全文更正的出版日期。
示例：
（48）更正文献出版日 2005.08.17

（51）国际专利分类
用于标识发明、实用新型专利申请的国际专利分类号及版本信息，应注意以下几点：
为便于计算机转换，分类号用列表形式表示；
IPC 高级版分类号用斜体印刷或显示；
发明信息用黑体印刷或显示，附加信息用普通字体印刷或显示。
示例：
（51）*Int. Cl.*
*B60W 1/00*（2006.01）
*B60K 6/22*（2007.10）
*H04H 20/02*（2008.01）

（54）发明或实用新型名称
用于标识发明、实用新型专利申请或专利文件的名称。
示例1：
（54）发明名称 一种手持牙科医疗器械
示例2：
（54）实用新型名称 一种吸尘装置

（56）对比文件
用于标识发明专利申请的实质审查或实用新型专利申请的审查过程中引用的对比文件清单，登载于发明专利单行本或实用新型专利单行本扉页上。

对比文件按照中国专利文献、外国专利文献、非专利文献顺序排列。

示例：

（56）对比文件

CN 1064892 A，1992. 09. 30

US 5878290 A，1999. 03. 02

张志祥．间断动力系统的随机扰动及其在守恒律方程中的应用．北京大学数学学院，1998.

WALTON Herrmann. Microwave Quantum Theory. Sweet and Maxwell, 1973, Vol. 2.

（57）摘要

用于标识发明、实用新型专利申请或专利文件的简要说明。

示例：

（57）摘要

一种旅行睡眠支架，为用于旅途中休息的支架，主要包括用于支撑人体头部的第一支撑板，其顶面上包覆有一层海绵或其他弹性物，以及调节第一支撑板的第一支架，及一用于支撑人体胸、腹部的第二支撑板及调节第二支撑板的第二支架，该支架可组装于座椅前、桌椅之间或飞机餐桌上，支撑于人的头部和胸腹部，合理分配人体重量的支撑部位，能使人获得较好的休息，其美观轻巧、装拆简捷、便于携带，实为旅行中必备的用具。

（62）分案原申请数据

用于标识发明、实用新型分案申请的原申请数据，包括原申请的申请号和申请日。

示例：

（62）分案原申请数据 01108925. 3 2001. 02. 28

（66）本国优先权数据

用于标识发明、实用新型专利申请的本国优先权数据，包括本国优先权的申请号，申请日，中国国家代码。

示例：

（66）本国优先权数据 02118757. 6 2002. 05. 01 CN

（71）申请人

用于标识发明、实用新型专利申请的申请人姓名或名称，申请人国别代码及地址（含邮政编码）。

示例1：

（71）申请人　中国石油化工股份有限公司（CN）

　　　　地址　100029 北京市朝阳区惠新东街甲6号

示例2：

（71）申请人　中国石油化工股份有限公司（CN）

　　　　地址　100029 北京市朝阳区惠新东街甲6号

　　　申请人　中国石油大学（CN）

　　　　　　　中国石油化工研究院（CN）

（72）发明人

用于标识发明或实用新型专利申请的发明人姓名。

示例1：

（72）发明人　王甲

示例2：

（72）发明人　王小甲　张仲乙　李丙

（73）专利权人

用于标识发明、实用新型专利的专利权人姓名或名称，专利权人国别代码及地址（含邮政编码）。

示例1：

（73）专利权人　中国石油化工股份有限公司（CN）

　　　　　地址　100029 北京市朝阳区惠新东街甲6号

示例2：

（73）专利权人　中国石油化工股份有限公司（CN）

　　　　　地址　100029 北京市朝阳区惠新东街甲6号

　　　专利权人　中国石油大学（CN）

　　　　　　　　中国石油化工研究院（CN）

（74）专利代理机构及代理人

用于标识发明、实用新型专利申请的代理机构名称和代码及代理人姓名。

示例：

（74）代理机构　中国国际贸易促进委员会专利商标事务所 11038

代理人　李丁

（83）生物保藏信息

用于标识微生物保藏的相关信息，包括微生物的保藏号和保藏日期。

保藏号由保藏单位字母代码和数字序号构成，代码与序号之间空一位。

示例：

（83）生物保藏信息

CGMCC 0483 2000.08.28

（85）PCT 国际申请进入国家阶段日

用于标识 PCT 国际申请进入中国国家阶段的日期。

示例：

（85）PCT 国际申请进入国家阶段日 2003.04.12

（86）PCT 国际申请的申请数据

用于标识 PCT 国际申请的申请数据，包括 PCT 国际申请号、PCT 国际申请日期。

示例：

（86）PCT 国际申请的申请数据 PCT/JP2004/001234 2004.02.10

（87）PCT 国际申请的公布数据

用于标识 PCT 国际申请的公布数据，包括 PCT 国际申请公布号、PCT 国际申请公布语言、PCT 国际公布日期。

PCT 国际申请公布语言，应采用国际标准化组织 ISO 639：1988 的双字母语言符号表示。

示例：

（87）PCT 国际申请的公布数据 WO95/09231 FR 1995.04.06

# 附　录　C

（规范性附录）

## 外观设计专利文献著录项目名称及相应 INID 代码

（10）专利文献标识
（12）专利文献名称
（15）专利文献更正数据
（19）公告专利文献的国家机构名称
（21）申请号
（22）申请日
（30）优先权数据
（45）授权公告日
（48）更正文献出版日
（51）国际外观设计分类（洛迦诺分类）
（54）使用外观设计的产品名称
（56）对比文件
（62）分案原申请数据
（72）设计人
（73）专利权人
（74）专利代理机构及代理人

# 附　录　D

**（规范性附录）**

**外观设计专利文献著录项目名称及相应 INID 代码的使用规则**

（10）专利文献标识

用于标识在法定程序中予以授权公告的外观设计专利文献。

专利文献标识由中国国家代码、专利文献号、专利文献种类代码联用表示。

外观设计专利单行本（含扉页更正、全文更正、宣告专利权部分无效）的专利文献标识为授权公告号。

示例：

（10）授权公告号 CN 300000001 S

（12）专利文献名称

用于标识在法定程序中予以授权公告的外观设计专利文献的名称，包括外观设计专利、外观设计专利（扉页更正）、外观设计专利（全文更正）、外观设计专利（宣告专利权部分无效）等。

示例：

（12）外观设计专利

（15）专利文献更正数据

用于标识外观设计专利扉页或全文的更正数据。

更正数据包括更正版次和更正范围：

——更正版次，包括版次文字表达和更正类型代码：

- 版次文字表达，形式为“第 X 版”；
- 更正类型代码，表示错误的类型。更正类型代码包括以下内容：
    - Wn，其中 W 表示由于文献内容出现错误所做的更正，n 表示更正次数；
    - 被更正专利文献的专利文献种类标识代码，位于 Wn 后，并与 Wn 一起置于圆括号内；

——更正范围，用来表示更正的具体位置，包括 INID 代码、外观设计照片或图片的名称。

示例 1：

（15）专利文献更正数据

更正版次　第 2 版（W2S8）

更正范围　INID（73）专利权人

在先更正文献 S9 2000. 01. 12（W1S）

示例 2：

（15）专利文献更正数据

更正版次　第 1 版（W1S）

更正范围　左视图

（19）公告专利文献的国家机构名称

用于标识公告外观设计专利文献的国家机构名称及标志。

示例：

（19）中华人民共和国国家知识产权局

（21）申请号

用于标识外观设计专利申请的申请号。

示例：

（21）申请号 200430024257. 8

（22）申请日

用于标识外观设计专利申请的申请日期。

示例：

（22）申请日 2004. 10. 05

（30）优先权数据

用于标识外观设计的优先权数据，包括优先权的申请号、申请日、申请受理国或组织代码。

示例：

（30）优先权数据 29/191338 2003. 10. 07 US

（45）授权公告日

用于标识外观设计专利授权公告的日期，对于外观设计专利（宣告专利权部分无效）来说，用于标识授权公告日期，同时在“授权公告日”下列出“无效宣告决定日”。

示例1：

（45）授权公告日 2004.09.22

示例2：

（45）授权公告日 1999.07.21
　　无效宣告决定日 2015.09.21

（48）更正文献出版日

用于标识外观设计专利扉页或全文更正的出版日期。

示例：

（48）更正文献出版日 2005.08.17

（51）国际外观设计分类（洛迦诺分类）

用于标识产品外观设计的国际分类号（洛迦诺分类）。

国际外观设计分类号由大类号和小类号组成，大类号和小类号之间用破折号“-”分开，大类号和小类号均采用两位阿拉伯数字，大类号和小类号前加“LOC（n）Cl.”表示。n为所使用的国际外观设计分类表的版本号。

示例1：

（51）LOC（8）Cl. 06-13

示例2：

（51）LOC（8）Cl. 08-05 08-08 11-01

（54）使用外观设计的产品名称

用于标识使用外观设计的产品的名称。

示例：

（54）使用外观设计的产品名称 沙发

（56）对比文件

用于标识外观设计专利申请的审查过程中引用的对比文件清单，登载于外观设计专利扉页上。

示例：

（56）对比文件

CN 3005789 S，1990.06.13

US D324585 S，1992.03.10

（62）分案原申请数据

用于标识外观设计专利分案申请的原申请数据，包括原申请的申请号和申请日。

示例：

（62）分案原申请数据 200530009780.8 2005.04.21

（72）设计人

用于标识产品外观设计的设计人姓名。

示例1：

（72）设计人　王甲

示例2：

（72）设计人　王小甲　张仲乙　李丙

（73）专利权人

用于标识外观设计专利的专利权人姓名或名称、专利权人国别代码及地址（含邮政编码）。

示例1：

（73）专利权人　中国石油化工股份有限公司（CN）
　　　　　地址　100029 北京市朝阳区惠新东街甲6号

示例2：

（73）专利权人　中国石油化工股份有限公司（CN）
　　　　　地址　100029 北京市朝阳区惠新东街甲6号
　　　专利权人　中国石油大学（CN）
　　　　　　　　中国石油化工研究院（CN）

（74）专利代理机构及代理人

用于标识外观设计专利申请的代理机构名称和代码及代理人姓名。

示例：

（74）专利代理机构　中国国际贸易促进委员会专利商标事务所 11038
　　　　　　代理人　李乙